Python入门

边学边练

戴凤智
程宇辉
冀承绪 编

化学工业出版社
· 北京 ·

内容简介

本书分为两部分。第一部分为第1~7章，介绍了Python的语法、编程基础和对常见错误的处理。第二部分为第8~14章，介绍了Python的各种实践应用，分别是对目录和文件的操作，对Excel、Word和PDF文件的操作，在图像处理、网络爬虫领域的应用，以及Python的图形用户接口编程。本书以实践应用为目的，希望读者能够前后对应，根据例题举一反三。

本书可供Python爱好者和技术人员参考和自学，也非常适于用作高等院校的自动化类、电子信息类、机械类、计算机类等相关专业的教材。

图书在版编目（CIP）数据

Python入门边学边练/戴凤智，程宇辉，冀承绪编.
—北京：化学工业出版社，2024.1
ISBN 978-7-122-44291-8

Ⅰ. ①P… Ⅱ. ①戴… ②程… ③冀… Ⅲ. ①软件工具-程序设计 Ⅳ. ①TP311.561

中国国家版本馆CIP数据核字（2023）第190880号

责任编辑：宋　辉
文字编辑：李亚楠　陈小滔
责任校对：王鹏飞
装帧设计：王晓宇

出版发行：化学工业出版社
（北京市东城区青年湖南街13号　邮政编码100011）
印　　装：三河市延风印装有限公司
710mm×1000mm　1/16　印张22¼　字数385千字
2024年2月北京第1版第1次印刷

购书咨询：010-64518888
售后服务：010-64518899
网　　址：http：//www.cip.com.cn
凡购买本书，如有缺损质量问题，本社销售中心负责调换。

定　　价：99.00元

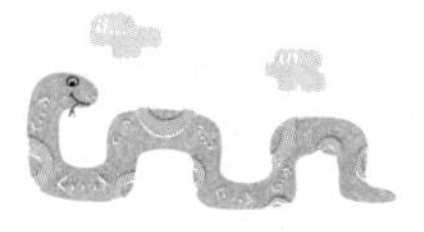

前言

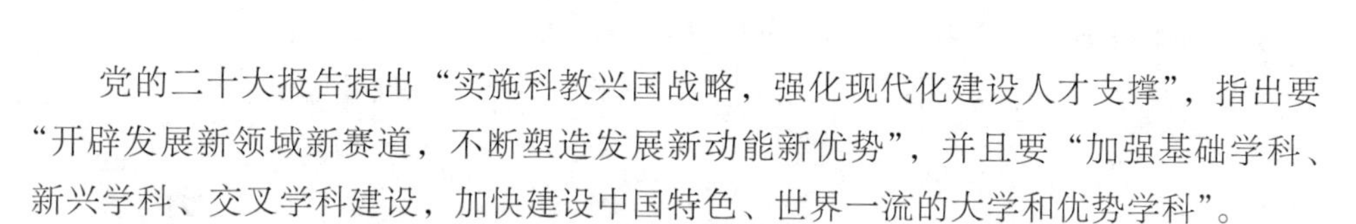

党的二十大报告提出“实施科教兴国战略，强化现代化建设人才支撑”，指出要“开辟发展新领域新赛道，不断塑造发展新动能新优势”，并且要“加强基础学科、新兴学科、交叉学科建设，加快建设中国特色、世界一流的大学和优势学科”。

人工智能与计算机编程是实现这一任务的重要途径。提到编程，很多人的第一反应就是敲代码。我们为什么要学习编程呢？学习编程有什么用呢？

在当前这个计算机技术与我们日常生活和学习深度融合的时代，就连小朋友都知道，出门可以用手机扫一扫完成支付，作业也可以在手机上提交。人工智能这类词汇更是频繁地出现在我们的视线之中，计算机技术正在不断改变我们的生活方式。就好像20世纪末汽车出现在我们的生活中，在当时拥有一个驾照甚至可以帮助你找到一份不错的工作。如今，汽车已经普及，拥有驾照也变成了一件很正常的事情，甚至是必备的技能之一。在时代趋势的推动下，学习人工智能的主要编程语言Python也如同当年学习开车一样，到最后也很有可能成为一种大众化的基础技能。所以学习Python编程，并不局限于某一个专业，编程也不单单是一个技能，而是一种趋势。我们为什么不先行一步，走在前面呢？

当我们接触到编程之后还会慢慢地了解到，编程能力也是一种分析数据和解决问题的能力。通过编程，可以很快地将自己的想法得以实现，同时编程也是一门非常具有考验性和挑战性的技术，需要不断地尝试，不断地在失败中总结经验、吸取教训，最终达到目的。在这个过程中，其实对于每一个学习的人而言都是对分析能力、思维能力和个人耐心的磨炼。

既然编程有这么多的用处，那么学起来麻烦吗？在回答这个问题之前，我想先谈谈自己的观点，当我们想要去做某件事的时候，要着眼于是否应该去做这件事，而不是一味地考虑做这件事情有哪些困难。诚然，在学习编程的过程中肯定会遇到很多问题，但是所有的枯燥与辛苦到最后都会成为培育果实的营养。在本书中并不会涉及复杂的数学公式与计算，而是侧重于在简要明了地阐述基本思路之后，通过大量的实际案例分析来展现编程的思想。本书给出了一些实例，特别是在后半部分针对一些具体使用场景进行了详细讲解。

本书第1~7章由戴凤智、程宇辉、游国栋编写，第8~14章由程宇辉、冀承绪编写。全书由戴凤智校正。本书获得了天津市普通高等学校本科教学改革与质量建设研究计划项目（B231005702）和天津科技大学教育教学改革研究课题（KY202304）的支持。

最后，祝愿大家可以从本书提供的各种实例中找到自己感兴趣的地方，与我一起在编程的世界里探索宝藏。本书中的一些例题源代码可以从化学工业出版社官网下载（www.cip.com.cn-服务-资源下载-搜索书名），也可以通过电子邮件YuhuiCheng-TUST@outlook.com联系我们，咱们共同交流学习。

由于编者水平有限，书中不妥之处在所难免，恳请读者批评指正。

编　者

目录

第1章
Python简介
001

第2章
Python变量与运算符
015

第3章 Python条件与循环语句 032

第4章 Python基本数据结构 049

第5章

Python的函数

第6章

Python的面向对象编程

第7章

Python常见错误与异常处理

第8章

Python对目录和文件的操作

第9章 Python的Excel自动化操作 133

第10章 Python玩转Word文档 166

第11章 Python 玩转 PDF 192

第12章 Python 的图像处理 210

第13章 Python网络爬虫 264

第14章 Python的GUI编程 297

Python简介

1.1 Python及其特征

1.1.1 Python是什么

简单地讲，Python是一种计算机程序设计语言。在学习任何一门语言之前，非常重要的一件事就是了解这门语言的发展史，这不仅能丰富我们的知识库，更重要的是还可以学习到这门语言的编程思维。

从创造者的视角去学习编程，这样就能站在“上帝”的视角轻松学好编程。

Python是由荷兰人Guido van Rossum于1989年开发的，并于1991年发布了第一个公开版本。作为Python的作者，是什么促使他设计了这个语言呢？

在20世纪80年代，个人电脑的配置还是比较低级的，程序员不得不努力思考如何最大化地利用空间来写出符合计算机“口味”的程序。而正是因为这一点，让Guido感到苦恼。他认为这样编写程序实在是耗费时间，于是他想到了shell（这是用户和Linux内核之间的接口程序。用户在提示符下输入的每个命令都由shell先解释然后传给Linux内核）。shell可以像胶水一样，将Unix下的许多功能连接在一起。许多C语言中上百行的程序，在shell中只用几行就可以完成。

然而，shell的本质是调用命令，它并不是一个真正的语言，所以shell不能全面调动计算机的功能。于是Guido开始思考，是否能设计一款语言，使它同时具备C语言与shell语言的优点，既能够全面调用计算机的功能接口，又可以轻松编写程序。

后来他进入CWI（Centrum Wiskunde & Informatica，数学和计算机研究所）工作，并参加了ABC语言的开发。ABC语言旨在让语言变得容易阅读、容易使用、容易记忆和容易学习。但由于它的可拓展性差、不能直接连接IO、传播困难，所以它不为大多数程序员所接受与传播（因为语法上的过度革新，加大了程序员的学习难度）。除去这些缺点，我们不难看出ABC的那些优点正是Guido心中所期望的那款语言的雏形。

在1989年的圣诞节期间，Guido决心开发一个新的脚本解释程序，把它作为ABC 语言的一种继承。Guido为这种语言取名Python，是取自他挚爱的一部电视剧*Monty Python's Flying Circus*（《巨蟒的飞行马戏团》）。

1991年，第一个Python编译器诞生，它是用C语言实现的，并能够调用C库（.so文件）。从一出现，Python就具有类（class）、函数（function）、异常处理（exception），以及包括表（list）和字典（dictionary）在内的核心数据类型，还有以模块（module）为基础的拓展系统。

Guido为防止重蹈ABC语言的覆辙，非常注意Python的可扩展性，并且也沿用了C语言中的大部分语法习惯，而这些做法使Python受到了Guido同事的欢迎。他们迅速地反馈使用意见并参与到对Python的改进中。

Python诞生在一个幸运的时间点。20世纪90年代初，个人计算机开始进入普通家庭。Intel发布了486处理器，微软发布了从Windows 3.0开始的一系列视窗系统，计算机的性能大大提高。并且由于Internet的普及，许多程序员和资深计算机用户频繁使用Internet进行交流，这使得Python没有了硬件上的束缚与传播上的困难。再加上Python易于使用的特点，使Python得到了一定程度上的传播。

因为Python用户来自许多领域，他们有不同的背景，对Python也有不同的需求，而Python相当开放，又容易拓展，所以当用户不满足于现有功能时很容易对Python进行拓展或改造。随后，这些用户将改动发给Guido，并由Guido决定是否将新的特征加到Python或者标准库中。这就使得不同领域的需求逐步集中于Python。

后来的Python 2.0从maillist的开发方式转为完全开源的开发方式（开源是由于Internet让信息交流成本大大下降而出现的一种新的软件开发模式），Python数据库的扩展速度与传播速度也由此更进一步提高。

到今天，Python的框架已经确立。Python语言以对象为核心组织代码（everything is object），支持多种编程范式（multi-paradigm），采用动态类型（dynamic typing），自动进行内存回收（garbage collection）。Python支持解释运行（interpret），并能调用C库进行拓展。Python有强大的标准库，由于标准库的体系已经稳定，所以Python的生态系统开始拓展到第三方。

1.1.2 为什么要学Python

不可否认的是，每种流行的编程语言都非常强大和伟大，比如C、C++、

Java等都曾一度成为主流的编程语言，也为计算机领域的发展作出过不可磨灭的贡献，但是每一种语言伟大的背后都有一定的时代背景。

对于PC时代的大量嵌入式设备，它们底层的代码以及桌面的应用都是用C或C++实现的，毋庸置疑这是最接近底层，也是最快的。

随着2000年左右电商的大规模兴起，逐渐从PC时代过渡到了互联网时代，Java王者归来，再加上2010年移动互联网的爆发促进了Android系统的发展，Java更是如日中天。

如今到了人工智能、万物互联的时代，AI、VR、无人驾驶汽车、无人机、智能家居离我们越来越近了，现在也是大数据爆发的时代，有大量的数据需要处理。而Python最大的优势就是对数据的处理，所以Python的发展有着得天独厚的优势。

1.1.3 Python的应用

（1）Web开发

Python拥有很多免费的数据函数库、免费的Web网页模板系统和与Web服务器进行交互的库，可以实现Web开发。目前比较有名的Python Web框架为Django。进入该领域应从数据、组件、安全等多方面进行学习，从底层了解其工作原理并争取驾驭多个业内主流的Web框架。

（2）网络编程

网络编程是Python学习的另一个方向。网络编程在生活和开发中无处不在，哪里有通信哪里就有网络，可以称为是一切开发的“基石”。所有的编程开发人员必须知其然并知其所以然，因此网络部分要从协议、封包、解包等底层进行深入剖析。

（3）爬虫开发

在爬虫领域，Python几乎是霸主地位，它将网络中的一切数据都作为资源，通过自动化程序进行有针对性的数据采集以及处理。从事该领域应学习爬虫策略、高性能异步IO、分布式爬虫等，并针对Scrapy框架源码进行深入剖析，从而理解其原理并实现自定义爬虫框架。

（4）云计算开发

Python是从事云计算工作需要掌握的一门编程语言，目前流行的云计算框架OpenStack就是由Python开发的。如果想要深入学习并进行二次开发，就需要掌握Python。

（5）人工智能

NASA和Google早期大量使用Python，为Python积累了丰富的科学运算库。AI时代来临后，Python从众多编程语言中脱颖而出，各种人工智能算法都基于Python编写。尤其在PyTorch之后，Python作为AI时代的领头语言的位置基本确定。

（6）自动化运维

Python是一门综合性的语言，能满足绝大部分自动化运维的需求，前端和后端都可以做。若从事该领域的工作，应从设计层面、框架选择、灵活性、扩展性、故障处理，以及如何优化等层面进行学习。

（7）金融分析

金融分析包括对金融知识和Python相关模块的学习，学习内容囊括Numpy、Pandas、Scipy数据分析模块等，以及常见的金融分析策略，如“双均线”“周规则交易”“羊驼策略”“Dual Thrust 交易策略”等。

（8）科学运算

Python是一门很适合做科学计算的编程语言。从1997年开始，NASA就大量使用Python进行各种复杂的科学运算。随着Numpy、Scipy、Matplotlib、Enthought librarys等众多程序库的开发，Python越来越适合做科学计算并可以绘制出高质量的2D和3D图像。

（9）游戏开发

在网络游戏开发中，Python也有很多应用。相比于Lua或者C++，Python有更高阶的抽象能力，可以用更少的代码描述游戏业务逻辑，Python适合编写1万行以上的项目，而且能够很好地把网游项目的规模控制在10万行代码以内。

（10）桌面软件

Python在图形界面开发上的功能很强大，可以用tkinter/PyQT框架开发各种桌面软件。

1.2 搭建Python环境

1.2.1 安装Python

本书是以目前最新的Python 3.x为基础，所以务必确保在电脑上安装有该版本。下面介绍如何安装。

（1）在Windows上安装Python

第一步：从Python的官方网站下载对应的Python版本，然后运行下载的exe安装包，分别如图1-1、图1-2所示。

Files

Version	Operating System	Description	MD5 Sum	File Size	GPG
Gzipped source tarball	Source release		daca49063ced330eb933a0fb437dee50	26337763	SIG
XZ compressed source tarball	Source release		3c8dde3ebd6da005e969b83b5f0c1886	19724780	SIG
macOS 64-bit Intel-only installer	macOS	for macOS 10.9 and later, deprecated	99e519a1e8387f692da6c5a0e6177243	30953829	SIG
macOS 64-bit universal2 installer	macOS	for macOS 10.9 and later	655c5ca728aafc5f64f74b94397593ad	38783142	SIG
Windows embeddable package (32-bit)	Windows		b5c293e11564f11cb23f9c4e4e97cbf8	7695014	SIG
Windows embeddable package (64-bit)	Windows		9bc1e9dd44c1c1c68838e5b4ce9f2248	8528857	SIG
Windows help file	Windows		dbc3c10a40ebccc1d0b47616a2d4503f	8931310	SIG
Windows installer (32-bit)	Windows		4210652b14a030517046cdf111c09c1e	28022600	SIG
Windows installer (64-bit)	Windows	Recommended	fef52176a572efd48b7148f006b25801	29155480	SIG

图1-1　下载Python安装包

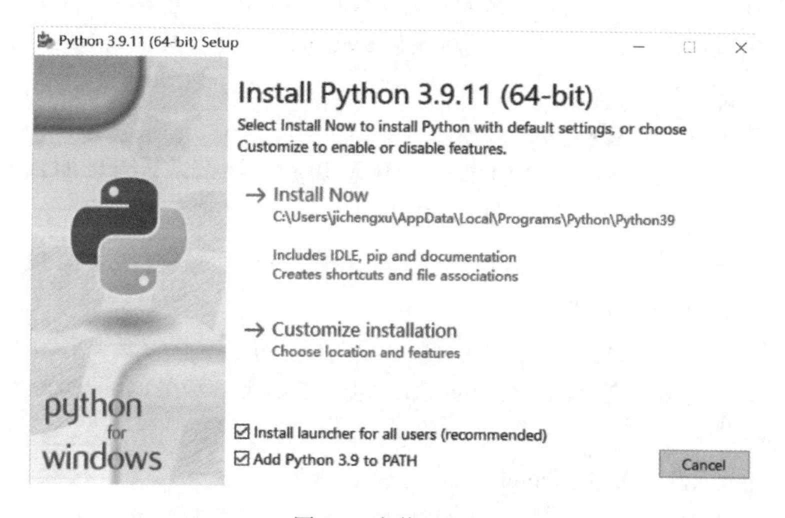

图1-2　安装Python

特别要注意在图1-2中选中“Add Python 3.9 to PATH”，这样就不用手动设置环境变量了。然后点“安装（Install Now）”可完成安装。默认会安装到C：\Python39 目录下。

第二步：打开命令提示符窗口（方法是点击“开始”→“运行”，输入“cmd”），敲入Python。此时会出现两种情况。

情况一：如果出现了图1-3所示画面，就表明安装Python成功了。

图1-3中的提示符“>>>”表示已经是在Python的交互式环境中了。此时可以输入任何Python代码，回车后会立刻得到执行结果。如果关掉命令行窗口就可以退出Python交互式环境。

情况二：得到了下面这个错误提示。

C:\Windows\system32\cmd.exe - python

```
C:\Users>python
Python 3.9.11 (tags/v3.9.11:2de452f, Mar 16 2022, 14:33:45) [MSC v.1929 64 bit (AMD64)] on win32
Type "help", "copyright", "credits" or "license" for more information.
>>>
```

图1-3　Python环境导入成功

Python：不是内部或外部命令，也不是可运行的程序或批处理文件。

因为Windows会根据默认的环境变量设定路径去查找Python.exe，如果没找到就会报错。出现上述错误提示很可能是在图1-2中忘记了勾选“Add Python 3.9 to PATH”，那么就要手动把Python.exe所在的路径添加到PATH中。如果不知道如何修改环境变量，建议重新安装Python，这次务必记得勾上“Add Python 3.9 to PATH”。

（2）在Mac上安装Python

如果计算机环境是Mac系统OS X 10.8~10.10，那么系统自带的Python版本是2.7，需要自己安装新版本Python 3.x。

第一步：同上面一样，从Python官网下载Python安装程序，然后只需要一直点击继续就可以安装成功了。

第二步：安装完毕后可以再检查一下是否成功。操作方法是打开终端，输入 Python3（注意：不是输入Python 3，也不是Python。在Python和数字3之间不要留空格）。

（3）在Linux上安装Python

其实大多数Linux系统都内置了Python环境，比如Ubuntu从13.04版本之后就已经内置了Python 2和Python 3两个环境。

如果希望检查一下Python版本，打开终端并输入：

```
Python3-version
```

就可以查看安装的Python 3版本。

如果需要安装某个特定版本的Python，在终端输入命令：

```
sudo apt-get install Python3.9
```

这样就安装了Python3.9版本。

1.2.2　安装PyCharm

PyCharm是一种Python IDE，带有一整套可以帮助用户在使用Python语言开发时提高效率的工具，比如调试、语法高亮、Project管理、代码跳转、智能提示、自动完成、单元测试、版本控制等。此外该IDE还提供了一些高级功能用来支持Django框架下的专业Web开发。

PyCharm由JetBrains公司研发，可以在该公司官网上的Developer Tools中下载。

下载时有以下两种选择（如图1-4所示）：Professional是专业版，Community是社区版。社区版是免费使用的，对于初学者而言，所使用的Python功能在这两者之间的差异微乎其微，因此目前使用社区版就够用了。这里以Windows的社区版为例介绍安装过程。

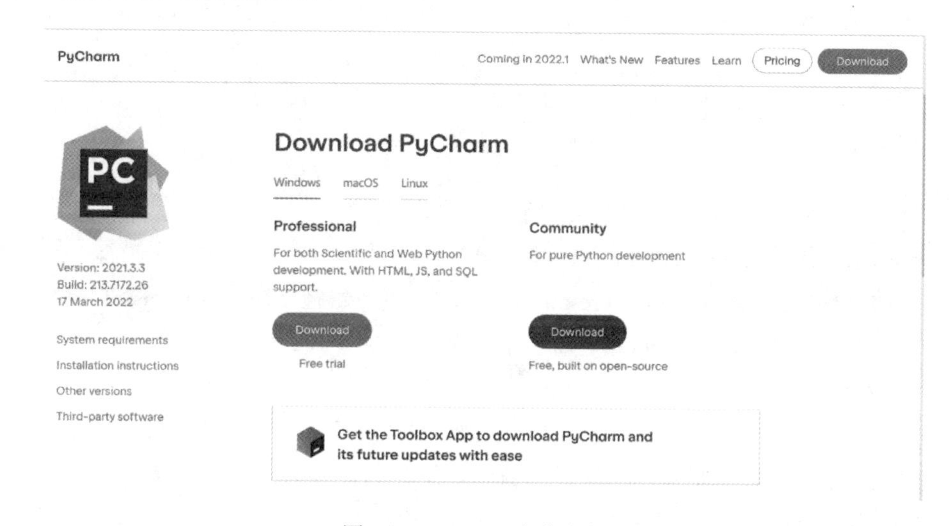

图1-4　PyCharm安装流程1

点击下载后的安装文件进行安装，此时可以修改安装路径（建议不改变默认的安装路径），然后点击“Next”。分别如图1-5、图1-6所示。

图1-5　PyCharm安装流程2

图1-6　PyCharm安装流程3

接下来的画面如图1-7所示。

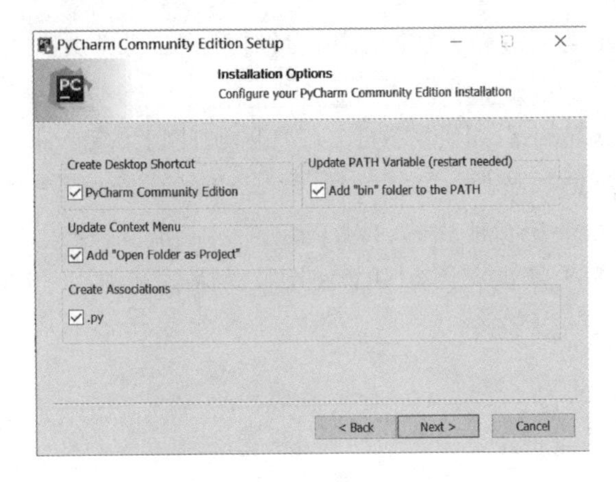

图1-7　PyCharm安装流程4

图1-7中的各选项表示的意义如下：

- Create Desktop Shortcut：创建桌面快捷方式。
- Update PATH Variable（restart needed）：更新路径变量（需要重新启动）。
- Update Context Menu：更新上下文菜单。
- Add “Open Folder as Project”：添加打开的文件夹作为项目。
- Create Associations：创建关联。只要双击.py文件就会用PyCharm打开。

在此可以根据需要自行选择，一般情况下保持默认设置即可。点击“Next”，进入图1-8界面。

直接点击“Install”即可。然后在图1-9中点击“Finish”完成PyCharm的安装。

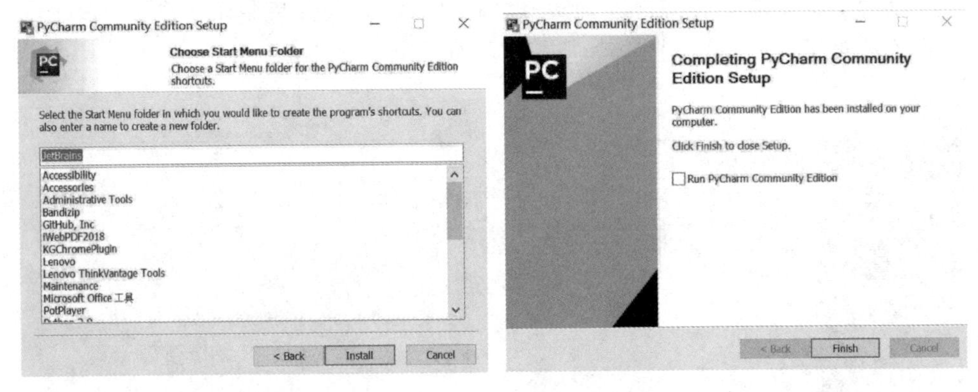

图1-8　PyCharm安装流程5　　　　图1-9　PyCharm安装流程6

1.2.3　配置PyCharm

安装后，双击在桌面上的PyCharm图标，进入图1-10所示的界面。

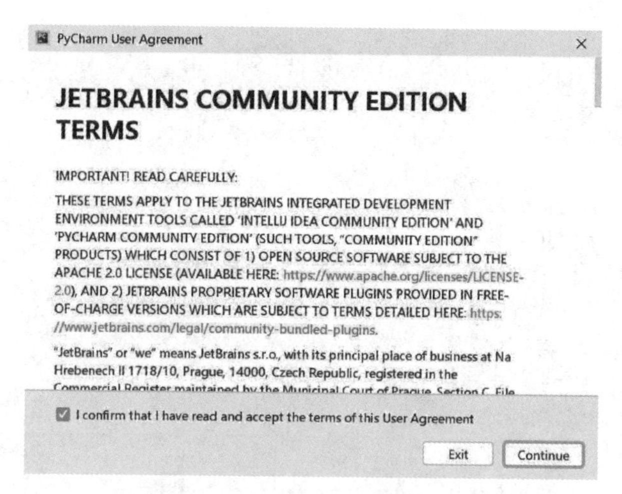

图1-10　PyCharm的后续安装流程

在阅读了PyCharm用户使用条款后勾选下面的“I confirm that I have read and accept the terms of this User Agreement（我确认我已阅读并接受此用户协议的条款）”，点击“Continue”继续下一步。

这一步是选择是否同意数据分享，它相当于一个问卷调查，自己可以选择是否将信息发送给JetBrains用来提升产品的质量，由自己决定是否选择分享。点击“send”或者“Don't send”后进入图1-11所示界面。

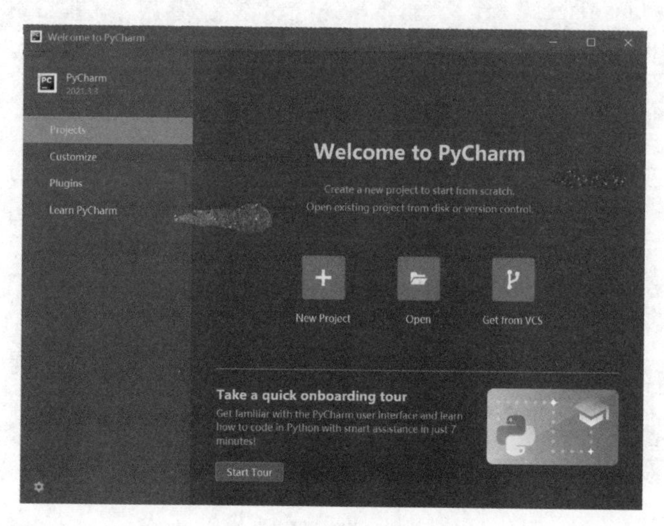

图1-11　PyCharm主界面

这是PyCharm的欢迎画面。点击左边的“Customize”选项后出现图1-12所示的界面，开始进入PyCharm的配置环节。

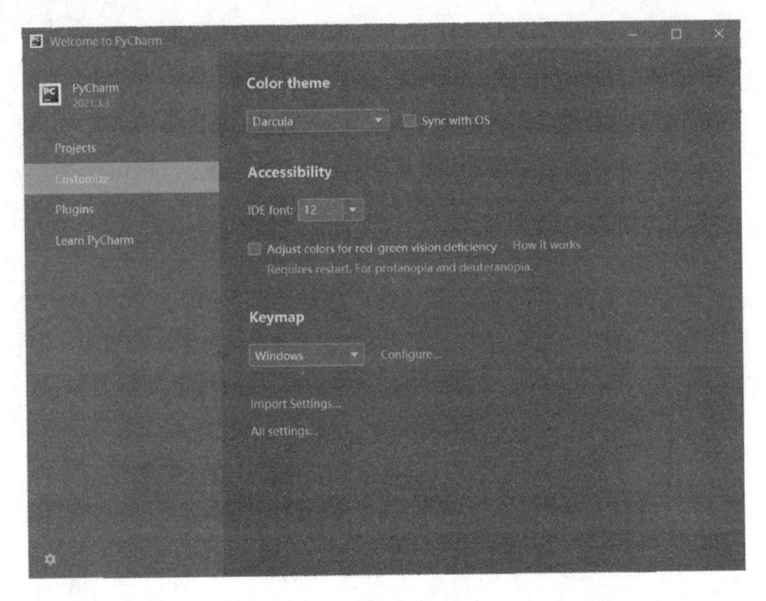

图1-12　PyCharm配置1

在图1-12中点击 “ALL settings...”按钮，打开PyCharm设置对话框，此时配置界面如图1-13所示。

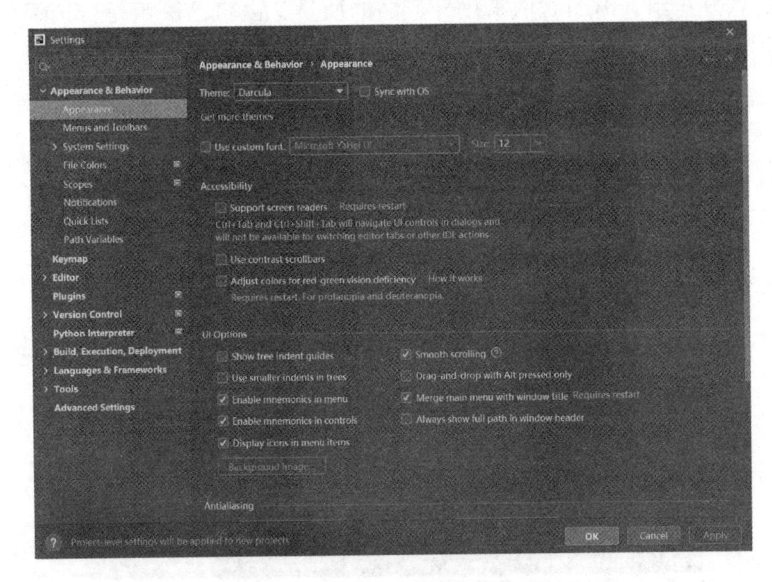

图1-13　PyCharm配置2

点击左侧的“Python Interpreter”按钮，在Python Interpreter下拉列表中选择解释器，如图1-14所示。设置完成后单击“OK”按钮完成设置。

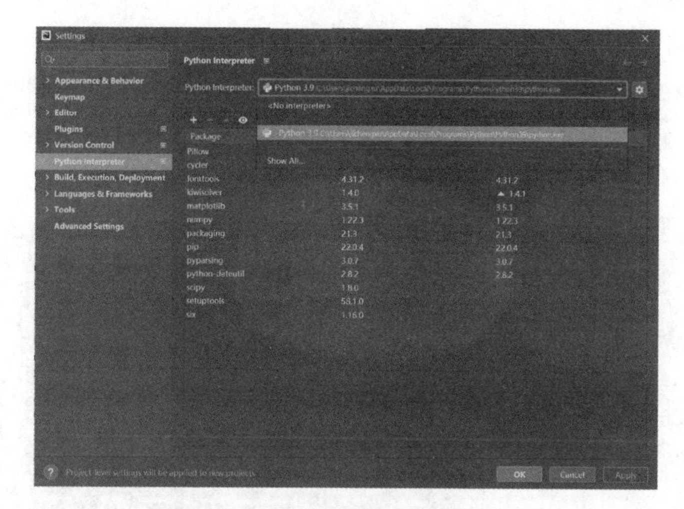

图1-14 PyCharm配置3

到这里，Python 开发的环境和工具就搭建好了。

1.3 编写简单的Python程序

（1）创建项目

首先要创建一个py项目。点击图1-15中Location所示的路径后选择实际希望创建的路径地址（一般保持默认即可）。然后点击“Create（创建）”按钮，出现图1-16所示画面。

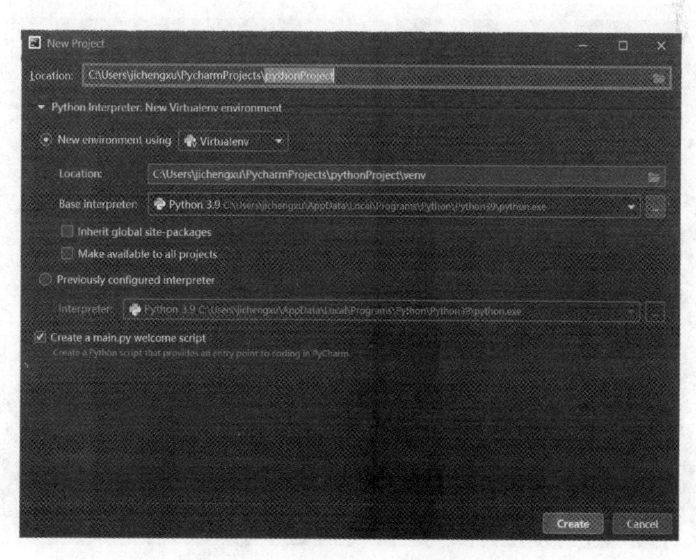

图1-15 在PyCharm中新建项目

（2）创建文件

在图 1-16 中右键点击“pythonProject”，选择“New”→“Python File”，然后输入要创建的文件名称并回车。本书第 10 章会介绍如何用 Python 玩转 Word 文档，所以在此将文件命名为 helloword 作为呼应。

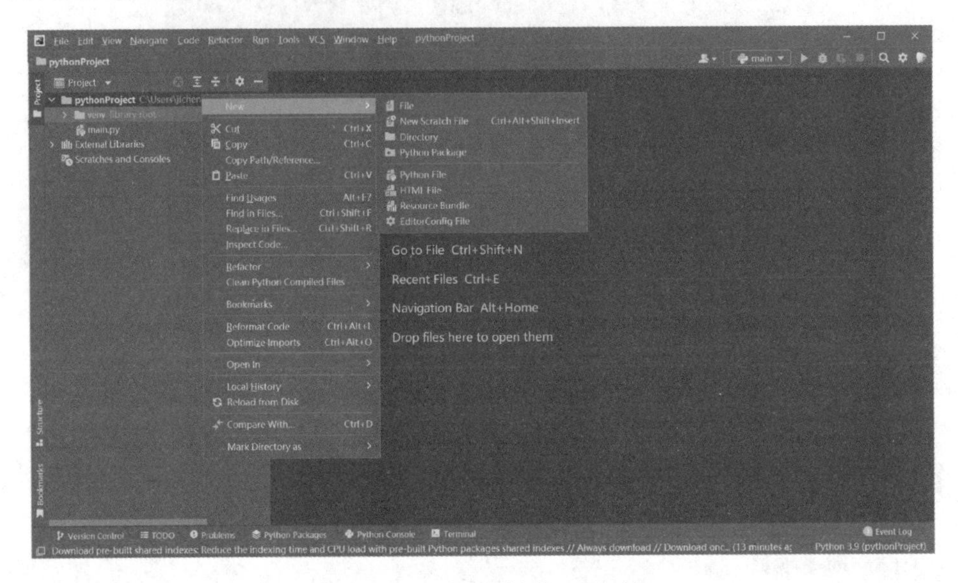

图 1-16　PyCharm 创建工程文件

此时会出现图 1-17 所示的画面，一个名称为 helloword.py 的空白 Python 文件就创建好了。

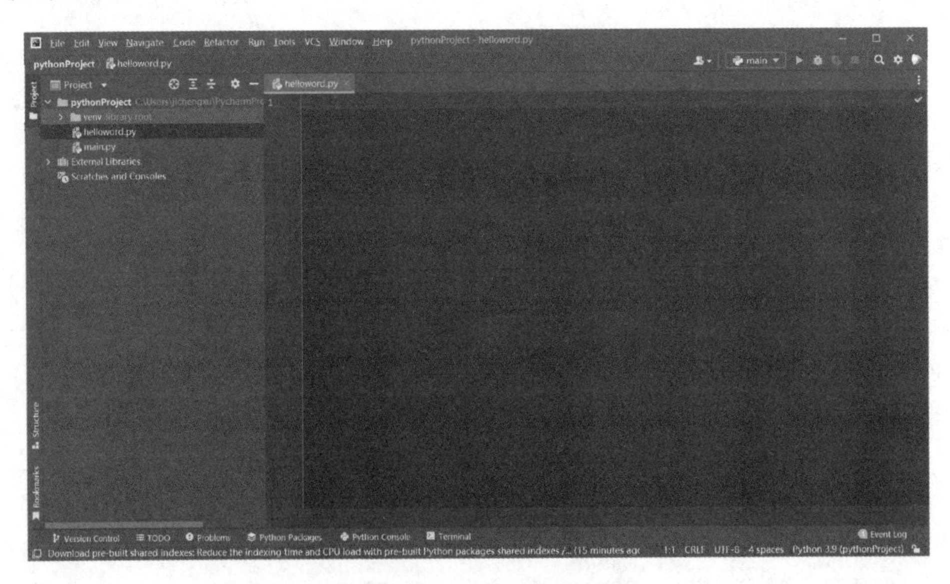

图 1-17　PyCharm 编程界面

(3) 编写代码并运行

如图1-18所示，首先在程序编辑栏中写入代码：

```
string = "hello,word! "
print(string)
```

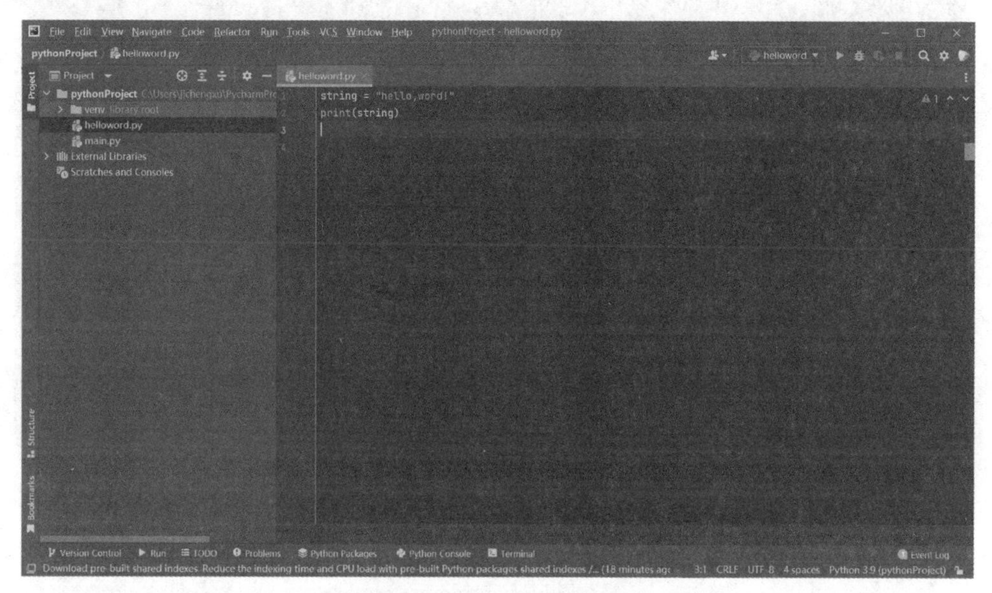

图1-18 PyCharm运行界面1

然后如图1-19所示，在程序编辑栏的空白处点击右键并选择“Run‘helloword’”。

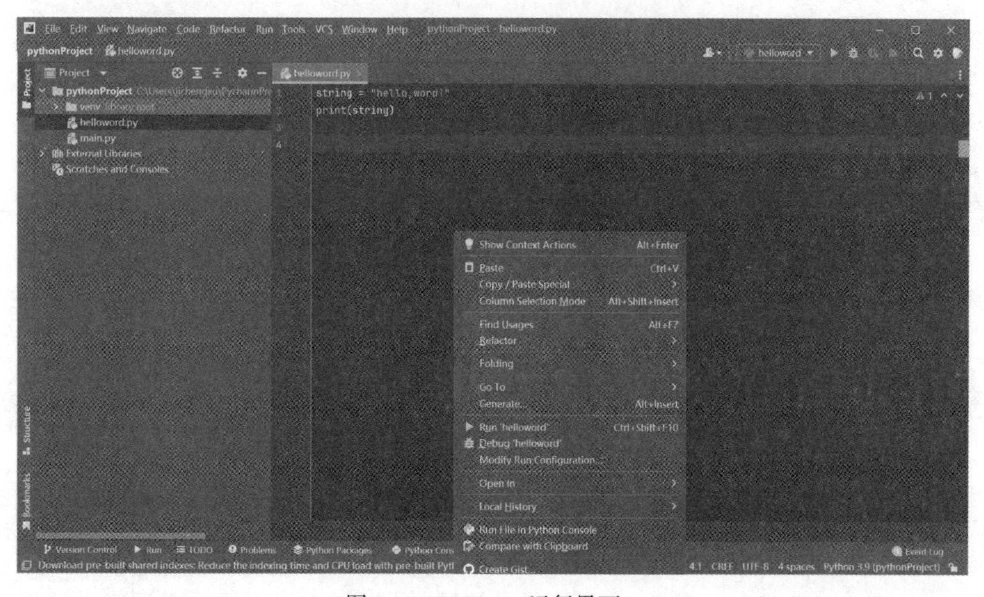

图1-19 PyCharm运行界面2

得到的运行结果如图1-20所示，在控制台窗口输出了“hello，word!”字符串。

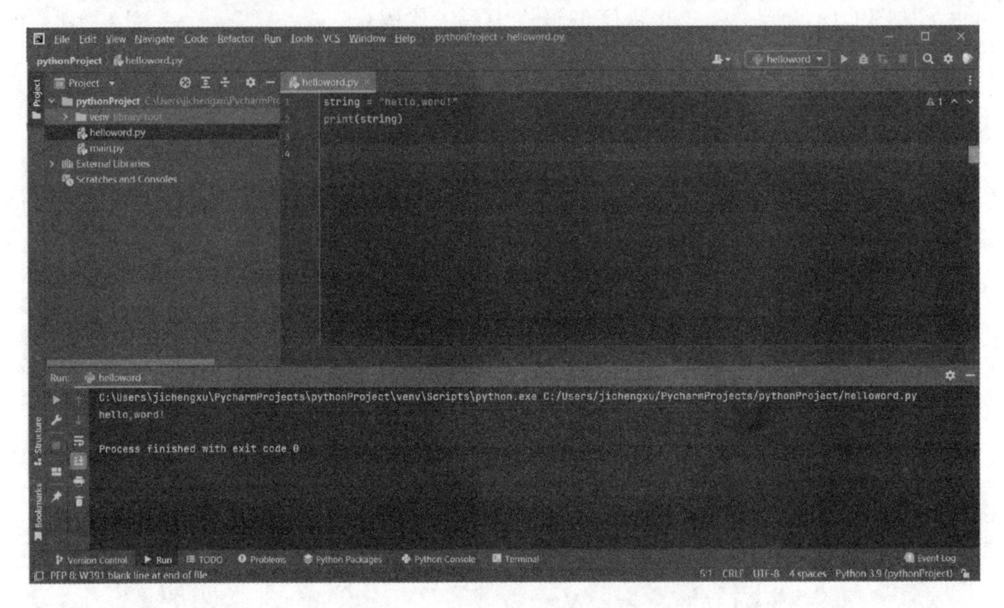

图1-20 PyCharm运行界面3

第2章

Python变量与运算符

2.1 要重视给程序加注释

在正式开始Python编程之前，首先要了解的就是如何给代码加注释。在编程的世界里，给代码加注释是一项非常重要的工作。注释是为了提高代码的可读性，方便自己和协作的伙伴看懂代码的内容。

Python中的注释有两种形式，既可以利用“#”完成单行的注释，也可以利用三个连续的引号（单引号或双引号均可）进行多行注释。需要注意的是，注释的符号必须是英文半角的字符，否则会报错。下面是一个例子。

```
# 这是一行注释，是以“#”开头的
print("hello world") # 这也是一行注释

"""
多行注释
可以一次注释多行代码
注意这是英文的双引号
"""

'''
多行注释
可以一次注释多行代码
注意这是英文的单引号
'''
```

现在可以正式开始Python学习之旅了。还记得第1章的最后编写Python程序输出了“hello，word！”字符串吧。现在利用print函数来输出“hello，excel！”试试看。print函数可以打印出想要输出的内容到控制台，它是Python中最常见的一个函数，具体的用法还会在后面结合实例进行讲解。现在先试试下面这两行代码吧：

```
string = "hello，excel！"
print(string)
```

其实上面的两行代码还可以直接通过下面的一行代码来实现：

```
print("hello，excel！")  # 输出:hello，excel!
```

2.2 变量与赋值

2.2.1 什么是变量

变量，顾名思义就是变化的量。这个概念在数学中早有体现，例如在方程式$y=x+1$中，x和y就是变量，当我们给x取值为1的时候，y就等于2。对于计算机而言，变量不仅可以是数字，也可以是其他类型，比如字符类型等。

每一个变量都有一个属于自己的标签，即变量名。对于变量名，Python对其进行了规范：变量名必须是大/小写英文、数字和下划线的组合，并且不可以用数字开头。在实际编程的时候，对于变量的命名只要符合规范都是可行的，但是最好能做到见名知意，比如表示姓名的变量就可以取名为name，如果是用x来表示就非常不方便理解。取变量名时应该遵守以下规定和习惯：

① 除了下划线之外，其他的特殊符号都不可以出现在变量名之中；

② 变量名中不可以包含空格；

③ 不可以直接将函数名或者关键字作为变量名，但是可以包含它；

④ 尽量避免使用字符“I”和“O”，它们很容易与数字1和0混淆；

⑤ Python中变量名区分大小写。

例如：name、Date_name都是规范的变量名，而1_name，name#就是不规范的变量名。

在Python中还有33个关键字不可以作为变量名使用。可以运行下面的指令来查看这些关键字：

```
    import keyword
    keyword.kwlist
```

除了上述关键字外还有一些内置函数，我们在命名自己的函数时也不能与其同名。可以通过如下指令查看到所有的内置函数：

```
dir(__builtins__)
```

2.2.2 赋值语句

有了变量名之后，我们就可以对一个变量进行赋值的操作了。上面讲到的给方程式中变量x取值为1就可以理解为一个赋值的过程。在Python中，可以将变量理解为一个有标签的盒子，盒子上的标签就是变量名，盒子里面装的就是这个变量的值。那么我们往盒子里写入数值的过程就叫作赋值。Python中的赋值运算符就是“=”。

Python中的变量不需要提前声明类型，变量的赋值操作既是对变量进行声明也是对其进行定义。例如：

```
counter = 100 # 为一个整型变量赋值
miles = 1000.0 # 为浮点数变量赋值
name = "John" # 为字符串变量赋值

print counter
print miles
print name
```

在以上实例中，将100、1000.0和“John”分别赋值给counter、miles、name变量。

Python也允许同时为多个变量赋值。例如：

```
a = b = c = 1
```

以上实例是创建一个整型对象，值为1，三个变量被分配到相同的内存空间上。

也可以同时为多个不同的变量赋值，例如：

```
a, b, c = 1, 2, "John"
```

在上面的实例中，两个整型数值1和2的赋值给变量a和b，字符串“John”赋值给变量c。

2.3 数据类型

在了解了变量的概念之后，还需要知道变量的数据类型。Python 3中有6个标准的数据类型，分别是：

- Numbers（数字）；
- String（字符串）；
- List（列表）；
- Tuple（元组）；
- Sets（集合）；
- Dictionaries（字典）。

先介绍数字和字符串这两种基本的数据类型。

2.3.1 Numbers（数字）型

Python 3中常见的数字型包括int、float、bool、complex。需要注意的是，这里所说的数字型指的是变量的数据类型。

· int（整型）：整型就是不带小数部分的数字，包括正整数、0和负整数。在Python中整数的取值范围是无限的。

· float（浮点数）：带有小数部分的数字。

· bool（布尔值）：只有 True 和 False 两种值，在使用时要注意大小写。

· complex（复数）：分为两部分，即实数 real和虚数 image，虚部以j或J结尾。

Python中内置了一个type函数，通过它可以查询数据的类型，例如查看一个值为6的变量x的数据类型：

```
x = 6
print(type(x))
```

运行的结果为：

```
<class 'int'>
```

运行结果表明变量x的数据类型是整型。还可以用同样的办法来测试浮点数、布尔值和复数值的数据类型。

在这里思考这样一个问题：如果一个整数和一个浮点数相加，那么最后得出的结果是什么数据类型呢？可以通过实践来测试一下。

例2-1：

```
a = 10.1
b = 10
c = a + b
print(type(c))
```

运行上面的这段代码大家就会发现，最终变量c的类型是浮点数。那么为什么一个整数和一个浮点数相加之后会变成浮点数呢？这里就涉及Python数据类型的自动转换，当两个不同类型的数据进行运算的时候，默认向更高精度进行类型转换。数字类型精度由低到高的顺序为：bool<int<float<complex。

2.3.2 String（字符串）型

字符串就是由若干个字符组成的一个集合，它可以包含字母、标点、特殊符号、文字。由于字符串是以Unicode编码的，所以Python中字符串支持多语言，比如中文和日文。Python中的字符串必须由英文半角双引号或者单引号标识（在语义上单双引号没有区别）。具体格式如下：

```
字符串:'hello,word!'
字符串:"hello,excel!"
```

如果在字符串中需要包含单引号或者双引号时，Python如何去识别呢？如果写成这个样子：

```
'I'm a student!'
```

那么Python是无法辨别哪个引号是字符串标识，哪个引号是字符串中的内容的。为此需要作出规定，通常有两种方法。

① 在引号前如果添加反斜杠“\”就表明它后面的字符被当作普通文本，“\”被称为转义字符。例如：

```
'I\'m a student!'
```

就表明I’m a student！是一个字符串。

② 交替使用单双引号也可以避免解析错误。如果字符内容中出现了单引号，那么可以选用双引号作为字符串标识。如果字符内容中出现了双引号，那么可以用单引号作为字符串标识。例如：

```
"I'm a student!"
'I said:"I am a student!"'
```

在上面的第一种方法中利用Python的转义字符对字符串中的引号进行了转义。但是有时候，转义字符本身也会导致代码解析出现一些歧义，例如需要输出某个文件的Windows路径时：

```
print('C:\Pragram Files\Python 3.9\Python.exe')
```

为了避免转义字符“\”造成的解析问题，此时我们就需要对每一个转义字符“\”进行转义操作，将“\”写成“\\”。于是上面的代码就变成：

```
print('C:\\Pragram Files\\Python 3.9\\Python.exe')
```

虽然这种方法可以解决问题，但是对每一个“\”都需要进行转义就非常麻烦。为了彻底解决转义字符的问题，就有了原始字符串的概念。在原始字符串中，所有的“\”都不会被当作转义字符，全部内容都会按照其原始状态进行输出。使用方法也很简单，就是在普通字符串的开头加上前缀“r”，这个字符串就变成了原始字符串。将上面的路径改成原始字符串的形式，看看其输出效果：

```
Address = r'C:\Pragram Files\Python 3.9\Python.exe'
print(Address)
```

Python为字符串提供了灵活的操作，一些常见的操作符如表2-1所示。

表 2-1　常用的字符串操作符

操作符	意义
+	连接两个字符串
*	重复输出字符串
[]	通过索引获取字符串中的字符
[:]	截取字符串中的一部分
in	成员运算符：如果字符串中包含特定字符返回True
not in	成员运算符：如果字符串中不包含特定的字符返回True

下面通过几个实例来了解一下这些字符串操作符的使用。

例 2-2：

```
x = 'Hello'
y = 'World'
print("x+y 的结果为:",x +' '+ y)
print("重复输出5个x: "+x*5)
print("输出x中的第2个字符: ",x[1]) # 第一个字符是x[0]
print("输出x中的一段字符: ",x[2:4])

print("判断e是否在字符串变量x中:")
if('e' in x):
   print("e在字符串变量x中! ")
else:
   print("e不在字符串变量x中! ")

print("判断H是否在字符串变量y中:")
if( "H" not in y) :
   print ("H 不在变量 y 中! " )
else :
   print ("H 在变量 y 中! ")
```

例2-2的输出结果为：

x+y的结果为：Hello World

重复输出5个x：HelloHelloHelloHelloHello

输出x中的第2个字符：e

输出x中的一段字符：llo

判断e是否在字符串变量x中：
e在字符串变量x中！
判断H是否在字符串变量y中：
H不在变量y中！

2.4 输入与输出

我们已经使用过print函数了，它可以在屏幕上显示输出的内容。在这一节，将详细讲解几个常用的输入和输出函数的语法及参数。

2.4.1 print函数

先介绍一个小工具函数，即help函数。在Python编译器中输入指令：

```
help(print)
```

就可以得到print函数的语法以及参数的含义。

Help on built-in function print in module builtins:

print（...）

print（value，...，sep=' '，end='\n'，file=sys.stdout，flush=False）

Prints the values to a stream，or to sys.stdout by default.

Optional keyword arguments：

file：a file-like object（stream）；defaults to the current sys.stdout.

sep：string inserted between values，default a space.

end：string appended after the last value，default a newline.

flush：whether to forcibly flush the stream.

可能在看到上面这一大串英文后会觉得不知所措，没有关系，下面将详细介绍print函数的使用。当然，也不要忘了help这个函数，在它的括号中输入希望了解的Python的函数名称，就可以看到对该函数的一个简单介绍。

结合上面的那一大段英文描述来学习print函数的语法构成。

print（value，...，sep=' '，end='\n'，file=sys.stdout，flush=False）

各个参数的含义如下：

· value：希望输出的变量名。可以一次输出多个变量值。当输出多个值时，需要用逗号分隔这些变量名。

· sep：在多个输出值之间插入的符号，默认值是一个空格。

· end：放在最后一个输出值的后面用来表示结束。默认值是换行符“\n”，也可以换成其他的字符串。

· file：可以将结果输出到一个文件（或者是一个流），默认是输出到sys.stdout。

· flush：可以选择是否将输出放入缓存之中。如果关键字flush的值为 True，那么流会被强制刷新。

在Python中对于输出数据的类型并没有限制，也就是说可以通过print函数来输出数值、布尔值、字符串、列表、元组、字典等内容。我们在使用时，只要将需要输出的数据作为函数的参数即可。当然，如果希望按照一定的格式来输出数据，那么就需要对数据进行格式化。常用的格式化输出方法主要有两种，分别是“%方法”和format函数方法。这两种方法各有侧重，一般而言，相对简单的格式化输出可以用“%方法”实现，复杂的格式化输出可以用format函数来实现。

(1)“%方法”实现格式化输出

常用的格式化符号如表2-2所示。

表2-2 常用的格式化符号

符号 (typecode)	说明
b	格式化为二进制
c	格式化为字符及其ASCII码
d	格式化为十进制整数
e	用科学记数法格式化浮点数
E	作用同%e,用科学记数法格式化浮点数
f	格式化为浮点数,可指定小数点后的精度
g	根据值的大小自动地决定使用%f或者%e
G	作用同%g,根据值的大小决定使用%f或%e
o	格式化为无符号八进制数
p	用十六进制数格式化变量的地址
s	格式化为字符串
u	格式化为无符号整型
x	格式化为无符号十六进制数
X	格式化为无符号十六进制数(大写)

语法：% ［flags］ ［width］ .［precision］ typecode

参数：

· flags：可以是 + 、-、' ' 或 0。其中，+表示右对齐；

-表示左对齐；' '是一个空格，表示在正数的左侧填充一个空格，从而与负数对齐；0表示使用数值0填充。

- width：表示显示的宽度。
- precision：表示小数点后的精度。
- typecode：表2-2中的各个表示格式化的符号。

通过参数的详细设置，我们可以对数据的输出格式进行更具体的规范。通过下面的一个比较长的例子可以看到利用"%方法"格式化输出的各种使用方法。

例2-3：

```
num1,num2=20,50
# 关于整数的各种格式化输出
print("八进制输出:0o%o,0o%o"%(num1,num2))
print("十六进制输出:0x%x,0x%x"%(num1,num2))
print("十进制输出:%d,%d"%(num1,num2))
print("100的二进制输出:",bin(num1),"50的二进制输出为:",bin(num2))

num01=123456.891011
# 浮点数输出
print("标准的模式:%f"%num01) # %f 保留小数点后面六位有效数字
print("保留两位有效数字:%.2f"%num01)# %.numf 保留num位小数
print("e的标准模式:%e"%num01) # %e 保留小数点后面六位有效数字,指数形式输出
print("e的保留两位有效数字:%.2e"%num01) # %.nume 保留num位小数位,使用科学记数法

# %g 在保留六位有效数字的前提下使用小数方式,否则就用科学记数法:
# 如果是大于6位小数保留不了就要用科学计数法表示
print("g的标准模式:%g"%num01)

print("g的保留两位有效数字:%.2g"%num01)# %numg 保留num位有效数字,使用小数或科学记数法

str_1="www.iLync.cn"
# 字符串的各种格式化输出
print("s标准输出:%s"%str_1)# %s 标准输出
```

```
print("s的固定空间输出:%20s"%str_1)# %20s 右对齐,占位符20位
print("s的固定空间输出:%-20s"%str_1)# %20s 左对齐,占位符20位
print("s截取:%.3s"%str_1)# %.3s 截取3位字符串
print("s截取:%10.3s"%str_1)# %10.3s 右对齐,10位占位符,截取3位字
符串
print("s截取:%-10.3s"%str_1)#左对齐
```

例2-3的输出结果为：

八进制输出：0o24，0o62

十六进制输出：0x14，0x32

十进制输出：20，50

100的二进制输出：0b10100 50的二进制输出为：0b110010

标准的模式：123456.891011

保留两位有效数字：123456.89

e的标准模式：1.234569e+05

e的保留两位有效数字：1.23e+05

g的标准模式：123457

g的保留两位有效数字：1.2e+05

s标准输出：www.iLync.cn

s的固定空间输出：   www.iLync.cn

s的固定空间输出：www.iLync.cn

s截取：www

s截取：   www

s截取：www

（2）format函数方法实现格式化输出

与基本格式化输出采用“%方法”不同，format函数的功能更强大。该函数把字符串当成一个模板，通过不同的参数进行格式化，并且使用大括号“{ }”作为特殊字符来代替“%”。

1）位置匹配：

① 不带编号，即“{}”；

② 带数字编号，可调换顺序，即“{1}”“{2}”；

③ 带关键字，即“{a}”“{tom}”；

④ 通过下标或key匹配参数。

例2-4：

```
coord = (1, 2)
print('{} {}'.format('hello','world'))  # 不带任何字段
print('{0} {1}'.format('hello','world'))  # 带数字编号
print('{0} {1} {0}'.format('hello','world'))  # 按指定顺序输出
print('{a} {b} {a}'.format(b='hello',a='world'))  # 按指定关键字顺序输出
# 注意:在下面的0[下标]中,必须要有中括号前面的0
print('X: {0[0]};  Y: {0[1]}'.format(coord)) #带下标
```

例2-4的输出结果为：

hello world

hello world

hello world hello

world hello world

X：1；Y：2

2）format的进阶用法：format函数还可以采用一些进阶方法来使用，它结合并简化了上面提到的几种方式。例如：{：4s} 表示取4位数值，{：.2f} 表示小数点后面取2位，“>” 表示右对齐，“<” 表示左对齐，“^” 表示中间对齐。举例如下，可自行输入后查看显示的结果：

```
name="Examples"
print("姓名:{:10}".format(name))# 默认的格式
print("姓名:{:>10}".format(name))# 标识右对齐
print("姓名:{:<10}".format(name))# 标识左对齐
print("姓名:{:^10}".format(name))# 标识中间对齐
print("{:.2f}".format(3.1415926))# 保留2位有效数字
print("{:10.2f}".format(3.1415926))# 保留2位有效数字，默认右对齐
print("{:>10.2f}".format(3.1415926))# 保留2位有效数字，指明右对齐
print("{:<10.2f}".format(3.1415926))# 保留2位有效数字，指明左对齐
print("{:^10.2f}".format(3.1415926))# 保留2位有效数字,指明中间对齐
```

2.4.2 input函数

介绍完print函数，再介绍它的伙伴函数input。在Python3中用它来实现标准输入。

在进行Python编程时，从键盘输入数据大多使用内置函数input，但是不同于C和C++语言，我们不需要在输入数据时规定这些变量的类型，因此可以非常便捷地使用a = input（）对任何数据类型的变量a进行赋值，无论它是int、float，还是列表等。

但需要指出的是，这并不代表Python不考虑数据类型，因为如果不考虑数据类型的话，在编程过程中很容易出现问题。

那么我们会想到：是不是在对变量进行赋值时，Python能够自动地判断出数据的类型，而不需要直接操作呢？

还是通过一个例子来说明问题。如图2-1所示，希望将整数、小数和字符串分别赋值给变量a、b和c。在利用input函数分别输入之后，当我们使用type函数来确认这些变量的类型时却发现它们都成了字符串str。

```
>>> a = input()
123
>>> print(a)
123
>>> print(type(a))
<class 'str'>
>>> b = input()
12.3
>>> print(b)
12.3
>>> print(type(b))
<class 'str'>
>>> c = input()
abcd
>>> print(c)
abcd
>>> print(type(c))
<class 'str'>
```

图2-1 利用type函数来检验input函数（输入数据的类型为str）

通过使用type函数，看到无论输入的值是int、float，还是string类型，最后input函数返回的都是字符串str。只有了解到这一点，才能更有利于我们正确地使用input函数。因为在算术运算中，字符串是无法直接和int或float数据进行算术运算的，如果直接使用，那么必然带来如图2-2所示的TypeError报错。

假如我们直接将两个input函数输入的数据进行计算，那么将会是对两个字符串进行组合而不是进行了我们预期的算术运算，如图2-3所示。

```
>>> a = input()
10
>>> a = a + 1
Traceback (most recent call last):
  File "<pyshell#1>", line 1, in <module>
    a = a + 1
TypeError: can only concatenate str (not "int") to str
```

图2-2 利用input函数输入数据后与整数进行运算的错误信息

所以当我们使用input函数输入数据时，建议通过强制类型转换直接指定变量的类型，例如，图2-4所示的a = int（input（））。这样被赋值的变量从一开始就被强制指定为所需要的类型，与C、C++语言是一样的。

```
>>> a = input()
10
>>> b = input()
20
>>> a = a + b
>>> print(a)
1020
```

图2-3 利用input函数输入两个数据后进行运算的非预期结果

```
>>> a = int(input())
10
>>> b = int(input())
20
>>> a = a + b
>>> print(a)
30
```

图2-4 利用强制类型转换的input函数进行运算的正确结果

还可以在使用该数据的时候再进行类型转换，如图2-5所示。但是需要说明的是，该数据的类型仍然是input（）返回的字符串类型，仅仅是在使用时做了临时转换，这有可能因为不注意而为后面的编程工作带来不必要的问题，所以应该谨慎使用。读者可以自行通过type函数来确认变量a和b在进行运算前后的类型。

相较于其他语言，Python在用户交互方面十分友善。如果想要在输入指令前加入一些提示语，那么直接使用 variable = input（prompt）格式即可，不需要再像其他一些编程语言那样单独写一个用户提示语，如图2-6所示。

```
>>> a = input()
10
>>> b = input()
20
>>> a = int(a) + int(b)
>>> print(a)
30
```

图2-5 可以在需要的时候再做类型转换

```
>>> name = input('请输入您的名字')
请输入您的名字Alex
>>> print(name)
Alex
```

图2-6 可以方便地使用提示语

敲击回车键后，屏幕上会显示编写的提示性语言“请输入您的名字”并等待用户输入。在输入Alex之后就自动将数据Alex赋值给了变量name，这样为交互性的程序编写带来了便利。

需要注意的是，如果理所当然地在input（prompt）中直接加入一个变量的话就会出错，如图2-7所示（图2-7所示的程序是紧接着图2-6的）。

```
>>> number = input('请输入',name,'同学的学号')
Traceback (most recent call last):
  File "<pyshell#8>", line 1, in <module>
    number = input('请输入',name,'同学的学号')
TypeError: input expected at most 1 argument, got 3
```

图2-7 函数input（prompt）中不能直接出现变量名

这个问题出现的原因是语句variable = input（prompt）是直接以字符串形式输出提示性的prompt文字，不能像print函数那样将值赋给变量并输出。实际上可以通过如下的操作来解决这一问题，也就是前面讲过的强制类型转换。正因为我们已经知道了input（）是以字符串的形式输出，所以需要将变量先转化成string型，然后使用字符串的连接符“+”，如图2-8所示（图2-8所示的程序是紧接着图2-6的）。

```
>>> number = input('请输入'+str(name)+'同学的学号')
请输入Alex同学的学号
```

图2-8　函数input（prompt）中的prompt应该是字符串

在编程的时候常常需要一次性地给多个变量赋值，在Python中可以采用以下两种方式。

① 利用split函数进行输入。split函数能根据设定的分割点（默认是通过空格）来分割字符串并返回分割后的字符串列表，所以能一次性输入多个数据值。不仅可以利用split函数一次性地输入多个数据，还可以设置分隔符。如图2-9所示，除了传统的空格形式，也可以使用逗号“,”。

```
>>> a,b,c = input('以空格隔开：').split()
以空格隔开：1 2 3
>>> print(a,b,c)
1 2 3
>>> d,e,f = input('以逗号隔开：').split(",")
以逗号隔开：4,5,6
>>> print(d,e,f)
4 5 6
```

图2-9　使用split函数可以一次性地输入多个数据

② 使用map函数进行输入。如图2-10所示，将input函数输入的数据强制转换为整型int，则split函数返回的列表里的每一个值都被强制转换类型，从而实现多个输入数据的一次性类型转换。

```
>>> d,e,f = map(int,input('以逗号隔开：').split(","))
以逗号隔开：1,2,3
>>> print(type(d))
<class 'int'>
```

图2-10　使用map函数可以一次性地输入多个数据并做类型转换

2.5　基本运算

本节介绍Python中常用的运算符以及运算符的优先级，通过这些运算符就可以实现各种数据运算。Python支持多种运算符类型，如表2-3中汇总的一样，不同的运算符所起的作用是不一样的，在这里着重为大家介绍以下5种运算符。

表2-3　运算符汇总

运算符类型	运算符
算术运算符	+,-,*,/,//,%,**
比较运算符	==,!=,>,<,>=,<=
赋值运算符	=,+=,-=,*=,/=,%=,**=,//=,&=,|=,^=
逻辑运算符	and,or,not
位运算符	&,|,^,~,<<,>>

（1）算术运算符

算术运算符也就是基本的数学运算符，主要包括加、减、乘、除和求余数、幂运算，如表2-4所示。

表2-4　算术运算符

运算符	说明
+	加。在Python中加法不仅可以实现数值相加，也可以实现字符串的拼接（将两个字符串连接为一个字符串）
-	减。在Python中可以实现减法运算和求负运算
*	乘。在Python中实现乘法运算，在字符串操作中实现字符串的多次重复
/	除。实现数学运算中的普通除法
//	整除。只保留结果的整数部分，舍弃小数部分（注意是直接丢掉小数部分，而不是四舍五入）
%	求余数。求得两个数相除的余数，包括整数和小数。Python 使用第一个数值除以第二个数值，得到一个整数的商，剩下的值就是余数。对于小数，求余的结果一般也是小数
**	幂运算（乘方）。求 x 的 y 次方。由于开方是乘方的逆运算，所以也可以使用 ** 运算符间接地实现开方运算

在求余数的运算时有几点注意事项：①由于求余的本质是除法运算，所以第二个数值不能是0，否则会导致 ZeroDivisionError 错误。②只有当第二个数值是负数时，求余的结果才是负数。换句话说，求余结果的正负和第一个数值没有关系，只取决于第二个数值。③如果是两个整数相除求余数，那么结果也是整数；但是只要有一个数值是小数，那么求余的结果就是小数。

（2）比较运算符

比较运算符也叫关系运算符，通常用来对变量的大小进行比较，其返回值只有Ture和False。Python支持的比较运算符有6种，如表2-5所示。

表 2-5 比较运算符

运算符	说明
>	大于。如果前面的值大于后面的值，则返回 True，否则返回 False
<	小于。如果前面的值小于后面的值，则返回 True，否则返回 False
==	等于。如果两边的值相等，则返回 True，否则返回 False
>=	大于等于(等价于数学中的 ≥)。如果前面的值大于或者等于后面的值，则返回 True，否则返回 False
<=	小于等于(等价于数学中的 ≤)。如果前面的值小于或者等于后面的值，则返回 True，否则返回 False
!=	不等于(等价于数学中的 ≠)。如果两边的值不相等，则返回 True，否则返回 False

(3) 赋值运算符

赋值运算符用于给变量（或者常量）进行赋值，基本的原则是将运算符右边的内容按照运算符的意义赋值给左边。Python 中的基本赋值运算符就是“=”，将它与其他运算符相结合就可以实现各种赋值操作，如表 2-6 所示。

表 2-6 赋值运算符

<table>
<tr><th>运算符</th><th>意义</th><th>举例</th><th>举例的展开式</th></tr>
<tr><td>=</td><td>基本赋值运算</td><td>x=y</td><td>x=y</td></tr>
<tr><td>+=</td><td>加赋值</td><td>x+=y</td><td>x=x+y</td></tr>
<tr><td>-=</td><td>减赋值</td><td>x-=y</td><td>x=x-y</td></tr>
<tr><td>*=</td><td>乘赋值</td><td>x*=y</td><td>x=x*y</td></tr>
<tr><td>/=</td><td>除赋值</td><td>x/=y</td><td>x=x/y</td></tr>
<tr><td>%=</td><td>取余数赋值</td><td>x%=y</td><td>x=x%y</td></tr>
<tr><td>**=</td><td>幂赋值</td><td>x**=y</td><td>x=x**y</td></tr>
<tr><td>//=</td><td>取整数赋值</td><td>x//=y</td><td>x=x//y</td></tr>
<tr><td>&=</td><td>按位与赋值</td><td>x&=y</td><td>x=x&y</td></tr>
<tr><td>|=</td><td>按位或赋值</td><td>x|=y</td><td>x=x|y</td></tr>
<tr><td>^=</td><td>按位异或赋值</td><td>x^=y</td><td>x=x^y</td></tr>
</table>

在通常情况下，凡是需要用到上述赋值运算的时候都可以使用“举例”那一列的表达方式，它比展开式更加简洁。

(4) 逻辑运算符

逻辑运算符可以实现逻辑运算，就像数学中的逻辑运算一样。Python 中的逻辑运算符如表 2-7 所示。

表2-7 逻辑运算符

运算符	逻辑表达式	说明
and	x and y	布尔“与”。若x为 False，则x and y返回False，否则返回y的计算值。相当于只要x和y中有一个False，就返回Flase，只有x和y都为True时才返回True
or	x or y	布尔“或”。若x为非0，则返回x的值，否则返回y的值。相当于只要x和y中有一个True，就返回True，只有x和y都为False时才返回False
not	not x	布尔“非”。若x为True，则返回False，若x为False，则返回True

将逻辑运算符和表达式结合使用，就可以实现一些复杂的功能。但需要说明的是，Python 逻辑运算符可以用来操作任何类型的表达式，而不论表达式是不是 bool 类型。同时，逻辑运算的结果也不一定是 bool 类型，它可以是任意类型。就变量或者对象的bool值而言，通常仅0、’ ’（空字符）、[ ]、( )、{ }、None、False，以及各种空容器为False，其他情况下均为Ture。

读者可以为表2-7中的x与y赋予各种类型的数据并通过type函数来确认最终结果的类型，要知道实践是学习和尽快掌握计算机语言的关键。

（5）位运算符

Python的位运算实际上是对数据在内存中的原始二进制位进行操作，一般用于底层开发，例如，用在单片机、算法设计、驱动设计等方面。位运算在Web开发和Linux运维等应用层中并不常使用，可以先通过表2-8做一些了解，后面有需要的时候再进行解释。

表2-8 位运算符

位运算符	说明	使用形式	运算规则
&	按位与	a&b	只有参与&运算的两个位都为1时结果才为1，否则为0
|	按位或	a|b	两个二进制位有一个为1时结果就为1，两个都为0时结果才为0
^	按位异或	a^b	参与运算的两个二进制位不同时结果为1，相同时结果为0
~	按位取反	~a	是单目运算符（只有一个操作数），对参与运算的二进制位取反
<<	按位左移	a<<b	把操作数a的各个二进制位全部左移b位。高位丢弃，低位补0
>>	按位右移	a>>b	把操作数a的各个二进制位全部右移b位。低位丢弃，高位补0或1。如果最高位是0那么就补0；如果最高位是1那么就补1

第3章 Python条件与循环语句

第2章介绍了变量和运算符，那么在编程中如何将这些变量、运算符和逻辑判断结合起来写成正确、合理的代码呢？这就需要用到本章介绍的条件与循环语句。不同于变量和逻辑运算在编程中相当于盖楼中的砖块，条件与循环语句更像是一座大楼的钢架结构。学会使用条件与循环语句，对于后续的编程学习有着十分重要的意义。

3.1 条件语句

Python条件语句的基本格式如图3-1所示。在Python中作为条件判断的是if语句，它的基本格式如下。

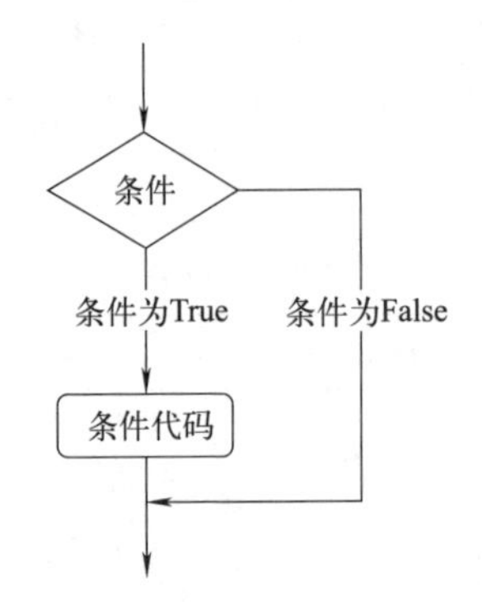

图3-1 Python条件语句的基本格式

if 判断条件：

  执行语句…… # 注意这里的代码缩进

其中“判断条件”成立（非零）时则执行后面的语句，后面的语言可以是多行，用缩进来表示同一范围。例如：

```
age = 18
if age >= 18:
    print('你已成年！')
```

输出结果是：
你已成年！

注意

要求严格的代码缩进是Python语法的一大特色。其他很多语言也会要求代码在书写时要按照一定的规则进行换行和代码缩进，但是这些要求只是为了方便阅读、使用或修改的，编译器或者解释器对这些缩进完全是视而不见的。但是对Python解释器而言，每行代码前面的缩进都有语法和逻辑上的意义，如果不按照规则书写代码，就可能会出现语法错误，例如unexpected indent之类的报错信息，甚至有时也会出现逻辑错误。一定要注意这一点。

图3-1所示是最简单的一种条件语句，那么如果要处理多种情况该怎么办呢？是否需要用很多个if语句去罗列出所有的可能性呢？在理论上这样做也是可以实现的，但是这种做法显然不符合Python便捷的特性。

如果要处理多种情况，在Python中可以使用if-else结构，该语句的结构如下。

if 判断条件：
　　执行语句（1）……
else：
　　执行语句（2）……# 注意代码行缩进

该语句可以理解为当“判断条件”成立时则执行语句（1），当条件不成立时则执行语句（2）。下面举一个实际的例子。

```
if 5==5:
  print("123")
else:
  print("456")
print("结束")
```

首先判断if后面的条件是否满足。很明显这里的条件是满足的，因为5恒等于5。那么就执行后续的条件代码，输出“123”。

除了上面这样直接在条件语句中进行真值判断，还可以将逻辑判断语句作为判断条件。看下面这段代码：

```
number = 19
if number%2 == 1:
```

```
    print("number是奇数")
else:
    print("number是偶数")
```

这个例子是对number取2的余数，以此来判断其为奇数还是偶数。如果情况更为复杂，即需要判断的情况不止两种，那么可以考虑if-elif-else结构，格式如下：

```
if  条件1:
    代码块1
elif 条件2:
    代码块2
elif 条件3:
    代码块3
elif 条件4:
    代码块4
    ……
else:
    代码块
其他语句
```

这个结构的意思是，当满足条件1时就执行代码块1，执行完毕就跳出来直接执行最后的“其他语句”。如果不满足条件1，就继续判断是否满足条件2。当满足条件2时就执行代码块2，依次类推。当else前面的条件都不满足时就执行else下面的代码块。

需要注意的是，按照顺序进行判断，当满足任一条件时就直接执行对应的代码块并在执行完毕后跳出。如果同时满足多个条件，那么只按照顺序执行第一个满足条件对应的代码。下面举例说明。

例3-1：将90分以上的成绩评为A，往下每10分为一个档，依次为B、C、D，对于低于60分的同学则判定为不及格。根据上述要求可以得到如下代码。

```
score = input("请输入分数")
data = int(score)#这里input获取的数据是字符串,所以需要用int转换
if data > 90:
    print("你的成绩是A")
elif data > 80:
    print("你的成绩是B ")
elif data > 70:
```

```
    print("你的成绩是C ")
elif data > 60:
    print("你的成绩是D ")
else:
    print("你未能通过本次考试 ")
```

可以运行上述代码，在输入任意一个成绩后确认是否得出了对应的成绩。

注意

如果在执行语句时出现错误信息，很可能是缩进出了问题。为了统一缩进的格式，应该在if、elif和else这些判断的下面一行在输入代码时通过tab键或者四个空格来完成缩进。

到此为止已经出现了三种条件语句的结构：if语句可以用来判断是否满足某一种情况；if-else可以针对条件满足和不满足这两种情况分别做不同的处理；if-elif-else可以判断多种情况是否满足。

在编程应用中，我们经常将上述三种条件语句嵌套起来使用。最简单的嵌套就是在if语句中嵌套if-else，一般格式如下：

```
if 条件一：
    if 条件二：
        代码块 1
    else：
        代码块 2
其他语句
```

这段代码的执行逻辑是：若不满足条件一，则直接跳过这部分而执行后面的“其他语句”；当满足条件一时，再检查是否满足条件二，若满足则执行代码块1，若不满足则执行代码块2。

我们也可以使用if-else嵌套if-else，形式如下：

```
if 条件一：
    if 条件二：
        代码块 1
    else：
        代码块 2
else：
```

```
    if 条件三:
        代码块 3
    else:
        代码块 4
```

这段代码的执行逻辑是：当满足条件一时则判断是否满足条件二，若满足则执行代码块1，若不满足则执行代码块2；当不满足条件一时则判断是否满足条件三，若满足则执行代码块3，若不满足则执行代码块4。下面通过一个实例更加直观地理解这种嵌套关系。

例3-2：

```
print("欢迎致电10086。我们提供了如下服务: 1.话费相关;2.业务办理;3.人工服务")
choice = int(input("请选择服务序号"))
if choice == "1":
    print("话费相关业务")
    cost =int(input("查询话费请按1;交话费请按2"))
    if cost == "1":
        print("查询话费余额为100")
    elif cost == "2":
        print("交话费")
    else:
        print("输入错误")
elif choice == "2":
    print("业务办理")
elif choice == "3":
    print("人工服务")
else:
    print("序号输入错误")
```

可以将上述代码运行后看看输出的结果是否和自己的预想一致。如果能够正确地将if、if-else和if-elif-else灵活嵌套起来，将是非常有用的。需要注意的是，在使用时一定要严格遵守不同级别代码块的缩进规范，同一个代码块的缩进量要相同，缩进量不同的不属于同一个代码块。下面给出一个错误例子，错误原因是它没有进行缩进：

```
examscore = int( input("请输入你的成绩:") )
if examscore < 60 :
print("这次没有考好,一定要加油呀! ")
else:
print("这次成绩合格,请继续努力。")
```

可以看到上面的print函数和if、else语句是左边对齐的，它们都没有缩进，所以print函数就不能成为if或else里面的代码块了，这会导致Python解释器找不到if和else的代码块，从而报出如下错误：

SyntaxError：expected an indented block（语法错误：需要一个缩进的代码块）

下面总结一下代码块在缩进时的注意事项。

① 必须要缩进。在if、else后面的代码块一定要缩进，否则就不能构成if、else的执行体。

② 缩进多少合适？Python要求代码块必须缩进，但是却没有规定缩进量，可以缩进n个空格，也可以缩进n个Tab键的位置。但是从编程习惯的角度看，建议缩进1个Tab键的位置或者缩进4个空格。

③ 一个代码块的所有语句都要缩进，而且缩进量必须相同。如果代码块中的某个语句忘记缩进了，Python解释器并不一定会报错，但是程序的运行结果通常就不是我们期望的了。看下面的代码：

```
examscore = int( input("请输入你的成绩:") )
if examscore < 60 :
    print("这次没有考好。")
print("但是不要紧,知道不足就要加倍努力! ")  # 忘记了缩进
```

这段代码并没有语法错误，但是它的运行逻辑是不对的。比如输入98后的运行结果如下：

请输入你的成绩：98

但是不要紧，知道不足就要加倍努力!

输入的成绩明明是很好的98分，却出现了“但是不要紧，知道不足就要加倍努力!”的提示，显然这不是原程序的本意。出现这个问题的原因就是第二个 print语句忘记了缩进，if语句并没有把它和第一个print语句当作同一个代码块，所以它不是if执行体的一部分。解决这个错误也很容易，让第二个print缩进4个空格即可。

④ 不要随便缩进。不需要使用代码块的地方千万不要缩进，一旦缩进就会产生一个新的代码块。例如下面的代码是不好的：

```
info = "I Love Python!  "
    print(info)
```

这两条简单的语句其实没有包含分支、循环、函数、类等结构，在这里就不应该使用缩进。

3.2 循环语句

(1) while语句

Python编程中常用while和for语句作为循环执行程序。我们先来了解while语句，它的基本形式为：

while　条件：

　代码块

它的执行逻辑很简单，若“条件”判断为假（False）则直接跳过，当“条件”判断为真（True）时就执行下面的“代码块”，然后再次判断“条件”是否为真，若为假则跳出循环，若为真则再次执行“代码块”，依次类推。结果有两种，一种是随着“代码块”一次一次地执行，直至“条件”判断为假，跳出循环。另外一种结果是，无论执行多少次“代码块”，“条件”判断都是真，这时就会出现死循环，一直在执行代码块而无法跳出while循环。

例3-3：直接跳过循环。

```
print("开始")
while 1 > 2:
    print("不可能")
print("结束")
```

执行结果：

开始

结束

例3-4：死循环。

```
data = True
print("开始")
while data:
    print("死循环")
print("结束")
```

执行结果：

开始

死循环

死循环

死循环

死循环

死循环

……

例3-5：多次循环。

```
print("开始")
num = 1
while num < 5:
    print(num) # 输出每次循环num的值
    num = num + 1
print("结束")
```

执行结果：

开始

1

2

3

4

结束

（2）for语句

for语句常用于遍历字符串、列表、元组、字典、集合等序列类型，可以逐个获取序列中的各个元素。for语句用于循环的语法格式如下：

for 临时变量 in 序列：

　　代码块

在for语句的语法格式中，“临时变量”用于存放从序列类型的变量中读取出来的元素，所以一般不会在循环中对“临时变量”手动赋值；代码块指的是具有相同缩进格式的多行代码（和 while 一样）。由于它是和循环结构联用，因此代码块又被称为循环体。

for循环的执行逻辑为：如果序列中没有元素就直接跳过而不进去循环体，但是只要序列中有元素就取下一项，然后执行下面的“代码块”，直至取完序列中的所有元素后跳出循环。

例3-6：

```
#for循环,遍历字符串
A = "I Love Python"
for ch in A:
    print(ch,end="")
```

运行结果：

I Love Python

可以看到，在使用for循环遍历字符串的过程中，临时变量ch会先后被赋值为字符串A中的每个字符，并代入循环体中使用。下面再提供一个稍微复杂的例子：

例3-7：用for循环遍历整个列表。

```
# for循环用来遍历序列、集合、字典等
Fruits=['apple','orange','banana','grape']
for fruit in Fruits:
    print(fruit)
print("结束遍历")
```

运行结果：

apple

orange

banana

grape

结束遍历

例3-8：用for循环修改列表中的元素。

```
#把banana改为Apple
Fruits=['apple','orange','banana','grape']
for i in range(len(Fruits)):
    if Fruits[i]=='banana':
        Fruits[i]='Apple'
print(Fruits)
```

运行结果：

['apple', 'orange', 'Apple', 'grape']

例3-9：用for循环删除列表中的元素。

```
Fruits=['apple','orange','banana','grape']
for i in  Fruits:
    if i=='banana':
        Fruits.remove(i)
print(Fruits)
```

运行结果：

['apple', 'orange', 'grape']

例3-10：用for循环统计列表中某一元素的个数。

```
#统计apple的个数
Fruits=['apple','orange','banana','grape','apple']
count=0
for i in  Fruits:
    if i=='apple':
        count+=1
print("Fruits列表中apple的个数="+str(count)+"个")
```

运行结果：

Fruits列表中apple的个数=2个

注意

在列表中统计某一元素的个数时还可以直接使用Fruit.count（object）。

例3-11：用for循环实现1到9连乘。

```
sum=1
for i in list(range(1,9)):
    sum*=i
print("1*2...*9="+str(sum))
```

运行结果：

1*2...*9=362880

关于for循环就先介绍到这里，后面讲到字符串、列表、元组、字典、集合等序列类型时还会遇到，到时候再详细介绍它的其他使用方法。

（3）跳出循环

前面的各个例子都是当条件达到false时才结束整个循环。其实我们还可以自己设定一个条件，当达到这个条件时也能结束整个循环。break就是用于完全跳出循环的语句。

例3-12：使用break语句跳出循环。

```
print("开始")
while True:
    print("1")
  break
    print("2")
print("结束")
```

运行结果：

开始

1

结束

程序在运行到第4行时发现了break语句，就会无条件地直接跳出整个while循环并执行循环后面的语句。下面再通过一个例子更深入地理解break语句。

例3-13：

```
print("开始")
i = 1
while True:
    print(i)
    i = i + 1
    if i == 101:
        break
print("结束")
```

运行结果：

开始

1

2

...

100

结束

本例中加入了一个if条件语句，当临时变量i不满足if条件语句中的条件时，while循环体不断地重复运行；当i满足if条件语句中的条件时就执行条件语句中的break，直接跳出while循环，执行循环体下面的语句。下面再举几个例子。

例3-14：

```
print("开始运行系统")
while True:
    user = input("请输入用户名:")
    pwd =  input("请输入密码:")
    if user == 'tust123' and pwd = "iam18":
        print("登录成功")
        break
    else:
        print("用户名或密码错误,请重新登录")
print("系统结束")
```

运行结果：

开始运行系统

请输入用户名：tust123

请输入密码：iam18

登录成功

系统结束

如果输入的用户名或者密码有一个不正确，就输出“用户名或密码错误，请重新登录”并一直循环。

以上的例子给出了结束循环的两种方式，即条件判断和break关键字。这两种方式在使用时并无好坏之分，只要能实现功能就行。其实除了break可以结束循环以外，还有一个语句也可以中止循环，那就是continue语句。但是break和continue是不一样的。break语句是结束整个循环的过程，不再判断执行循环的条件是否成立。而continue语句只结束本次循环，并不终止整个循环的执行。也就是说，continue在循环中用于结束循环体内部的一次循环并且开始下一次循环，而不是直接跳出整个循环体。下面再通过几个例子来进一步理解continue的作用。

例3-15:

```
print("开始")
i = 1
while i < 10:
    if i == 3:
        i = i + 1
        continue
    print(i)
    i = i + 1
print("结束")
```

运行结果:

开始

1

2

4

5

6

7

8

9

结束

在这个例子中，当i=3时开始执行if条件语句中的“i=i+1”，然后执行continue，此时本次循环结束，后面的“print（i）”与“i=i+1”都不再执行，而是直接跳到外层循环，即“while i<10:”，然后继续执行while循环。

例3-16:

```
print("开始")
i = 1
while True:
    if i == 3:
        i = i + 1
```

```
        continue
    print(i)
    i = i + 1
    if i == 10:
        break
print("结束")
```

运行结果：

开始

1

2

4

5

6

7

8

9

结束

对于break和continue都是放在循环语句中用于控制循环过程的，但它们是不一样的。一旦遇到break就跳出这个循环，而一旦遇到continue就停止本次循环并开始下次循环。当然，如果没有break和continue，仍然可以用while等语句进行判断并完成所需的功能，但是有了break和continue就可以有效地简化代码逻辑。

（4）复合循环

下面再介绍一个while...else语句。while的判断条件可以是任何表达式，对于任何非零、非空值均为true。当判断条件为假（false）时，就会执行else中的代码块。while...else的基本语法如下：

while 条件：

    代码1

else：

    代码2

例3-17：

```
i = 1
while i < 6:
```

```
        print(i)
        i += 1
else:
        print("i不小于6")
```

运行结果：

1

2

3

4

5

i不小于6

例3-18：

```
while True:
    print(123)
break
else:
    print(666)
```

运行结果：

123

除了while...else可以搭配使用，for循环也可以与else搭配使用。要注意的是，当for循环正常结束后else也会执行，而当for循环未正常结束，例如使用break提前退出时则不会执行else。for...else的基本语法如下：

```
for 临时变量 in 序列:
    代码块1
else:
    代码块2
```

例3-19：寻找2~10中的质数。

```
for i in range(2,10):
    for n in range(2,i):
        if i % n == 0:
            break
```

```
    else:
        print('2~10中的质数:%s' %i)
```

运行结果：

2~10中的质数：2

2~10中的质数：3

2~10中的质数：5

2~10中的质数：7

for...else语句在一些场景中可以减少代码量，能够避免使用逻辑变量flag。在C语言中，如果要在一个二维数组内查找是否存在某个数字或者字母，一般的做法是设置一个逻辑变量flag并设定初始值为false。如果在数组内找到了该数字或字母，就把flag设为true并结束查找。在Python里面使用for...else语句就能避免设置flag，我们输入下面的程序并查看执行后的结果。

```
List = [[1,2,3,4],['a','b','aa','bb'],[1,2,3,4],['aa','bb',
'cc','dd']]
for  i, List_x in enumerate(List):
    for j, List_y in enumerate(List_x):
        if List_y == 2: # 寻找数组List中第一次出现的数字2
            loc = (i, j)
            break
        else:
            continue
print('找到了字符,位置是: ', loc)
```

运行结果：

找到了字符，位置是：(0，1)

上面的程序是在数组List中寻找第一次出现数字2的位置，运行结果是（0，1)。在Python中排序是从0开始计数的，因此（0，1）表示List的第1行［1，2，3，4］中的第2列，即数字2。同理，下面给出了查找第一次出现字母a的位置的程序。

```
List = [[1,2,3,4],['a','b','aa','bb'],[1,2,3,4],['aa','bb',
'cc','dd']]
for  i, List_x in enumerate(List):
    for j, List_y in enumerate(List_x):
        if List_y == 'a': # 寻找数组List中第一次出现的字母a
            loc = (i, j)
            break
        else:
```

```
            continue
    print('找到了字符,位置是: ', loc)
```

运行结果：

找到了字符，位置是：(1，0)

可见数组List中第一次出现字母a的位置是（1，0），也就是数组List第2行［'a'，'b'，'aa'，'bb'］的第1列，即字母'a'。

如果希望查询其他字符，也可以仿照上面的程序。其实我们可以把这个查询数组内是否存在某个字符的功能编成一个函数，这样就方便随时使用它去查询了。自己定义一个函数的方法将在后面章节中讲述，在这里不加解释地给出这个自定义函数 find_value（target），在后面讲到自定义函数时可以返回来再次理解它。

```
    List = [[1,2,3,4],['a','b','aa','bb'],[1,2,3,4],['aa','bb','cc','dd']]
    def find_value(target):# 自定义查找字符的函数
            for  i,List_x in enumerate(List):
                    for j,List_y in enumerate(List_x):
                            if List_y == target:
                                    return (i,j)
                                    break
                            else:
                                    continue
    print('找到了字符,位置是: ',find_value(2))#查找第一次出现数字2的位置
    print('找到了字符,位置是: ',find_value('a'))#查找第一次出现字母a的位置
    print('找到了字符,位置是: ',find_value('aa'))#查找第一次出现aa的位置
    print('找到了字符,位置是: ',find_value('aaaa'))#查找第一次出现aaaa的位置
```

运行结果：

找到了字符，位置是：(0， 1)

找到了字符，位置是：(1， 0)

找到了字符，位置是：(1， 2)

找到了字符，位置是：None

None表示不存在该字符。

第4章

Python基本数据结构

第2章介绍了Python的变量及其类型，这一章将介绍Python的数据结构。数据结构就是以某种方式（例如通过编号）组合起来的数据元素（可以是数值、字符乃至其他数据结构）集合。在Python中，最基本的数据结构为序列（sequence）。序列中的每个元素都有编号，表示该元素的位置或索引，其中第一个元素的索引为0，第二个元素的索引为1，依次类推。这种序列类型的数据结构包括列表和元组，除此之外在Python中还有集合与字典这样的数据类型。

4.1 序列及其操作

序列是Python中非常重要的一种数据结构类型，在编程中会经常使用。掌握好序列类型就能处理好绝大多数的组合数据类型所需的场景。

序列是具有先后顺序的一组元素，它与集合不同，序列中各元素之间存在先后关系。可以把序列理解为很多元素按照顺序排列成的一维向量，各个元素可以相同，元素类型也可以不同。

例如序列S_0， S_1， S_2， S_3，…， S_{n-1}，其中的0、1、2、…、n–1是一组下标。可见在Python的序列中，元素之间是由序号（下标）引导的，可以通过下标来访问序列中的特定元素。

序列是一个基本的数据类型，它衍生出来了几种数据类型，比如：字符串类型、元组类型、列表类型。序列类型的基本操作在上述三种衍生类型中都是适用的，同时字符串类型、元组类型、列表类型又具有各自的特点。

对序列及其元素的处理包括一些操作符和函数，如表4-1和表4-2所示。其中很多操作符和部分函数在前面介绍字符串时已经接触过了。

表4-1 序列类型的通用操作符

操作符	说明
x in s	如果x是序列s的元素则返回True,否则返回False
x not in s	如果x不是序列s的元素则返回True,否则返回False

续表

操作符	说明
s+t	连接两个序列s和t
s*n 或 n*s	将序列s复制n次
s[i]	索引。返回序列s中的第i个元素，i是元素的序号
s[i:j] 或 s[i:j:k]	切片。返回序列s中第i到j且以k为步长的元素子序列。若没有参数k则默认为k=1

列表类型（ls）也是由序列衍生出来的一个类型：

```
>>> ls = [" python" , 123,  ".io"]
>>> ls [ ::-1 ]  #逆向输出序列
[" .io" , 123,  "python"]
```

表4-2　序列类型的通用函数

函数	说明
len(s)	返回序列s的长度
min(s)	返回序列s中的最小元素（要求序列s中的元素可以进行比较）
max(s)	返回序列s中的最大元素（要求序列s中的元素可以进行比较）
s.index(x)	返回序列s中第一次出现元素x的位置
s.index(x, i, j)	返回序列s中从位置i开始到j中第一次出现元素x的位置
s.count(x)	返回序列s中出现x的总次数

下面在Python的编译环境中完成下面的序列操作：

```
>>>  ls = [" python" , 123,  ".io"]
>>>  len(ls) #获取元素个数
3
>>>  s = "python123.io"
>>> max(s) # 获取最大元素
'y'
```

对于字符串s="python123.io"而言，其中的每个元素都是字符，所以是可以比较的。而字符之间是按照字母顺序进行比较，所以该字符串的最大元素是字符y。

4.2 元组及其操作

元组是对序列的一种扩展，它本质上仍是一种序列，用来存放一组数据。但它有一个特点，就是一旦创建后就不能被修改。可以通过tuple（）来创建元组，各元素间用逗号分隔。元组中的各个元素可以是字符串、集合，甚至也是一个元组，它的语法如下：

tuple=（字符串，元组，集合，字典，列表，数字，布尔类型）

元组有两种创建方式。

方式一：使用圆括号将多个元素放在一起并使用逗号隔开。

```
tp1 = ()   #声明一个空元组
tp2 = tuple() #也是声明一个空元组
tup = ("张三", '李四', 88, (66, 90, "pudding"))#在Python中单引号和双引号都可以用来表示一个字符串。
```

需要指出的是，当定义的元组中只有1个元素时，一定要在该元素的后面输入一个逗号，否则系统会将其视为单个数据，例如：

```
tup = ("张三",)
```

方式二：不用圆括号括起来的多个数据用逗号隔开也可以定义为元组。

```
tup = 66,77,88,"张三"
```

在定义元组时可以不用圆括号，同样在使用元组时也可以不用圆括号，例如：

```
def func( ):
return 1,2
```

函数的两个返回值是1和2，其实在Python内函数只返回了一个值，这个值是元组类型，它包括两个元素，分别是1和2。因此上面所说的元组类型可以有圆括号，也可以没有。但是为了使程序清晰，易于理解，我们还是建议加上括号。下面来看一个例子：

```
>>>creature = "cat","dog","tiger","human" #定义一个元组(回车)
>>>creature#输入变量名后回车,显示其结果
( 'cat' , 'dog' , 'tiger' , 'human' )
```

从上面的执行结果可以看到，Python把由多个逗号分隔的元素定义成了一个元组类型。而元组中的元素还可以是一个元组，如下所示（接着上面的程序）：

```
>>> color = ( 0x001100, "blue" , creature)
>>> color#输入变量名后回车,显示其结果
( 4352 , 'blue' , ( 'cat' , 'dog' , 'tiger' , 'human') )
```

因此元组就是将元素进行有序的排列，并用圆括号的形式给组织起来。需要强调的一点是，元组中的每个元素一旦被定义了，元素值就不能改变。

元组类型继承了序列的全部通用操作，比如说序列的操作符、序列的处理函数、序列的处理方法等都可以用到元组类型上。而且因为元组类型在创建后

不能被修改，所以它自己没有特殊的操作。

与列表一样，可以使用索引位置来访问元组中的值。

例4-1：使用索引位置来访问元组中的值。

```
tup1 = ('physics', 'chemistry', 1997, 2000)
tup2 = (1, 2, 3, 4, 5, 6, 7 )
print("tup1[0]: ", tup1[0])
print("tup2[-1]: ",tup2[-1])
```

输出结果：

tup1［0］：physics

tup2［-1］：7 #序号“-1”表明是从头开始倒着数1，因此是最后一个元素

对于嵌套的元组，访问其中的元素与列表是一样的，通过在后面添加中括号来实现。

例4-2：访问元组中被嵌套的元组。

```
tup = (1,2,3,"abc",(10,20,30))
print("tup[3][1]: ",tup[3][1])
print("tup[4][0]: ",tup[4][0])
```

输出结果：

tup［3］［1］：　b

tup［4］［0］：　10

虽然元组中的元素值是不允许被修改的，但可以将两个元组连接组合成一个新的元组。

例4-3：将两个元组连接组合成一个新元组。

```
tup1 = (12, 34.56)
tup2 = ('abc', 'xyz')
tup3 = tup1 + tup2
print(tup3)
```

输出结果：

(12， 34.56， 'abc'， 'xyz')

对元组也可以进行如下的函数操作，如表4-3所示。

表4-3　元组内置函数

函数	说明
len(tuple)	计算元组中元素的个数
max(tuple)	返回元组内各元素中的最大值
min(tuple)	返回元组内各元素中的最小值
tuple(list)	将列表转换为元组

在这里需要注意一点，就是如果使用求最大值和最小值函数，就要保证元组中的各元素是可以进行比较的。如果元组中的元素全是字母，那么就是比较它们的首字母的编码值大小。可以自己编写一个程序看一下执行结果，这是学习语言的最佳方法。

4.3　列表及其操作

列表也是序列的一种扩展，它与元组类型很相似，但是它更为常用。列表的特点是被创建后可以被修改，因此可以向其中增加或者删除元素，使用起来非常灵活。

4.3.1　创建与访问列表

在Python中，列表（list）使用方括号［ ］或函数list来创建，各元素之间使用逗号分开，列表中的各个元素类型可以不同，同时列表也没有长度的限制。下面通过几个例子来说明如何创建列表。

方式一：使用［］创建列表。

语法：

ls = ［字符串，元组，集合，字典，列表，数字，布尔类型］

实例：

```
>>>ls = [] #声明一个空列表
>>>play = ["张三", 98, ["李四", 60], ("赵五", 88)]
```

元组也可以充当列表中的元素，但是不能修改元组中的元素。

方式二：使用list函数创建列表。

实例：

```
>>> ls = list()          #创建一个空列表
>>> lst = list("hello")
>>> lst
```

```
['h', 'e', 'l', 'l', 'o']
>>>ls=[ "cat" , "dog" , "tiger" , 1024] #创建一个列表
>>>ls
[ 'cat' , 'dog' , 'tiger' , 1024]
>>> lt = ls #使用赋值将列表ls赋值给lt
>>>lt
[ 'cat' , 'dog' , 'tiger' , 1024]
```

在这里需要指出，如果仅仅是通过一个等号“=”将一个列表变量赋值给另一个列表变量，此时并没有在系统中真正地生成一个新的列表，而是将同一个列表赋给了两个不同的名字。也就是这两个列表变量都指向同一个列表，即它们指向计算机内存中的同一个地址。只有在定义列表的时候使用［］或函数list，这时才真正地创建了一个新的列表。

通过前面的几个例子不难发现，元组和列表看起来非常相似。实际上元组和列表是可以相互转换的，Python提供了两个转换函数：tuple函数用来将列表转换为元组，list函数用来将元组转换为列表。在下面的例子中，可以通过是圆括号还是方括号来判断是元组还是列表。

例4-4：

```
#字符串转换为元组
tupPlay = ("张三", "男", 98) #圆括号,是元组
listPlay = list(tupPlay)
>>>listPlay
["张三", "男", 98]                #方括号,是列表

#元组转换为字符串
listScore = [66, 77, 88, 99] #方括号,是列表
tupScore = tuple(listScore)
>>>tupScore
(66, 77, 88, 99)                 #圆括号,是元组
```

和元组类似，列表中每一个元素也都对应一个位置编号，这个位置编号被称为元素的索引，列表也是通过索引来访问元素。语法格式如下：

列表名［索引值］

注意列表和字符串一样也有正向和反向两种索引方式，通过列表的反向索引便于更加快捷地访问列表的尾元素。下面是几种常见的索引方式。

（1）间接访问列表元素

```
>>> list = ['physics', 'chemistry', 1997, 2000]
>>> print(list[0])
physics
```

（2）直接访问列表元素

```
>>> print(['physics', 'chemistry', 1997, 2000][0])
physics
```

除此之外还可以像下面这样通过索引来访问列表中某元素的某个字符，当然这是针对字符串而言，对于单个数据元素就不需要此操作了。

```
>>> a = ['physics', 'chemistry']
>>> print(a[0])    #打印第一个元素(这里为字符串)
physics
>>> print(a[0][1])    #打印第一个元素的第二个位置上的字符
h
```

4.3.2　对列表中元素的操作

元组内的元素是不能被改变的，但是我们可以通过索引方式对列表中的元素进行赋值，具体操作方式如表4-4所示。

表4-4　对列表中元素的操作

函数或方法	说明
ls[i] = x	替换列表ls中第i个元素为x
ls[i: j: k] = lt	用列表lt替换ls切片后所对应元素的子列表。 切片:参看表4-1中对切片的说明
del ls[i]	删除列表ls中第i个元素
del ls[i: j: k]	删除列表ls中第i到j且以k为步长的元素
ls += lt	更新列表ls,将列表lt元素增加到列表ls中
ls *= n	更新列表ls,其元素重复n次

下面看几个具体例子。

```
>>>ls=[ "cat" , "dog" , "tiger" , 1024] #创建一个列表
>>>ls[ 1 : 2] = [1,2,3,4] #用新的列表替换ls切片后所对应元素的子列表
[ 'cat' , 1 , 2, 3, 4 , "tiger" , 1024]
```

上面的命令其实是执行了两步：第一步是将ls切片，找到［1：2］位置的元

素dog；第二步是用［1，2，3，4］把元素dog给替换掉。

接着执行下面的程序：

```
>>>del ls[::3] #删除列表ls中以3为步长的元素，即删除索引为0,3,6的这三个元素
[ 1 , 2, 4 , "tiger" ]
>>>ls*2     #对列表进行元素的复制
[ 1 , 2, 4 , "tiger", 1 , 2, 4 , "tiger" ]
```

列表ls随着每次运算都会发生数据元素的变化。修改列表元素其实就是对元素进行增、删、改、查这样的一些基本操作，下面举例说明。

(1) 修改或替换元素

定义：直接指出列表中要修改的元素索引，然后为其指定新值。

语法格式：

列表名［索引］ = 值

```
>>> list = ['Google', 'Runoob']
>>> list[0] = "Baidu" # 指定列表第一个元素的新值
>>> print(list)
['Baidu', 'Runoob']
```

(2) 增加元素

方法一：使用append命令，用来指定在列表尾部添加元素。

语法格式：

列表名.append（新元素）

```
>>> list = ['Google', 'Runoob']
>>> list.append('newone') #在原列表的最后添加新元素
>>>list
['Google', 'Runoob', 'newone']
```

方法二：使用insert命令，在指定位置插入新元素，位置使用索引表示。

语法格式：

列表名.insert（索引，新元素）

```
>>> list = ['Google', 'Runoob']
>>>list.insert(0,'newone')
>>>list
['newone', 'Google', 'Runoob']
```

(3) 删除元素

方法一：使用del命令，删除指定索引位置的元素。

语法：

del 列表名［索引］

```
>>> list = ['Google', 'Runoob']
>>>del list[0]
>>>list
 [ 'Runoob']
```

方法二：使用pop命令，从列表中删除指定索引的元素并返回该元素。当没有指定索引来删除元素时，默认删除列表的最后一个元素。

语法格式：

列表名.pop（索引）

```
>>> list = ['Google', 'Runoob']
>>>list.pop(0) #删除列表中的序号为0的元素(即第1个元素),并返回该被删除的元素值。结果为
'Google'
>>>list #输入变量名并回车后确认是否已经删除了序号为0的元素“Google”,结果为
['Runoob']
>>>list.pop() #未指定被删除元素的索引时,默认删除最后一个元素
'Runoob'
>>> list
[]
```

方法三：使用remove命令，可以直接删除给定的元素。但是会有一个问题，就是当列表中有多个相同的元素时，要删除哪个呢？这里规定：remove命令删除的是在列表中最前面的那个待删除的元素。

语法格式：

列表.remove（元素值）

```
>>> list = ['Google', 'Runoob','Google']
>>> list.remove('Google') #有两个“Google”元素,删除前面的那个
>>> list
['Runoob', 'Google']
```

（4）求列表中元素的个数

统计列表中元素的个数可以直接使用len函数。

```
>>> list = ['Google', 'Runoob','Google']
```

```
>>> len(list)
3
```

(5) 判断指定元素是否在列表中

使用in或not in运算符可以判断某个元素是否在列表中。使用in判断一个元素是否在列表中时，如果元素在列表中则返回True，否则返回False。而使用not in时与它相反。

元素 in 列表

元素 not in 列表

```
>>>ls = ['A', 'B', 'C']
>>>ls[-1] in ['C', 'c']
Ture
```

ls［-1］是列表ls的最后一个元素。该语句是判断列表的最后一个元素是否是C或者c。如果是则返回True，否则返回False。

(6) 在列表中查找指定的元素

index可以用于在列表中查找指定的元素。如果存在则返回指定元素在列表中的索引，如果存在多个指定元素则返回最小的索引值。如果不存在，会直接报错。语法如下：

列表.index（元素）

```
>>> ls = ['Google', 'Runoob','Google']
>>> ls.index('Google')
0
>>>list.index('a')
ValueError: 'a' is not in list
```

(7) 返回列表中指定元素的个数

count可以统计并返回列表中指定元素的个数。需要注意的是如果在列表中没有该元素，则返回值为0。语法如下：

列表.count（元素）

```
>>>ls = ['Google', 'Runoob','Google']
>>>ls.count('Google')
2
>>>ls.count('a')
0
```

4.3.3　对整个列表的操作

对于列表中的元素操作，我们已经有了一个比较全面的了解，但是对于列表这种非常灵活的数据结构而言，这才是刚刚开始。假设现在有一个包含成百上千个元素的列表，如果希望对列表内的所有元素进行访问又该如何操作呢？

此时我们不再局限于列表中的某一个元素，而是将整个列表看作一个对象，去对整个列表进行操作。在Python中对列表的操作包括遍历、排序、切片等，下面逐个介绍这些操作。

（1）遍历列表

方式一：最简单常用的，用for遍历列表。

：

```
list = [2, 3, 4]
for num in list:
    print (num)
```

输出：

2

3

4

方式二：利用Python内置函数enumerate列举出序列中的数，返回索引序号和对应的元素。语法为：

enumerate（sequence，［start=0］）

参数说明：

sequence：一个序列、迭代器或其他支持迭代的对象。

start：下标起始的位置。

例4-6：

```
list = [2, 3, 4]
for i in enumerate(list):
    print (i)
```

输出：

（0，　2）

（1，　3）

（2，　4）

方式三：使用iter迭代器，函数用来生成迭代器，返回迭代对象。语法为：

iter（object［，sentinel］）

参数说明：

object：支持迭代的集合对象。

sentinel：如果传递了第二个参数，则参数object必须是一个可调用的对象（如函数）。此时，函数iter创建了一个迭代器对象，每次调用这个迭代器对象的__next__（）方法时，都会调用 object。

例4-7：

```
list = [2，3，4]
for i in iter(list):
    print (i)
```

输出：

2

3

4

方式四：使用range函数。语法为：

range（start，end，［step］）

可用list函数返回一个整数列表，一般用在for 循环中。参数说明：

start：计数从start开始，默认是从0开始。例如：range（5）等价于range（0，5）。

end：计数到end结束，但不包括end。例如：range（0，5）是［0， 1，2， 3， 4］，没有5。

step：步长，默认为1。例如：range（0，5） 等价于range（0，5，1）。

例4-8：

```
list = [2，3，4]
for i in range(len(list)):
    print ( i，list[i] )
```

输出：

0 2

1 3

2 4

（2）列表排序

方式一：sort方法。语法格式：

列表.sort（）或列表.sort（reverse=False）　#列表元素从小到大排列

列表.sort（reverse=True）　#列表元素从大到小排序

```
>>>list=[8,5,2,9,6,3]
>>>list.sort() #从小到大排列
>>>list
[2, 3, 5, 6, 8, 9]

>>>list=[8,5,2,9,6,3]
>>>list.sort(reverse = True) #从大到小排列
>>>list
[9, 8, 6, 5, 3, 2]
```

注意

Python中的排序是基于ord函数得到的编码值来进行的，对于数字和英文字符排序，结果是准确的。但是对于中文，不同字符集可能采用不同的方式，所以sort方法排序的结果可能不同。

方式二：sorted方法。语法格式：

sorted（列表，reverse = True/False）。

False：表示升序排列（默认）。

True：表示降序排列。

```
>>>list=[8,5,2,9,6,3]
>>>sorted(list,reverse = False) #从小到大排列
[2, 3, 5, 6, 8, 9]

>>>list=[8,5,2,9,6,3]
>>>sorted(list,reverse = True)  #从大到小排列
[9, 8, 6, 5, 3, 2]
```

注意

sort方法和sorted方法是有区别的。sort方法直接改变原来的列表顺序，而sorted函数只生成排序后的列表副本，并不改变原来的列表顺序。

例如：

```
>>>list=[8,5,2,9,6,3]
>>>sorted(list,reverse = True)   #从大到小排列
[9, 8, 6, 5, 3, 2]
>>> list
[8, 5, 2, 9, 6, 3]
```

方式三：reverse方法，是将列表中的元素反向排列。需要指出的是，首先需要对列表中的元素进行排序，然后再用reverse。语法如下：

列表.reverse（）

```
>>>list = [1,2,5,4,3]
>>>list.sort() #从小到大排列
>>>list
[1, 2, 3, 4, 5]
>>>list.reverse()
>>>list
[5, 4, 3, 2, 1]
```

（3）列表切片

直接指定切片的起始索引和终止索引就可以从列表中提取切片，它和字符串切片操作类似。语法如下：

列表［起始索引：终止索引］

列表［起始索引：终止索引：n］

上面的语句是指从起始索引到终止索引前的元素每隔n个就提取一个元素的方式进行切片。如果没有参数n，则默认为n=1。

```
>>>list =[1,2,3,4,5,6,7,8,9]
>>>list[1:3]
[2, 3]
>>>list[0:8:3]
[1, 4, 7]
```

（4）列表扩充

方式一：直接用“+”添加元素。这种操作和字符串类似，可以将两个列表连接起来。语法如下：

新列表 = 列表一 + 列表二

```
>>>fruit = ["苹果","梨子"]
```

```
>>>vegetable = ["土豆","萝卜","白菜"]
>>>food = []
>>>food = fruit + vegetable
>>>print(food)
['苹果', '梨子', '土豆', '萝卜','白菜']
```

方式二：extend方法，直接将被添加的列表添加到原列表的后面。语法如下：

列表.extend（被添加的列表）

```
>>>list1 = [1,2,3]
>>>list2 = [4,5,6]
>>>list1.extend(list2)
>>>list1
[1, 2, 3, 4, 5, 6]
```

方式三：*运算。与字符串类似，是将列表中的元素重复多遍。需要指出的是，如果不用赋值语句将结果保存下来，*运算的结果仅是回显一次。语法如下：

列表 * n

```
>>>list1 = [1,2,3]
>>>list1*3
[1, 2, 3, 1, 2, 3, 1, 2, 3]
>>>list1
[1, 2, 3]
```

(5) 列表复制

方式一：利用“=”直接赋值。语法如下：

新列表 = 列表

```
>>>list1=[1,2,3,4,5]
>>>list2=list1
>>>list2
[1, 2, 3, 4, 5]
>>>id(list1)   #查看list1在内存中的地址
139667942595904
>>>id(list2)   #查看list2在内存中的地址
139667942595904
```

我们发现list1和list2这两个列表在内存中的地址是一样的。这就是前面提到的，利用“=”赋值只是为一个列表添加了一个新的名称，并不是真正地创建了一个新的列表，所以不能说list1和list2是两个不同的列表，只能说是为同一个列表起了两个不同的名称。

方式二：利用切片实现。语法如下：

新列表 = 列表［:］

```
>>>list1=[1,2,3,4,5]
>>>list2=list1[:] #利用切片就可以创建一个新的列表了
>>>list2
[1, 2, 3, 4, 5]
>>>id(list1)
139667942595904
>>>id(list2)  #list2在内存中的地址与list1不同,确实是不同的列表
139667942600832
```

方式三：copy方法。语法如下：

新列表 = 列表.copy（）

```
>>>list1=[1,2,3,4,5]
>>>list2=list1.copy()
>>>list2
[1,2,3,4,5]
>>>id(list1)
139667942595904
>>>id(list2)
139667942600832
```

列表的复制很简单，这里利用id函数是为了说明这三种复制方式的不同。直接使用“=”进行列表赋值，仅仅是让原列表多了一个新名字，所以list1与list2地址相同，这被称为浅拷贝。用切片法和copy法会生成原列表的备份，并将该备份赋值给新列表，所以list1和list2地址不同，这被称为深拷贝。

（6）列表删除

方式一：列表整体删除。

语法：

del 列表名 #删除之后如果再次输出列表时会报错

方式二：列表的清空。

语法：del 列表［:］ #此列表还在，是一个没有元素的空列表

（7）创建数值列表

方式一：通过input函数输入。输入列表的时候一定要带有方括号［ ］。

```
lst = eval(input("请输入一个数值列表:\n"))
```

输入：[1， 2， 3]

1

2

3

方式二：通过list函数转换。list函数可将range对象转换为列表。

语法：

lst = list（range（1，11））

方式三：基于range函数创建数字列表。通过range函数给定范围，利用append函数的插入功能创建一个列表。举例如下：

```
# 声明一个列表变量
numbers = []
# 利用append函数和range函数向列表插入目标元素
for i in range(10):
    number = i**2
    numbers.append(number)
print(numbers)
```

输出结果：[0， 1， 4， 9， 16， 25， 36， 49， 64， 81]

方式四：基于列表生成方式将range函数生成的若干数据按照指定的表达式运算后，将结果作为元素创建为数值列表。语法如下所示：

列表 = ［循环变量相关表达式 for 循环变量 in range（）］

```
>>> lnum = [i**2 for i in range(1, 11)]
>>> lnum
[1, 4, 9, 16, 25, 36, 49, 64, 81, 100]
```

上面的方法等价于方式三的程序如下：

```
>>> lnum = []
>>> for i in range(1, 11):
    lnum.append(i**2)
>>> lnum
[1, 4, 9, 16, 25, 36, 49, 64, 81, 100]
```

（8）简单的统计学计算

Python语言针对数值列表提供了几个内置函数：求最小值函数min、求最大值函数max，以及求和函数sum。举例如下：

```
>>>numbers = [2,4,11,1,21,32,5,8]
>>>print('The min number is',min(numbers))
The min number is 1

>>>print('The max number is',max(numbers))
The max number is 32

>>>print('The sum is',sum(numbers))
The sum is 84
```

(9) 字符串与列表之间的转换

方式一：list函数转换。在转换后的字符串中单个字符依次成为列表元素。

```
>>>name = "张三，李四"
>>>guests = list(name)
>>> guests
['张', '三', '，', '李', '四']
```

方式二：split方法。根据指定的分隔符拆分字符串并生成列表。

语法：

列表 = 字符串.split（分隔符）　　#未指定分隔符时默认是空格

```
>>>sentence = "I am pudding"
>>>sentenceList = sentence.split()
>>>sentenceList
['I', 'am', 'pudding']
```

4.4 集合及其操作

集合是多个元素的无序组合。它与数学中的集合概念一致，有如下特点：

① 组成集合的元素不可更改，元素必须是不可变数据类型。

② 集合中的每个元素唯一，不存在相同的元素。

③ 集合是多个元素的无序组合。

值得注意的是，集合中的每一个元素只要放到集合中，这个元素就不能被修改了，这一点与前面介绍的元组类型是一样的，元素都是不可变的数据类型。为什么集合一定要规定为不可变数据类型呢？这是因为上面提到了集合中的每一个元素都是唯一的，不能存在相同的元素。如果集合中的元素是可以被改变的，那么一旦改变之后就有可能与其他元素相同，这样集合类型就会出现错误。

4.4.1 集合的创建

在Python中，集合是用大括号｛｝表示，元素之间用逗号分隔。创建一个集合要用大括号｛｝或者set方法。但是如果要建立一个空集合，则必须使用set方法。举例如下。

（1）直接创建集合

定义：将元素放在一对｛｝中，元素之间使用逗号分隔。

语法：

set1 = ｛元素1，　元素2，...｝

例4-9：

```
>>>A ={"python","123",("python,123")} #使用{ }建立集合
>>> A
{'python,123', '123', 'python'}

>>> B = set("python")        #使用set建立集合
>>> B
{'n', 'h', 't', 'p', 'y', 'o'}
>>> set1 = {6,3,3,(5,6),"str",8.8}
>>> set1
{3, 6, 'str', 8.8, (5, 6)}
```

我们可能发现了在上面输入的set1集合中包含重复的元素3，但是在完成创建后集合中只保留了一个3。我们还发现元素也并不是按照我们所定义的顺序来排列的，这是因为集合中的元素是无序的。

注意

如果希望通过set1=｛｝来创建一个空集合，这是错误的。因为set1=｛｝创建的是字典，而不是集合。创建空的集合只能用set函数。

（2）使用set函数创建集合

定义：Python内置函数set用来将序列转换为集合，在转换的过程中自动去掉重复的元素。注意：set函数最多只能设定一个参数并且序列类型数据不能是字典。

语法：

s1 = set（序列类型元素）

例4-10：

```
>>> s1 = set("Hello world! ")
```

```
>>> s2 = set([1,2,3,4,2,1,5])
>>> s3 = set((1,2,"str"))
>>> s1
{'H', 'e', 'r', 'w', 'd', 'l', ' ', '! ', 'o'}
>>> s2
{1, 2, 3, 4, 5}
>>> s3
{'str', 1, 2}
```

使用不带参数的set函数创建一个空集合：

```
>>> s1 = set()
>>> type(s1)
<class 'set'>
```

对于集合还有一点要注意，由于集合中的元素是无序的，它们没有键和值的概念，因此想要访问集合中的元素只能通过集合的名称整体输出，或者是通过for循环实现元素的遍历。

4.4.2 集合的运算

在数学概念中，集合之间主要存在着并、差、交、补这四种运算。在Python中提供了六种集合之间的运算符，如表4-5所示。

表4-5 集合之间的运算符

运算符	说明
S | T	返回一个新集合,包括在集合S和T中的所有元素。 相当于求并集
S - T	返回一个新集合,包括在集合S但不在T中的元素。 相当于求差集
S &T	返回一个新集合,包括同时在集合S和T中的元素。 相当于求交集
S ^ T	返回一个新集合,包括集合S和T中的非相同元素
S<=T或S<T	返回True/False,判断S和T的子集关系
S>=T或S>T	返回True/False,判断S和T的包含关系

：

```
>>>s1 = {1, 2, 3, 4}
```

```
>>>s2 = {3, 4, 5, 6}
>>>s3 = {1,2}
>>>s4 = {2,5}
>>> # 交集运算 &
>>> r = s1 & s2
>>> print(r)
{3, 4}

>>> # 并集运算 |
>>> r = s1 | s2
>>> print(r)
{1, 2, 3, 4, 5, 6}

>>> # 差集运算 -
>>> r1 = s1 - s2
>>> print(r1)
{1, 2}
>>> r2 = s2 - s1   # {5, 6}
>>> print(r2)
{5, 6}

>>> # 异或集 ^,就是集合里面不相交的部分
>>> r = s1 ^ s2
>>> print(r)
{1, 2, 5, 6}

>>> s1>=s3
True
>>>s1>=s4
False
```

除了以上六种运算符以外，Python还提供了增强运算符。增强运算的意思是通过将交、并、加、减四种运算符与赋值符号相结合来实现对集合的更新，具体内容见表4-6。

表4-6　集合的增强运算符

增强运算符	说明
S|=T	更新集合S,包括在集合S和T中的所有元素

续表

增强运算符	说明
S-=T	更新集合S,包括在集合S但不在T中的元素
S&=T	更新集合S,包括同时在集合S和T中的元素
S^=T	更新集合S,包括集合S和T中的不相同元素

如果不使用增强运算符，那么两个集合的运算会产生一个新的集合，可以将新集合赋值给新的变量。但是如果使用增强运算符，它就会修改原有的集合而不会产生新的集合。

例4-12：

```
>>> A = {"p","y",123}
>>> B = set("pypy123")
>>> A-B
{123}
>>>A
{'p', 123, 'y'}          #注意此时的A没有发生变化
>>> A|=B
>>> A
{'2', '1', 'p', '3', 123, 'y'}   #注意此时A发生了变化
```

4.4.3 集合的函数处理

下面介绍通过Python的内置函数处理集合的方法，就是采用“变量名.函数”的方式来调用需要的函数对集合进行操作。设s为一个集合的名称，常见的操作如下：

- s.add（x）#如果x不在集合s中，则将x添加到s中
- s.discard（x）#移除s中的元素x。如果x不在集合s中也不报错
- s.remove（x）#移除s中的元素x。如果x不在集合s中则产生KeyError异常
- s.clear（）#移除s中所有元素
- s.pop（）#随机返回s的一个元素并更新s，若s为空则产生KeyError异常
- s.copy（）#返回集合s的一个副本
- len（s）#返回集合s中元素的个数
- x in s#判断s中是否存在元素x。若x在集合s中则返回True，否则返回False
- x not in s #判断s中是否不存在元素x。若x不在集合s中则返回True，

否则返回False

·set（x）#将其他类型变量转变为集合类型

下面依次介绍函数的应用。

（1）添加元素s.add（x）

将参数x作为元素添加到集合s中。注意：参数x只能是不可变类型，而集合、列表和字典都是可变类型，所以它们都不能作为元素x被插入到一个集合之中，因此元素x只能是数值、字符串、元组。

```
>>> s = {6, 7, 8, 9}
>>> s.add(1)
>>> s
{1, 6, 7, 8, 9}
# 下面的例子是希望在集合中再插入一个集合。但是因为集合是可变的,所以报错。这里需要指出,集合是可变的,但是集合中的元素应该是不可变类型
>>> s = {6, 7, 8, 9}
>>> s.add({1,2})
Traceback (most recent call last):
  File "<pyshell#19>", line 1, in <module>
    s.add({1,2})
TypeError: unhashable type: 'set'

# 下面的例子是希望在集合中再插入一个列表。但是因为列表是可变的,所以报错
>>> s.add([1,2])
Traceback (most recent call last):
  File "<pyshell#20>", line 1, in <module>
    s.add([1,2])
TypeError: unhashable type: 'list'
```

（2）删除元素s.pop（）

```
>>>s={1, 2, 3, 5, 6, 7, 8, 9}
>>> s.pop()    #默认删除第一个元素
1
>>> s
{2, 3, 5, 6, 7, 8, 9}
>>> s.remove(3)         #删除元素“3”
```

```
>>> s
{2, 5, 6, 7, 8, 9}
>>>s.discard(2)        #删除元素"2"
>>>s
{5, 6, 7, 8, 9}
>>> s.clear()      #清空集合s
>>> s
set()
```

(3) 查看集合中元素的个数

```
>>> s={2,3,5,6,8,9}
>>>len(s)
6
```

(4) 成员判断

```
>>> s={2,3,5,6,8,9}
>>> 2 in s
True
>>> 1 in s
False
>>> 1 not in s
True
>>> 2 not in s
False

#下面的例子是通过for循环结合成员判断的方法来遍历集合中的元素
>>> s={2,3,5,6,8,9}
>>> for item in s:
print(item,end='')
235689 #这里的顺序可能与定义时不同
```

上面介绍了集合类型和集合的基本操作，下面再介绍2个集合的应用实例。

(1) 包含关系的比较

假设有一组数据，现在需要判断某一个数据是否在这组数据之中。此时就要先用集合方式来表达这组数据，然后利用集合成员判断的方法和集合之间的包含关系来进行判定。例如：

```
>>> "p" in {"p", "y", 123}
```

```
True
>>>{"p", "y"}  >= {"p", "y", 123 }
False
```

（2）数据去重

数据去重实际上就是利用了集合中所有元素不能重复的特点对一组数据中的重复元素进行删除，从而留下唯一的元素。例如：

```
>>>ls = ["p", "p", "y", "y", 123] #创建一个列表,有重复元素
>>>s = set(ls)#将列表变成集合,利用了集合中无重复元素的特点
{'p', 'y', 123}
>>>lt = list(s)    #再将集合转换为列表,去掉了原列表中的重复元素
['p', 'y', 123]
```

4.5　字典及其操作

在学习字典类型之前先介绍映射的概念。映射体现的是一种键（索引）和值（数据）的对应关系。例如：对于一辆汽车，它包括内部的颜色和外部的颜色。假设内部的颜色是蓝色，外部是白色，这样就构成了内蓝外白的一种映射，“内”与“外”就是键（索引），“蓝”与“白”就是不同的键对应的不同的值（数据）。

因此映射更多地表达了某一个属性及该属性所对应的值。上述例子中，内部颜色是一种属性，它所对应的值是蓝色，这种映射本身就是一种索引和值的对应关系。事实上函数就是一种映射，例如$f(x)=x*2$，这就是一个简单的映射，它将x映射到了$x*2$。我们看一个例子，定义一个列表ls：

```
ls = ["python", 135, ".io"]
```

在这个列表中，通常是用0~n这样的整数来作为默认的索引序号。因此上面的列表ls中，“python”对应的索引序号是0，数据“135”对应的索引序号是1。映射可以将这种默认的索引序号变成用户的自定义索引，例如上述汽车的例子中，数值“蓝色”的索引为内部颜色，数值“白色”的索引为外部颜色。

我们可以将字典类型理解为数据组织与表达的一种映射，字典类型就是用来存储这种映射关系的。字典是成对地保存“键”与“值”的一种集合，通过键值对进行数据索引的扩展。在字典中键值对之间是没有顺序的。

4.5.1　字典的创建

创建字典的过程就是创建键与值之间的关联。在Python中可以使用大括号

或dict（）创建字典。

第一种创建方式是用大括号创建一个字典类型，其中的每一个元素是由键、冒号“:”和值组成的键值对，各个键值对之间用逗号分隔。

<字典变量> = {<键1>：<值1>， <键2>：<值2>， ... ，<键n>：<值n>}

字典名 = {}　　#创建一个空的字典

请注意字典与集合的区别。虽然集合类型也是由大括号来创建的，但集合中的每一个元素都是一个基本的数据，而字典中的每一个元素是一个键值对。此外，要生成一个空的集合不能使用空大括号的方式，这是因为空大括号的方式是默认生成空字典类型的。字典类型在使用Python编程的时候更加常用，所以将空的大括号形式保留给了字典，而创建空集合必须用set方法。

另一种字典的创建方式就是通过使用内置函数dict。Python语言支持将一组双元素序列转换为字典，存储双元素的可以是元组或列表，但是一定只能包含两个元素，否则创建字典会失败。例如：

```
items = [('大象', 1070.5), ('牛', 57.1), ('小猫', 3.5)]
dicAnimal = dict(items)
>>>dicAnimal
{'大象': 1070.5, '牛': 57.1, '小猫': 3.5}
```

注意

对于字典的键和值，在这里有两点需要注意。第一点就是键具有唯一性，在字典中不允许出现相同的键，但是不同的键允许对应相同的值。第二点是字典中的键必须是不可变类型。

```
>>> items = [('大象', 1070.5), ('牛', 57.1), ('大象',1000)]
>>> dicAnimal = dict(items)
>>> dicAnimal
{'大象': 1000,'牛': 57.1}
```

在上面的例子中有两组大象的元组数据，但是最终将后一个元组保存在字典中。

字典类型的键一般是字符串、数字，或者元组，而值却可以是任何数据类型。例如：

```
>>> dicAnimal = {'大象': [1070.5, '体重大'], '小猫': [3.5,'体重轻']}
```

```
>>> dicAnimal
{'大象': [1070.5, '体重大'], '小猫': [3.5, '体重轻']}
```

如果在字典的定义中确实需要使用多个子元素联合充当键，此时不能使用列表，但可以使用元组。例如：

```
>>> dicAnimal = {(1070.5, '体重大'):'大象', (3.5,'体重轻'):'
小猫'}
>>> dicAnimal
{(1070.5, '体重大'):'大象', (3.5,'体重轻'):'小猫'}
```

4.5.2 字典的处理

字典中存储了若干条目，但它们都是无序的，这意味着字典没有索引的概念。字典不通过索引访问条目，而是通过键访问条目，因此字典是通过键到值的单向访问，不能反过来通过值来访问键。

4.5.2.1 访问字典与简单处理

(1) 通过键来访问值

语法格式：

字典名［键］

```
>>>dicAnimal = {'大象': 1070.5, '牛': 57.1, '小猫': 3.5}
>>>dicAnimal['牛']
57.1
```

注意

当访问了一个不存在的键时会报错，当使用索引访问字典时也会报错。

(2) 通过键来访问值的某一部分

该方法的前提是：字典中的值是一个序列。

语法格式：

字典名［键］［值的索引值］

```
dicAnimal = {'大象': [1070.5, '体重大'], '小猫': [3.5,'体重
轻']}
>>> dicAnimal ['小猫']
[3.5, '体重轻']
>>> dicAnimal ['小猫'][0]
3.5
```

与其他数据类型一样，字典类型也有自己的处理函数，如表4-7所示，这里我们来逐一了解。

表4-7　字典的处理函数1

函数或方法	说明
del d[k]	删除字典d中对应的数据值
k in d	判断键k是否在字典d中。若在则返回True，否则返回False
d.keys()	返回字典d中所有的键信息
d.values()	返回字典d中所有的值信息
d.items()	返回字典d中所有的键值对的信息

下面以实例进行说明：

```
>>> d={"中国":"北京","美国":"华盛顿","法国":"巴黎"}
>>> "中国" in d          #判断键"中国"是否在字典中
True
>>> d.keys()          #返回字典d中所有的键信息
dict_keys(['中国', '美国', '法国'])
>>> d.values()      #返回字典d中所有的值信息
dict_values(['北京', '华盛顿', '巴黎'])
```

注意

d.keys（）和d.values（）返回的并不是列表类型（虽然结果是以中括号来表示），它们返回的是字典中的keys和values类型。这两种类型可以用for…in的方式做遍历，但是不能当作列表类型来操作。字典类型还提供了下面的一些处理操作，如表4-8所示。

表4-8　字典的处理函数2

函数或方法	说明
d.get(k,<default>)	若键k存在则返回相应值，否则返回<default>值
d.pop(k,<default>)	若键k存在则取出相应值，否则返回<default>值
d.popitem()	随机从字典中取出一个键值对，以元组形式返回
d.clear()	删除所有的键值对
len(d)	返回字典d中元素的个数

下面举例说明：

```
>>> d = {'中国': '北京', '美国': '华盛顿', '法国': '巴黎'}
>>> d.get("中国","伦敦") #键“中国”存在,则返回相应值'北京'
('北京')
>>> d.get("英国","伦敦") #键“英国”不存在,则返回<default>值'伦敦'
('伦敦')
>>> d.popitem()    #随机从字典中取出一个键值对,以元组形式返回
('法国', '巴黎')
```

4.5.2.2 对字典的进一步处理

相较于前面的几种数据结构，字典的操作有很大的特点。因为字典是映射的一种衍生形式，所以字典最主要的应用场景就是对映射的表达。映射无所不在，所以键值对也无处不在，例如我们要统计数据出现的次数，可以将数据作为键，将出现的次数作为值，那么就可以形成数据跟出现次数的键值对。字典最主要的作用就是表达键值与数据的对应，进而操作它们。对字典的处理还包括下面几种，分别进行介绍。

(1) 字典的更新

① 给字典添加条目：为字典添加一对新的“键值对”。字典是一种动态数据结构，可随时在字典中添加键值对。要添加键值对时，可依次指定字典名、键和对应的值。语法为：

字典名［键］ = 值

```
>>> dicAnimal = {}
>>> dicAnimal['大象'] = 1070.5
>>> dicAnimal['小猫'] = 3.5
>>> dicAnimal
{'大象': 1070.5, '小猫': 3.5}

# 创建并初始化menu字典
menu = {'fish':40, 'pork':30, 'potato':15, 'noodles':10}
# 向menu字典中添加菜名和价格
menu['juice'] = 12
menu['egg'] = 5
print(menu)  # 输出新的menu
```

输出结果：

{'fish': 40, 'pork': 30, 'potato': 15, 'noodles': 10, 'juice': 12, 'egg': 5}

② 修改字典条目。与给字典添加条目的语法相同，通过赋值语句进行修改。注意：修改字典条目时，指定的键必须对应已存在的条目。语法为：

字典名［键］= 值

```
>>> dicAnimal = {'大象': 1070.5, '小猫': 33.5}
>>> dicAnimal['小猫'] = 3.5
>>> dicAnimal
{'大象': 1070.5, '小猫': 3.5}
```

（2）删除字典中的条目

① 使用del命令删除指定条目。语法为：

del 字典名［键］

② 使用pop方法删除指定条目。语法为：

字典名.pop（键， 默认值） #返回键对应的值。当字典中不存在指定的键，则返回默认值

字典名.pop（键） #返回键对应的值。当字典中不存在的指定的键，则系统报错

可以看到，在使用pop时至少要包含一个“键”参数。如果没有参数则系统会报错。而使用pop方法删除指定键的对应条目时一定会有一个返回值，要么是返回“键”所对应的值，要么是默认值，要么是报错信息。

③ 使用popitem随机删除字典中的某个条目并返回这个被删除的条目。使用popitem时没有参数，它的语法为：

字典名.popitem（）

注意

在Python 3.6版本之后，popitem将默认删除并返回字典中的最后一个条目。

④ 使用clear清空字典条目。使用clear后，字典虽然已被删除了所有的条目，但它依然是一个字典。语法为：

字典名.clear（）

⑤ 使用del直接删除整个字典。与clear不同，del操作将删除字典本身，从内存中注销该字典。语法为：

del 字典名

（3）查找字典中的条目

① 使用成员运算符in。当查找的条目在字典中时返回值为True，否则返回

False。语法为：

键in字典

② 用get获取条目的值。按照指定的键访问字典中对应的条目，如果指定的键在字典中则返回对应的值，如果指定的键不在字典中则返回默认值。语法为：

字典名.get（键，默认值）

如果希望当指定的键不在字典时不返回任何信息，可以使用如下语法：

字典名.get（键）

4.5.2.3　对字典的整体操作

（1）字典的遍历

① 遍历字典中所有的键。和序列的遍历操作类似，对字典的遍历也是通过for循环来实现的。通过以下的例子来说明。

例4-13：遍历字典中所有的键。

```
dicAnimal = {'大象': 1070.5, '小猫': 33.5}
for key in dicAnimal.keys():
    print(key)
```

还可以使用keys命令来返回字典中所有的键，keys命令配合for循环就可以遍历字典中的每一个键。

```
menu={'fish':'40','pork':'30','potato':'20','lamb':'50'}
for key in menu.keys():    # 利用keys遍历输出键
    print('food_name:'+key)
```

输出结果：

food_name：fish

food_name：pork

food_name：potato

food_name：lamb

再进而通过键与值的映射就可以访问对应的值，从而遍历所有的条目。通过print（key，　dicAnimal［key］）就可以输出键和值。

② 遍历字典中所有的值。举例说明。

例4-14：遍历字典中所有的值。

```
dicAnimal = {'大象': 1070.5, '小猫': 33.5}
for value in dicAnimal.values():
```

```
    print(values)
```

字典还提供一个用来返回所有值的values命令。使用values命令配合for循环就可以遍历所有值。

```
# 创建并初始化menu菜单字典
menu={'fish':'40','pork':'30','potato':'20','lamb':'50'}
# 利用values()方法遍历输出值
for value in menu.values():
    print('food_price:'+value)
```

输出结果：

food_price：40

food_price：30

food_price：20

food_price：50

虽然通过values（）方法可以遍历字典所有的值，但是却无法映射到对应的键，进而无法完整遍历条目信息。

③ 遍历字典中所有的条目。

如上所述，keys（）方法和values（）方法只能单独给出字典的键或值的内容，而items（）方法可以以（键，值）的形式返回所有条目。举例说明。

例4-15（a）：

```
dicAnimal = {'大象': 1070.5, '小猫': 33.5}
for item in dicAnimal.items():
    print(item)
```

例4-15（b）：

```
# 创建并初始化menu菜单字典
menu={'fish':'40','pork':'30','potato':'20','lamb':'50'}
# 利用items()方法遍历输出键和值
for key,value in menu.items():
    print('\nkey:'+key)
    print('value:'+value)
```

输出结果：

key：fish

value：40

key：pork
value：30

key：potato
value：20

key：lamb
value：50

通过items（）方法遍历得到的每个条目都是一个元组。对于这样的元组，既可以整体访问，也可以分别访问键或值。

（2）字典的合并

① 使用for循环。通过for循环遍历字典，将其中的条目逐条追加到另一个字典中。语法为：

for k， v in dicOthers.items（）： #将字典dicOthers合并到字典dicAnimal
　　dicAnimal ［k］ = v

② 使用字典的update命令，将参数字典添加到调用方法的字典中。update命令更新的是调用方法的字典，作为参数的字典内容不会发生变化。语法为：

字典名.update（参数字典名）

例如：

dicAnimal.update（dicOthers）

③ 使用dict函数。

（3）字典的存储

① 在列表中存储字典，举例说明。

例4-16：

```
# 创建3个菜单字典,包含菜名和价格
menu1 = {'fish':40, 'pork':30, 'potato':20,'noodles':15}
menu2 = {'chicken':30, 'corn':55, 'lamb':65,'onion':12}
menu3 = {'bacon':36, 'beaf':48, 'crab':72,'eggs':7}
# 将3个菜单字典存储到列表menu_total中
menu_total = [menu1,menu2,menu3]
# 输出列表
print(menu_total)
```

输出结果：

[{'fish': 40, 'pork': 30, 'potato': 20, 'noodles': 15}, {'chicken': 30, 'corn': 55, 'lamb': 65, 'onion': 12}, {'bacon': 36, 'beaf': 48, 'crab': 72, 'eggs': 7}]

② 在字典中存储列表，举例说明。

例4-17:

```
# 初始化menu菜单，里面包含配料列表
menu = {'fish':['vinegar','soy','salt'], 'pork':['sugar','wine']}
# 输出pork这道菜的配料
print('The burding of pork is:',menu['pork'])
```

输出结果：

The burding of pork is: ['sugar', 'wine']

③ 在字典中存储字典，举例说明。

例4-18:

```
# 创建一个字典menu_sum，里面包含两个子菜单字典menu1和menu2
menu_sum = {
    'menu1':{'fish':40, 'pork':30, 'potato':20,'noodles':15},
    'menu2':{'chicken':30, 'corn':55, 'lamb':65,'onion':12}
}
# 输出menu1和menu2中的菜名和价格
print(menu_sum['menu1'])
print(menu_sum['menu2'])
```

输出结果：

{'fish': 40, 'pork': 30, 'potato': 20, 'noodles': 15}

{'chicken': 30, 'corn': 55, 'lamb': 65, 'onion': 12}

第5章

Python的函数

5.1 函数及其调用方法

函数本身也是一段程序，它可以直接被另一段程序引用。一个函数一般都具有一个特定的功能，当其他程序需要这一功能时无须重新编写，只要调用这个函数就可以了。函数一般有两个作用，即降低用户自己的编程难度（可以直接调用所需的函数）和代码复用。

5.1.1 函数的定义

一个较大的程序可以分为若干个程序模块，每一个模块用来实现一个特定的功能。所有的高级语言都有子程序这个概念，子程序就是用来实现模块的功能。在C语言中，子程序是由一个主函数和若干个函数构成的。由主函数调用其他函数，其他函数也可以互相调用。同一个函数可以被一个或多个函数调用任意次。

因此，经常将一些常用的功能模块编写成函数并放在函数库中供其他用户选用。我们应该善于利用函数，因为这样可以有效地减少重复编写程序的工作量。

定义了一个具有可重用价值的功能之后，可以在不同的代码位置去调用这个函数，从而实现代码复用。函数的定义很简单，在Python中定义函数的语法格式为：

```
def <函数名>（［形参1，形参2，… ］）:
    <函数体>
    return <返回值>
```

注意 

① 函数体可以使用多个return语句。但是只要第一条return语句得到执行，函数就会立即终止。

② return语句可以出现在函数的任何位置。

例5-1：定义一个函数，计算n！的值。

```
def fact(n):
    s = 1
    for i in range(1, n+1):
        s *= i;
    return s
```

这个自定义的函数fact（n）就可以计算1×2×3×⋯×n的结果，将结果赋值给变量s并返回这个值。在例5-1中，“def”表明这是一个自定义函数，它后面的fact（n）就是自定义函数的名称及所带的参数，下一行开始的中间部分是计算n！的过程，最后通过return s将计算结果返回。当其他函数为变量n赋值了一个确定的数值后调用这个fact（n）函数，就能够直接完成n！的计算了。

5.1.2 函数的调用

现在介绍如何调用函数。要调用一个函数，首先要保证这个函数是存在的，因此要先定义这个函数。例如，上面的例5-1，我们先定义了fact（n）这个函数。下面通过例5-2来说明如何调用它。

例5-2：调用一个函数。

```
def fact(n): #定义一个函数
    s = 1
    for i in range(1, n+1):
        s *= i;
    return s
a = fact(10) #调用这个函数
print(a)
```

所谓调用就是直接使用这个函数的名称，并给定一个具体的值作为参数，例如，例5-2中的fact（10），是希望计算10的阶乘。例5-2的执行过程如下：

① 当遇到Python的保留字def时，Python会自动将def后面的字符串fact（n）认定为自定义函数的名称和参数，并根据代码的缩进原则找到该函数的最后一行。注意：此时并不运行自定义函数，只是记录了该函数。

② 当遇到命令a = fact（10）时，查找所需的函数fact（如果不存在则给出

错误信息）。

③ 在找到函数fact（n）后，将数值10传递给函数fact（n）的参数n，即n=10。此时开始执行自定义函数，在函数fact（n）中令n=10并完成n！的计算，最终将结果在函数fact（n）的最后一行赋值给变量s并返回调用它的原来的位置。

④ s值就是计算10的阶乘的结果，它返回到a=fact（10）。也就是将s值赋给变量a。

⑤ print（a）命令就是显示出10！的运算结果。

以上就是函数的调用过程，我们要理解函数定义和调用之间的关系。函数定义的代码不会被立即执行，当调用的时候在给定实际参数后才会被执行。

5.2　函数的参数传递

为了更好地理解函数，我们还需要了解函数中的参数。其实函数可以有参数也可以没有参数，但是无论函数是否需要参数，在定义函数的时候都必须要保留括号。没有参数的函数形式如下：

```
def <函数名> （）:
    <函数体>
    return <返回值>
```

可见一个函数即使不需要参数，在函数名的后面也要加上一个空括号，然后给出函数体和返回值。如果没有返回值，也可以是下面这个形式：

```
def fact（）:
        print（“我也是函数”）
```

5.2.1　可选参数传递

在定义函数的时候可以为某些参数指定一些默认值，也可以不指定，从而构成可选参数。例如：

```
def <函数名>（<必选参数>，<可选参数>）:
    <函数体>
    return <返回值>
```

Python要求在定义函数的时候，所有的可选参数必须放在必选参数之后，其中的必选参数也可以叫作非可选参数。

例5-3：计算n！，并且返回n！//m值。“//”表示整除，即只保留相除后的整数部分，舍弃小数部分。

```
def fact (n, m=1)
    s = 1
    for  i in range(1, n+1)
        s *= i
    return s//m
```

在例5-3中，定义函数fact的时候给出了第二个参数m，同时也给出了它的默认值m=1。在调用函数fact时，如果为参数m指定了一个数值，那么就用指定的实际值作为m的数值，m=1将失效。通过例5-4进行说明。

例5-4：

```
def fact (n, m=1)
    s = 1
    for  i in range(1, n+1)
        s *= i
    return s//m
>>>fact(10,5) #调用函数时指定了两个参数
725760
```

此时是把n=10且m=5传递给函数fact，计算10！//5并且返回计算结果。函数fact内部设置的可选参数m=1将失效。这种参数传递方式就叫可选参数传递。在调用函数的时候可以使用第二个参数，也可以不使用。如果不指定第二个参数m的具体值，就按照m=1去进行后面的运算。通过例5-5进行说明。

例5-5：

```
def fact (n, m=1)
    s = 1
    for  i in range(1, n+1)
        s *= i
    return s//m
>>>fact(10) #调用函数时指定了一个参数
3628800
```

此时，直接使用的是fact（10），并没有指定第二个参数的具体值，那么就是n=10，m等于fact函数内部定义的默认值1。需要再次强调的是，可选参数是可选的而不是必选的，并且一定要放在整个函数定义的必选参数的后面。

5.2.2 可变参数传递

在参数传递中还有一种叫可变参数传递，它指的是在定义函数时可以设计为函数接收的参数的数量是可变的。简单而言就是不确定有多少个参数。这种函数的形式如下：

def <函数名>（<参数>， *b）：
    <函数体>
    return <返回值>

首先在定义函数时，要把那些确定的参数放在前面，然后增加字符串“*b”来表达不确定的参数（用*c、*a都可以，可以自己定义变量名）。使用方法如下。

例5-6：计算n！以及给定的其他数与n！相乘的结果。

```
def fact(n, *b):
    s = 1
    for i in range(1, n+1):
        s *= i
    for item in b:
        s *= item
    return s
>>>fact(10,3)
10886400
```

在函数fact中，它的第一个变量是n，然后设定一个可变参数*b。代码中前一部分仍然是计算n！的值，但是后面增加了一个循环for item in b。语法for...in在前面接触过，参数b是一个组合数据类型，它包含一个或多个数据，每一次将它其中的一个取出来并且与s进行相乘，全部完成后返回最后的s值。在例5-6中，fact（10，3）表示计算10！后再与3相乘。再看一个例子。

例5-7：计算n！以及给定的其他数与n！相乘的结果。

```
def fact(n, *b):
    s = 1
    for i in range(1, n+1):
        s *= i
    for item in b:
```

```
        s *= item
    return s
>>>fact(10,3,5)
54432000
```

fact（10，3，5）是求10的阶乘先乘以3再乘以5的结果。当然，还可以再加上更多的参数，这就是可变参数的概念。

可变参数传递是非常有用的。前面介绍过Python提供的两个常用函数，分别是求最大值函数max和求最小值函数min，它们分别找出一组数据中的最大值和最小值。因为在编写这两个函数时并无法预知数组中数据的多少，所以参数的个数就是不确定的，无论给定一个多大的数组都可以找到所有数据中的最大值或者最小值。实际上这两个函数就是使用了*b的方式来定义参数的。

下面再进一步介绍参数的传递。函数调用时的参数传递有两种方式，分别是按照位置传递和按照名称传递。前面都是按照位置方式进行参数传递的，如例5-4所示。下面通过例5-8来说明如何按照名称方式传递参数。

例5-8：按照名称方式来传递参数。

```
def fact (n, m=1)
        s = 1
        for  i in range(1, n+1)
            s *= i
        return s//m
>>>fact(m=5,n=10) #按名称直接指定m=5并且n=10
725760
```

在执行fact（m=5，n=10）时，直接指定了m=5并且n=10，这样就将m=5并且n=10传递给fact函数内部。这就是按照名称方式进行参数的传递。

而在例5-4中使用的命令是fact（10，5），此时就要根据函数定义时的参数位置来分别指定这两个参数，第一个数值10对应的是函数定义中的第一个参数n，第二个数值5对应为函数定义的第二个参数m，所以是按照位置对应地赋予参数值的。

5.3 函数的返回值

下面介绍函数的返回值。函数是通过保留字return来传递返回值的。一个函数可以有返回值也可以没有，所以可以使用return 也可以不使用。而一段函数如果不想返回任何值，也是可以使用return的，只要return的后面不加任何返回信息即可。return可以不传递返回值，也可以传递任意多个返回值。例如，将例5-4修改为例5-9的形式。

例 5-9：函数的返回值可以有多个。

```
def fact (n, m=1):
        s = 1
        for  i in range(1, n+1):
            s *= i
        return s//m,n,m
```

例5-9的函数fact还是求n!，只是最后return语句要返回三个值，分别为n! //m的值，以及n值和m值，中间用逗号分隔。在实际调用的时候可以使用如下形式：

```
>>>fact(10,5)
(725760,10,5)
```

可见此时返回值有三个，这三个值放在一个小括号内并用逗号隔开，这是前面介绍过的元组类型。

我们还可以通过下面的形式来调用例5-9定义的函数fact并获得结果。

```
>>>a,b,c=fact(10,5)
>>>print(a,b,c)
725760 10 5
```

可见函数fact经过运算并返回的三个值s//m、n和m分别赋给了变量a、b和c，这也是用元组方式返回多个值的一种体现。

5.4　局部变量和全局变量

现在介绍局部变量和全局变量的概念。首先看下面这个结构：

```
<语句块1>
def <函数名> (<参数>)
    <函数体>
    return <返回值>
<语句块2>
```

简而言之，在上面这个结构中间定义了一个函数，在该函数的外面并且不在其他函数内部的变量叫全局变量，而在该函数的函数体中使用的变量叫局部变量。全局变量跟局部变量的区别在于局部变量只能是在函数内部使用的变量，而全局变量可以在函数外部被整个程序使用。

关于局部变量和全局变量有如下的一些使用规则：

① 局部变量和全局变量是不同的变量。局部变量只能在函数内部使用，即使它与全局变量重名也不是同一个变量，它们的适用范围不同。

② 一个函数在运算结束后它内部的局部变量就会被计算机释放掉。所谓释放就是这个变量将不再存在，它只是用于函数内部运算的。

③ 如果某些变量需要在函数内部和外部都使用，那么可以用global这个保留字在函数内部使用全局变量。

例5-10：函数内部的是局部变量。

```
n, s, = 10, 100
def fact (n):
    s = 1
    for  i in range(1, n+1):
        s *= i
    return s
print(fact(n),s)
>>>
3628800 100
```

在例5-10中，最开始定义了两个全局变量n=10和s=100。随后在函数fact中也出现了变量n和s。前面提到了即使全局变量和局部变量的名字是相同的，它们也是不同的变量。在fact函数中的n与s都是局部变量，它们与全局变量不同。函数fact中的局部变量n与s的值只能通过调用它的命令传递过来或者是在函数内部通过计算获得。而且在函数fact中运算获得的局部变量s的值只是局部变量的值，它不改变全局变量s的值。

print（fact（n），s）指令调用了函数fact，该指令是在函数fact的外面，所以print（fact（n），s）中出现的变量n和s指的都是全局变量。因此，print（fact（n），s）相当于print（fact（10），100）。fact（10）的结果是3628800，而全局变量s的值是100，所以得到的最终结果是“3628800 100”。

那么能不能在函数内使用外部的全局变量呢？当然是可以的。那就要使用

Python的保留字global。保留字global用来在函数内部声明这个变量是全局变量而不是局部变量。

例5-11：在函数中使用全局变量。

```
n, s, = 10, 100
def fact (n):
    global s
    for  i in range(1, n+1):
        s *= i
    return s
print(fact(n),s)
>>>
362880000 362880000
```

在例5-11中，函数fact内部原来的局部变量s变成了“global s”，所以此时函数fact内部的s就是全局变量s=100。在此基础上进行函数体的运算，全局变量s的值也会随之发生变化，并在函数的最后“return s”。因为是在函数fact内通过“global s”将s作为全局变量，所以即使是在函数内部的计算，只要是对变量s值的改变都会影响到函数内外所有使用到变量s的程序。

还有一点需要注意，我们发现最后的结果是错误的。10！应该是3628800，但例5-11的结果是362880000，是正确答案的100倍。对比例5-10可以看到，错误的原因是在fact函数内，计算连乘时s的初始值由1变成了全局变量设定的100，正好差了100倍。

由此可见，在一个相对封闭的、能够完成某一独立功能的函数内应该尽量少用全局变量，最好不使用全局变量（除非极其必要）。函数与调用它的指令之间可以通过第5.1节和第5.2节介绍的方法完成调用和参数的传递。

除了上述规则之外，如果局部变量是组合数据类型而且没有在函数内部创建，那么Python就将它等同于全局变量。通过下面的例子来说明。

例5-12：

```
ls = ["F", "f"] #创建了一个列表
def func(a):
    ls.append(a)
    return
```

```
func("C")
print(ls)
>>>
['F', 'f', 'C']
```

在例5-12中，第一行代码创建了一个列表ls，它包含两个元素F和f。因为是在函数外面创建的，所以ls是全局变量。列表是组合数据类型，各个元素在中括号“[]”之内并被逗号隔开。

然后定义了一个函数func，在这个函数中使用ls.append（a），这行代码是要在ls中增加一个元素。这里要注意的是，在func中并没有定义变量ls。

下面的代码是func（“C”），它调用func函数，希望向ls列表中增加一个元素C。最后将ls列表打印出来的结果确实是［‘F’，‘f’，‘C’］。

这表明，即使在定义函数func时没有使用global来声明变量ls是全局变量，但是经过函数的调用，我们发现确实是修改了全局变量ls的值，为其增加了一个元素C。

因此得到如下结论：如果在一个函数定义中使用了一个组合数据类型（例如这个列表ls），它并没有在函数内部被真实地创建，但是它的名字又与一个全局变量相同，那么该函数处理的就是这个全局变量。

例5-13：

```
ls = ["F", "f"]
def func(a):
    ls = []
    ls.append(a)
    return
func("C")
print(ls)
>>>
['F', 'f']
```

在例5-13中，函数func内部除了ls.append之外又增加了一条代码ls=［］，即在函数体内真实地创建了变量ls，然后希望向ls中增加一个指定的元素。

执行结果有些意外。我们发现执行了print（ls）命令后显示的只是例5-13的第一行代码赋给ls的初值［‘F’，‘f’］。

这一结果说明：如果一个组合数据类型在函数中被真实地创建了，那么它就成了这个函数的局部变量。既然是局部变量，那么在函数运行之后这个变量就会被释放，它就不存在了。所以执行print（ls）命令后显示的还是函数外面定义的ls值。这一点一定要注意，并且在编程时一定要验证一下结果。

5.5 lambda函数

下面介绍一个很有特色的lambda函数，先看一个lambda函数的例子。

```
>>>f = lambda x,y : x+y
>>>f(10, 15)
25
```

在这个例子中，lambda是个保留字，用来定义lambda函数；x和y是这个函数的两个参数，它们的运算是“:”后面的x+y。因此这个函数是计算x+y，但是它没有自己特定的名字。第一行代码用数学语言来解释就是定义了一个函数f，它有两个参数x和y，它运算的就是x+y。所以可以用f（10，15）来调用lambda函数求10+15的和。

下面第二个例子更加简单，定义的f就是一个字符串“lambda函数”，它没有自带参数。后面用print函数来显示这个字符串。

```
>>>f = lambda : "lambda函数"
>>>print(f())
lambda函数
```

一般来讲，在定义函数的时候都会给函数起一个名字，但是lambda函数是直接将结果作为函数的名字。因此，在第二个例子中应该写成print（f（）），而不能写成print（f）。这是因为f已经不是一个字符了，它是lambda函数执行后赋值给的一个函数名，所以在调用这个函数时在函数名的后面要有小括号。

需要指出的是，lambda函数仅用于定义一种简单的、能够在一行内表达完毕的函数。它的定义如下：

<函数名> = lambda <参数> : <表达式>

如上所述，lambda函数的用法很简单， 就是用lambda保留字加上参数和“:” ，然后给出一个表达式。它返回的结果再赋值给一个函数名。这是一种紧凑的函数表达形式，它等价于用def和return定义的函数，所不同的是它后边的内容只能是表达式而不能是函数体。

在一般情况下，当定义函数时，哪怕内容非常短，也建议使用def-return的结构。虽然lambda函数很简洁，但不建议经常使用。lambda函数并不是定义函数的常用形式，只有当一个表达式作为一个复杂函数的参数被调用时，才有可能考虑使用lambda函数来代表这个表达式。

5.6 函数递归

在函数的定义中又调用函数自身，这种方式就是递归。它在数学中被广泛使用，例如在计算n！时使用如下的递归公式：

$$n! = \begin{cases} 1 & n = 0 \\ n(n-1)! & \text{otherwise} \end{cases}$$

当n=0时，定义n的阶乘是1，即0！=1。除了n=0之外，例如n=2或n=3时，它的阶乘被定义为n(n–1)！，即n！=n(n–1)！。以此类推还可得到（n–1)！=(n–1)(n–2)！，…。这种对n！的定义就是一种递归形式，即n的阶乘与（n–1）的阶乘之间存在一种递归关系。

递归中有两个关键要素，分别是链条和基例。链条指的是在递归定义中存在一种递归有序的链条关系，例如在n！=n(n–1)！中，n！与（n–1)！就构成了递归链条。基例就是存在一个或多个不需要再次递归的事例，比如当n=0的时候就定义0！=1，它与其他值之间并不存在递归关系，已经是递归的最末端。

递归也可以理解成数学归纳法。例如证明一个定理成立的时候，首先证明当n取第一个值n_0的时候该命题成立，接下来假设当$n=n_k$时命题成立，下一步就是证明当$n=n_{k+1}$时命题也成立。因此，递归也可以理解为是数学归纳法在编程中的体现。

下面利用函数递归的调用过程求解n!。还是使用前面所示的递归公式。

例5-14：利用函数递归求解n！。

```
def fact(n)
    if n == 0 :
        return 1
    else :
        return n*fact(n–1)
```

定义函数fact为通过递归求解n！的函数，它有一个参数n。根据递归公式，在这个函数的函数体中要做一个判断，如果n=0就返回1，否则就返回n(n–1)!。

由例5-14可以看到，由于在函数内部需要区分哪些是基例、哪些是链条，所以使用了一个分支语句对输入的参数进行判断。若输入的是基例的参数条件，就给出基例的代码，若不是基例的参数条件则用链条的方式表达这种递归关系。

但是这里就出现了一个问题：本来函数fact是要计算n!，但是要计算n！就还要先知道（n−1）！的值。因此我们还需要再次调用这个函数，只不过这次的参数要赋值为n−1。这一过程将一直重复到求解1！=1×0!，此时再将0！=1代入即可。这就是实现求解n！的递归函数。

为了便于进一步理解递归的运行过程，以fact（5）计算5的阶乘为例，看一下函数体内的执行步骤：

① 当n=5时，返回n*fact（n−1），即5*fact（4）。但此时还无法得到fact（4）的值。

② fact（4）又将调用函数fact。当前n=4，返回4*fact（3）。但此时还无法得到fact（3）的值。

③ fact（3）也将调用函数fact。当前n=3，返回3*fact（2）。但此时还无法得到fact（2）的值。

④ fact（2）也将调用函数fact。当前n=2，返回2*fact（1）。但此时还无法得到fact（1）的值。

⑤ fact（1）也将调用函数fact。当前n=1，返回1*fact（0）。但此时还无法得到fact（0）的值。

⑥ fact（0）也将调用函数fact。当前n=0，返回数值1。这一结果将直接返回到上面的步骤⑤去计算fact（1）。

⑦ 然后逐级倒推至步骤①，最终得到5！=120，并且返回给最初调用它的函数。

可以通过下面的命令来调用fact函数进行验证：

```
>>>fact(5)
120
>>>fact(0)
1
```

现在稍微再深入地介绍一下例5-14这个递归的调用过程在计算机内是如何实现的。计算机在对每一个赋予的参数进行运算的时候（例如n=5），都会将这个函数的模板拷贝一份放到计算机的某一个内存位置，然后用实际给定的参数n=5去运算［此时是求5×fact（4）］。这时又需要计算新的函数fact（4），计算机还会开辟一个新的内存再去运算，递归就是这样的一个过程。

所以我们提到递归函数可以不断地调用程序自身，其实并不是不断地覆盖自己，而是函数在执行的过程中调用自身代码的复制版本。由此也可以看出，递归操作一般都是非常消耗内存的。

下面给出三个非常有意思也很实用的例子，用递归方法来实现它们的功能。

(1) 字符串反转：将字符串s中的各个元素反转后输出

其实单纯实现字符串中各元素反转输出的功能并不需要使用递归方法来实现。因为在前面介绍字符串的时候介绍过字符串的切片，可以使用s［:: -1］的方式来实现字符串反转。其中s［:: -1］指的是对字符串s从开始到最后采用-1的步长进行输出，而-1的步长就是从后向前依次取出。最后得到的结果就是反转之后的字符串了。这个简单的切片操作是Python程序本身提供的功能。

在这里为了更好地理解和利用递归，我们用递归的方法来实现字符串的反转。首先要知道实现递归需要定义一个函数，并且在这个函数中要有分支。分支的作用是区分哪些是递归链条，哪些是递归基例。看下面这段代码。

例5-15：用递归函数将字符串s中的各个元素反转后输出。

```
def rvs(s)
    if len(s) <= 1:
        return s
    else :
        return rvs(s[1:])+s[0]
```

首先定义函数rvs（s），它的参数就是字符串s。然后构造if...else这样的分支结构用于判断字符串s的基例。如果s是空字符串或者是单个的字符则直接返回。

如果字符串s不是空字符串也不是单个字符，就用递归来进行反转。为了将字符串s进行反转，可以将字符串中的首字符放到其余字符的后面，再将第二个字符放到倒数第二个位置，如此递归下去。所以递归链条就是将首字符逐次放到未被移动字符的后面。这就是递归的整个过程。可以通过下面的命令来调用rvs函数进行验证：

```
>>>print(rvs("abcd")) #对字符串进行反转输出
dcba
>>>print(rvs("e")) #如果是单个字符,则直接输出
e
>>>print(rvs("")) #如果是空字符串,则直接输出
                  #注意:这一行看似什么也没有,实际是输出空字符串
>>>print(rvs("a b c")) #如果包含字符与空格,则反转输出
c b a
```

以下简单地解释一下递归的过程。

① 当字符串s="abcd"并调用rvs（s）函数时，s［0］="a"，s［1:］="bcd"。

此时返回rvs（"bcd"）+ "a"。

② rvs（"bcd"）又将调用函数rvs。此时s［0］="b"，s［1:］="cd"。返回rvs（"cd"）+"b"。

③ rvs（"cd"）也将调用函数rvs。此时s［0］="c"，s［1:］="d"。返回rvs（"d"）+"c"。

④ rvs（"d"）又将调用函数rvs。此时len（"d"）=1，满足基例的条件，直接返回"d"。

⑤ 该结果返回到步骤③，得到rvs（"d"）+ "c"="dc"。然后逐级倒推至步骤①，得到递归后的s="dcba"并返回给最初调用它的函数。

下面给出使用字符串的切片方式进行反转的代码，读者可自行分析与验证。

```
def rvs(s)
   if len(s) <= 1:
        return s
   else :
        return s[-1] + rvs(s[:-1])
print(rvs("abcd")) #对字符串进行反转输出
print(rvs("e")) #如果是单个字符,则直接输出
print(rvs("")) #如果是空字符串,则直接输出
print(rvs("a b c")) #如果包含字符与空格,则反转输出
```

（2）数学中的经典数列：斐波那契数列

斐波那契数列在数学上是非常有名的，它是这样定义的：对于整数n，当n=1时数列的返回值是1，当n=2时数列的返回值也是1，如果n既不是1也不是2而是更大的整数，那么它的值就是紧挨着它的前两项的值之和。斐波那契数列的前几项为1，1，2，3，5，8，13，…。表示成数学公式就是

$$F(n)=F(n-1)+F(n-2)$$

下面给出用函数递归实现斐波那契数列的代码。

例5-16：用递归函数实现斐波那契数列。

```
def f(n):
    if n == 1 or n == 2 :
         return 1
    else :
         return f(n-1) + f(n-2)
```

从分析函数递归中的两个要素开始，即通过分支结构来分别处理基例和递归链条。在例5-16中，首先定义一个函数f，因为斐波那契数列有一个参数n，所以定义f（n）为求解斐波那契数列的递归函数。然后要考虑在函数中加入分支结构，我们仍然使用if...else结构来处理。在斐波那契数列中给出了两个基例，即n=1和n=2时的返回值都是1。如果n既不等于1又不等于2，那么就返回斐波那契数列f(n–1)+f(n–2）的值。可以用下面的指令调用例5-16所示的递归函数f（n）。

```
>>>f(6)
8
>>>f(1)
1
>>>f(2)
1
```

（3）递归中最经典的实例：汉诺塔问题

汉诺塔问题（tower of Hanoi）来源于古印度。假设某处立有三根柱子，从左到右分别为柱子A、中间的柱子B和最右边的柱子C。在最左侧的柱子A中从下到上按照半径由大到小的顺序依次摞着多个半径不等的圆盘（大的在下面），我们需要将这些圆盘借助中间的柱子B而全部搬放到最右侧的柱子C上并且最后仍然还是塔的形状（大的依然在下面，并且越往上的圆盘半径越小）。在搬运过程中要满足如下的约束条件：

① 在三根柱子之间一次只能移动一个圆盘，而且只能是在三根柱子之间移动，不能放在其他地方。

② 在每一根柱子上只要有圆盘，那么小的圆盘永远都要放在大的圆盘的上面。

为了解释清楚，假设在最左侧的柱子A中只有一大一小两个圆盘，并且小的在大的上面。那么如何在满足约束条件的情况下搬到最右侧的柱子C呢？我们可以按照如下的步骤去做：

① 先将上面小的圆盘拿下来放到中间的柱子B上作为过渡；

② 然后将柱子A中的大圆盘拿下来放到最右侧的柱子C上；

③ 最后再将中间过渡柱子B上的小圆盘拿下来放到右侧的柱子C上。

这样就实现了两个圆盘的汉诺塔的转移。下面我们尝试通过递归函数来实现*n*个圆盘组成的汉诺塔的移动。还是回顾一下递归的实现过程：首先要创建一个递归函数，然后在函数内部通过if...else的分支结构来区分基例和链条。若是基例则直接返回，若是链条就使用递归的方法进行计算。

下面先直接给出这个汉诺塔问题的递归函数hanoi，然后在后面逐一说明。

例5-17：解决汉诺塔问题的递归函数。

```
count = 0
def hanoi(n, src ,dst, mid):
    global count
    if n == 1:
        print("{}:{}->{}".format(1,src,dst))
        count += 1
    else :
        hanoi(n-1, src, mid, dst)
        print("{}:{}->{}".format(n,src,dst))
        count += 1
        hanio(n-1, mid, dst, src)
```

在例5-17中，首先定义一个汉诺塔函数hanoi，它有n个圆盘需要移动，所以n作为第一个参数。汉诺塔有三根柱子，所以移动每一个圆盘的时候都要知道它是从哪一个初始柱子经过哪一个中间柱子被最终搬到了哪一个目标柱子。所以汉诺塔函数需要有四个参数，第一个参数是圆盘的数量n，第二个参数是代表初始柱子的变量src，第三个参数是代表目标柱子的变量dst，第四个参数是代表中间的过渡柱子的变量mid。

为了统计移动圆盘的次数，还需要定义一个全局变量count。这是因为递归函数内部的变量如果不是全局变量，那么在每次调用它的时候初始值都被清零，所以需要在递归函数外定义一个全局变量count，在递归函数内用global保留字来声明它。在每一次移动圆盘的时候都对这个全局变量值加1。

然后考虑if...else的分支结构。在汉诺塔问题中，基例就是如果当前需要移动的圆盘只剩下一个了（n==1），那么就从初始柱子src直接搬到目标柱子dst（不必经过中间的过渡柱子）。在程序中利用print函数输出当前圆盘的尺寸（用n值代表圆盘的大小，n=1时最小），以及是从哪一个初始柱子src移动到了哪一个目标柱子dst，语句为print（“{}:{}->{}”.format（1，src，dst））。

接下来考虑递归链条。既然是将n个圆盘从柱子A搬到柱子C，基于递归思想，我们可以先将这n个圆盘中的上面的（n–1）个圆盘从柱子A搬到柱子B，这就是例5-17中的语句hanoi（n–1， src， mid， dst）。在该语句中，初始柱子仍然是柱子A，所以第二个参数仍然是src，而目标柱子变成了柱子B，因此第三个参数是代表柱子B的变量mid，柱子C则成了过渡柱子（第四个变量是代表柱子C的变量dst)。过程中应关注hanoi函数内参数的顺序变化。

这样在柱子A中就剩下了最后一个圆盘,可以将它直接搬到柱子C。这就是程序中用print("{}:{}->{}".format(n, src, dst))指令显示出当前圆盘的尺寸,以及是从哪一个初始柱子src移动到了哪一个目标柱子dst。

最后还需要将柱子B中的这(n–1)个圆盘挪到柱子C上。这样才能实现将柱子A中的所有圆盘移到柱子C的过程。

看到这些说明可能会产生这个疑问:上面的内容只是将n个圆盘从柱子A转移到柱子C的问题化解为将(n–1)个圆盘从柱子B转移到柱子C的问题了,但还是没有说明如何转移这(n–1)个圆盘呀?

那么如何将(n–1)个圆盘从目前的中间柱子B搬运到目标柱子C上呢?我们再用一次递归函数hanoi就可以了。此时的初始柱子变成了中间的柱子B(对应的变量是mid),目标柱子还是柱子C(对应的变量是dst),而柱子A(对应的变量是src)则成了过渡柱子。所以例5-17中else语句的最后一行就是hanio(n–1, mid, dst, src)。

通过这样近似语言的描述分析了汉诺塔问题的递归链条,实际上也就完成了汉诺塔函数的定义。

再返回去阅读一下例5-17所示的汉诺塔函数hanio。好像在程序中并没有指出具体如何去做,只是将递归基例和递归链条很清晰地通过if...else的分支结构表达了出来。其实递归处理就是这样,只要正确地给出了初始条件(递归基例)和递归关系(递归链条),剩下的工作就可以交给计算机去做了。

可以调用例5-17的函数hanoi看看会有什么结果。假设一个汉诺塔有三个圆盘,它们从编号为A的柱子要移动到编号为C的柱子,中间的过渡柱子编号为B。下面显示的是调用例5-17的指令及其执行结果。

```
hanio(3, "A", "C", "B")
print(count)
>>>
1:A->C #编号为1(是最小的)的圆盘从A移动到C。
2:A->B #编号为2的圆盘从A移动到B。
1:C->B #编号为1的圆盘从C移动到B。
3:A->C #编号为3(是最大的)的圆盘从A移动到C。
1:B->A #编号为1的圆盘从B移动到A。
2:B->C #编号为2的圆盘从B移动到C。
1:A->C #编号为1的圆盘从A移动到C。
7   #一共移动了7次。
```

程序在运行过程中输出了每一个圆盘的搬运过程,以及最终的整体搬运次数。

第6章

Python的面向对象编程

面向过程编程（process oriented programming）和面向对象编程（object oriented programming）是两种不同的编程方式。面向过程编程是指根据业务的逻辑关系从上到下逐步编写代码，它以过程作为组织代码的基本单元，是一种流程化的编程方式，通过拼接一组顺序执行的方法来操作数据完成功能。与之不同，面向对象编程是以类或对象作为组织代码的基本单元，并将封装、抽象、继承、多态四个特性作为代码设计和实现的基石。

面向过程编程最容易被初学者接受，通常是用一长段代码来实现指定功能，它很容易被理解，也符合一般的编程逻辑。而面向对象编程却有着不可替代的特性，例如能够应对大规模复杂程序的开发，代码更易复用、易扩展、易维护，最重要的是它更为智能。Python从设计之初就已经被确定为一门面向对象的语言，所以在Python中创建一个类和对象是很容易的。

6.1 面向对象编程

如果没有接触过面向对象的编程语言，就需要先了解一些面向对象语言的基本特征，这样有助于更容易地了解Python的面向对象编程。下面先给出一些概念，后面用到这些名词的时候可以返回来参考。

类（class）：用来描述具有相同的属性和方法的对象的集合。它定义了该集合中每个对象所共有的属性和方法。对象是类的实例。

类变量：在整个实例化的对象中是公用的。类变量定义在类中且在函数体之外，通常不作为实例变量使用。

数据成员：类变量或者实例变量用于处理类及其实例对象的相关的数据。

方法重写：如果从父类继承的方法不能满足子类的需求，可以对其进行改写，这个过程叫方法的覆盖（override），也称为方法的重写。

局部变量：定义在方法中的变量，只作用于当前实例的类。

实例变量：在类的声明中，属性是用变量来表示的，这种变量就称为实例变量，它是一个用 self 修饰的变量。

继承：使用一个派生类（derived class）来继承基类（base class）的字段和方法。继承也允许把一个派生类的对象作为一个基类对象对待。例如，一个Dog类型的对象是从Animal类派生的。

实例化：创建一个类的实例，类的具体对象。

对象：通过类而定义的数据结构实例。对象包括两个数据成员（类变量和实例变量）和方法。

和其他编程语言相比，Python是在尽可能不增加新的语法和语义的情况下加入了类机制。Python中的类提供了面向对象编程的所有基本功能：类的继承机制允许多个基类、派生类可以覆盖基类中的任何方法、方法中可以调用基类中的同名方法，以及在对象中可以包含任意数量和类型的数据。

6.2 类和对象

6.2.1 类

类是对一群具有相同特征或者行为的事物的一个统称，它是抽象的，因此不能直接被使用。所谓特征就是一个变量，在类里我们称之为属性。而行为其实就是一个函数，在类里我们称之为方法。类就是由属性和方法组成的一个抽象概念。类的定义语法格式如下：

```
class 类名（）：
    def 方法1（self，参数列表）：
        pass
    def 方法2（self，参数列表）：
        pass
```

在实际项目开发中，建议类的定义和模块结合使用（一个模块中定义一个类），相同或者相似的类可以使用包进行管理。类实例化后可以使用其属性，实际上在创建一个类之后，可以通过类名访问其属性。

6.2.2 对象

对象是由类创建出来的一个具体存在，它是可以直接被使用的。由哪一个类创建出来的对象就拥有在哪一个类中定义的属性和方法。所以应该先有类，并且在类里定义好属性和行为，然后再根据类来创建对象。类对象支持两种操作，分别是属性引用和实例化。属性引用使用的是标准语法格式obj.name。

例6-1（Python 3.0+）：

```
#! /usr/bin/python3
class MyClass:
    """一个简单的类实例"""
    i = 12345
    def f(self):
        return 'hello world'
# 实例化类
x = MyClass()
# 访问类的属性和方法
print("MyClass 类的属性 i 为:", x.i)
print("MyClass 类的方法 f 输出为:", x.f())
```

以上创建了一个新的类实例并将该对象赋给局部变量 x。执行以上程序的输出结果为：

MyClass 类的属性 i 为： 12345

MyClass 类的方法 f 输出为： hello world

类有一个名为 __init__ () 的特殊构造方法，该方法在类实例化时会自动调用。例如：

```
def __init__ (self):
    self.data = []
```

类定义了 __init__ () 方法，类的实例化操作将会自动调用 __init__ () 方法。如下实例化类 MyClass，则对应的 __init__ () 方法就会被调用：

```
x = MyClass ()
```

当然， __init__ () 方法可以有参数。参数通过 __init__ () 传递到类的实例化操作上。举例说明。

例6-2（Python 3.0+）：

```
#! /usr/bin/python3

class Complex:
    def __init__(self, realpart, imagpart):
```

```
        self.r = realpart
        self.i = imagpart
x = Complex(3.0, -4.5)
print(x.r, x.i)
```

输出结果为：

3.0 -4.5

self代表的是一个类的实例，而不是一个类。类的方法与普通的函数只有一个区别，就是它们必须有一个额外的第一个参数名称，按照惯例它的名称是self。

例6-3：

```
class Test:
    def prt(self):
        print(self)
        print(self.__class__)

t = Test()
t.prt()
```

输出结果为：

<__main__.Test instance at 0x100771878>

__main__.Test

从执行结果可以看出，self代表的是类的实例（instance），代表当前对象的地址，而self.class则指向类。self并不是Python的关键字，所以把它换成其他字符，例如runoob，也是可以正常执行的。

：

```
class Test:
    def prt(runoob):
        print(runoob)
        print(runoob.__class__)

t = Test()
t.prt()
```

输出结果为：

<__main__.Test instance at 0x100771878>

__main__.Test

6.2.3 类的方法

在类的内部使用关键字def来定义一个方法。它与一般函数的定义不同，类方法必须包含参数self，且为第一个参数，self 代表的是类的实例。

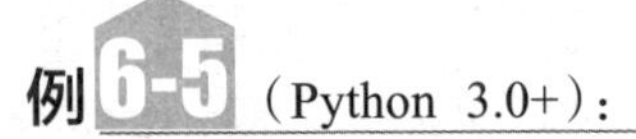（Python 3.0+）：

```
#! /usr/bin/python3

#类定义
class people:
    #定义基本属性
    name = ''
    age = 0
    #定义私有属性,私有属性在类外部无法直接进行访问
    __weight = 0
    #定义构造方法
    def __init__(self,n,a,w):
        self.name = n
        self.age = a
        self.__weight = w
    def speak(self):
        print("%s 说: 我 %d 岁。" %(self.name,self.age))

# 实例化类
p = people('runoob',10,30)
p.speak()
```

输出结果为：

runoob 说：我10岁。

6.2.4 继承

如果一种编程语言不支持继承，那么类就没有任何意义。Python同样支持类

的继承，子类（派生类DerivedClassName）会继承父类（基类BaseClassName）的属性和方法。派生类的定义如下所示：

class DerivedClassName（BaseClassName）：

<statement-1>

.

.

.

<statement-N>

BaseClassName（实例中的基类名）必须与派生类定义在一个作用域内。除了类，还可以用表达式，当基类定义在另一个模块中的时候这一点非常有用，格式如下：

class DerivedClassName（modname.BaseClassName）：

例6-6（Python 3.0+）：

```
#! /usr/bin/python3

#类定义
class people:
    #定义基本属性
    name = ''
    age = 0
    #定义私有属性,私有属性在类外部无法被直接访问到
    __weight = 0
    #定义构造方法
    def __init__(self,n,a,w):
        self.name = n
        self.age = a
        self.__weight = w
    def speak(self):
        print("%s 说: 我 %d 岁。" %(self.name,self.age))

#单继承示例
class student(people):
```

```
    grade = ''
    def __init__(self,n,a,w,g):
        #调用父类的构函
        people.__init__(self,n,a,w)
        self.grade = g
    #覆写父类的方法
    def speak(self):
        print("%s 说: 我 %d 岁了,我在读 %d 年级" %(self.name,self.
age,self.grade))

s = student('ken',10,60,3)
s.speak()
```

执行以上程序后的输出结果为：

ken 说： 我10岁了，我在读3年级

6.2.5 多继承

Python同样有限地支持多继承形式，可以继承多个父类。多继承的类定义形式如下所示：

class DerivedClassName（Base1， Base2， Base3）：

<statement-1>

.

.

.

<statement-N>

例（Python 3.0+）：

```
#! /usr/bin/python3

#类定义
class people:
    #定义基本属性
    name = ''
    age = 0
```

```
    #定义私有属性,私有属性在类外部无法被直接访问到
    __weight = 0
    #定义构造方法
    def __init__(self,n,a,w):
        self.name = n
        self.age = a
        self.__weight = w
    def speak(self):
        print("%s 说: 我 %d 岁。" %(self.name,self.age))

#单继承示例
class student(people):
    grade = ''
    def __init__(self,n,a,w,g):
        #调用父类的构函
        people.__init__(self,n,a,w)
        self.grade = g
    #覆写父类的方法
    def speak(self):
        print("%s 说: 我 %d 岁了,我在读 %d 年级"%(self.name,self.
age,self.grade))

#另一个类,多重继承之前的准备
class speaker():
    topic = ''
    name = ''
    def __init__(self,n,t):
        self.name = n
        self.topic = t
    def speak(self):
        print("我叫 %s,我是一个演说家,我演讲的主题是 %s"%(self.name,
self.topic))
```

```
#多重继承
class sample(speaker,student):
    a =''
    def __init__(self,n,a,w,g,t):
        student.__init__(self,n,a,w,g)
        speaker.__init__(self,n,t)

test = sample("Tim",25,80,4,"Python")
test.speak()    #方法名同,默认调用的是在括号中参数位置排前父类的
方法
```

执行以上程序输出结果为：

我叫 Tim，我是一个演说家，我演讲的主题是 Python

6.2.6 方法重写

如果父类方法的功能不能满足需求，可以在子类重写父类的方法。实例如下：

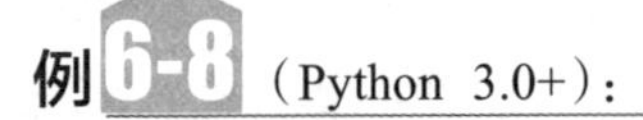

例6-8（Python 3.0+）：

```
#! /usr/bin/python3

class Parent:          # 定义父类
   def myMethod(self):
      print ('调用父类方法')

class Child(Parent): # 定义子类
   def myMethod(self):
      print ('调用子类方法')

c = Child()            # 子类实例
c.myMethod()           # 子类调用重写方法
super(Child,c).myMethod() #用子类对象调用父类已被覆盖的方法
```

执行以上程序的输出结果为：

调用子类方法

调用父类方法

补充文档

类的私有属性：__private_attrs以两个下划线开头，声明该属性为私有，不能在类的外部被使用或直接访问。在类内部使用时的格式为：

self.__private_attrs

类的私有方法：__private_method以两个下划线开头，声明该方法为私有方法，只能在类的内部调用，不能在类的外部调用。使用格式为：

self.__private_methods

例6-9：类的私有属性实例。

```
class JustCounter:
    __secretCount = 0  # 私有变量,注意是以两个下划线开头
    publicCount = 0    # 公开变量

    def count(self):
        self.__secretCount += 1
        self.publicCount += 1
        print (self.__secretCount)

counter = JustCounter()
counter.count()
counter.count()
print (counter.publicCount)
print (counter.__secretCount)  # 报错,实例不能访问私有变量
```

执行以上程序输出结果为：

```
1
2
2
Traceback (most recent call last):
  File "test.py", line 16, in <module>
    print (counter.__secretCount)  # 报错，实例不能访问私有变量
AttributeError: 'JustCounter' object has no attribute '__secretCount'
```

例6-10：类的私有方法实例。

```
class Site:
    def __init__(self, name, url):
        self.name = name       # public
        self.__url = url   # private

    def who(self):
        print('name  : ', self.name)
        print('url : ', self.__url)

    def __foo(self):          # 私有方法,注意是以两个下划线开头
        print('这是私有方法')

    def foo(self):            # 公共方法
        print('这是公共方法')
        self.__foo()

x = Site('Python入门边学边练','public')
x.who()        # 正常输出
x.foo()        # 正常输出
x.__foo()      # 报错
```

以上实例的执行结果为：

name　:　Python入门边学边练

url :　public

这是公共方法

这是私有方法　#说明：这是在调用x.foo（）时的self.__foo（）语句的结果

PS E:\Python> 发生异常：AttributeError

>> 'Site' object has no attribute '__foo'

类的专有方法包括以下内容：

__init__：构造函数，在生成对象时调用；

__del__：析构函数，用于释放对象；

__repr__：打印，转换；

__setitem__：按照索引赋值；

__getitem__：按照索引获取值；

__len__：获得长度；

__cmp__：比较运算；

__call__：函数调用；

__add__：加运算；

__sub__：减运算；

__mul__：乘运算；

__truediv__：除运算；

__mod__：求余运算；

__pow__：乘方。

Python同样支持运算符重载，可以对类的专有方法进行重载。实例如下：

例6-11（Python 3.0+）：

```
#! /usr/bin/python3

class Vector:
   def __init__(self, a, b):
      self.a = a
      self.b = b

   def __str__(self):
      return 'Vector (%d, %d)' % (self.a, self.b)

   def __add__(self,other):
      return Vector(self.a + other.a, self.b + other.b)
v1 = Vector(2,10)
v2 = Vector(5,-2)
print (v1 + v2)
```

以上代码的执行结果为：

Vector（7，8）

第7章 Python常见错误与异常处理

7.1 Bug与Debug

1945年，一只小飞蛾钻进了计算机电路里而导致了系统无法工作，格蕾丝·赫柏（Grace Hopper）在工作日志上写道：就是一只虫子（bug）害得我们今天的工作无法完成。于是，“bug”一词成了电脑系统程序的专业术语，用来形容那些在系统中存在的缺陷或问题。而格蕾丝·赫柏是与阿兰·图灵、史蒂夫·乔布斯、比尔·盖茨等一同入选“IT界十大最有远见的人才”的唯一一位女性。她是耶鲁大学的首位数学女博士，主导研制出了第一个商用编程语言COBOL，被称为“COBOL 之母”。1980年，她获得国际IEEE组织颁发的首届计算机先驱奖。

要想除掉系统中存在的bug，就要想办法去Debug。Debug意为调试或者除错，是发现和减少计算机程序或电子仪器设备中程序错误的一个过程。调试的基本步骤如下：

① 发现程序错误的存在；

② 以隔离、消除的方式对错误进行定位；

③ 确定错误产生的原因；

④ 提出纠正错误的解决办法；

⑤ 对程序错误予以改正，重新测试。

下面介绍Bug的几种常见类型。

7.1.1 粗心导致的语法错误SyntaxError

(1) input输入报错

看下面的例子。因为input指令后的返回值是字符串，所以如果与整数类型数字比较就会产生错误：

```
age=input('请输入你的年龄:')
if age>=18:
```

```
    print("你已经是成年人了。")
```

报错： TypeError： '>=' not supported between instances of 'str' and 'int'

解决办法： 在input前面加上int（），把input输入的数据转换为整数类型，就可以进行比较了。

```
age=int(input('请输入你的年龄:'))
if age>=18:
    print("成年人做事需要.....")
```

(2) 循环语句报错

出现问题的原因可能是以下几方面：没有给出循环变量的初始值，没有给出循环变量的递增，使用括号不规范（例如使用了中文的全角括号）。

```
while i<10:
    print（i）
```

执行上面的语句时会出现错误信息。

解决方法： 添加循环变量的初始值，添加循环变量的递增，将不规范的括号改正（改为英文输入状态下的半角括号）。修改后的程序如下所示：

```
i=1   #循环变量的初始值
while i < 10:   #循环的条件语句
    print(i)
    i+=1   #变量的递增
```

(3) 赋值报错

看下面的例子。

```
for i in range(3):
    uname =input("请输入用户名:")
    upwd=input("请输入密码:")
    if uname=admin and upwd=pwd:
        print("登录成功! ")
    else
        print("输入有误")
else
    print("对不起,三次均输入错误")
```

报错： SyntaxError： invalid syntax. Maybe you meant '==' or '：=' instead of '='?

上面程序存在多处错误：①“=”是赋值符号，“==”才是用于比较，if语句在进行比较时要使用“==”。②未定义比较的内容admin和pwd。③else后面未加冒号。

解决方法：在if语句的比较处将“=”换成“==”，在循环开始前加上用来比较的变量，然后在else后加上冒号。

```
admin="hua"
pwd="123456"
for i in range(3):
    uname =input("请输入用户名:")
    upwd=input("请输入密码:")
    if uname==admin and upwd==pwd:
        print("登录成功！")
    else:
        print("输入有误")
else:
    print("对不起,三次均输入错误")
```

(4) 粗心导致的错误的自查

前面整理了粗心导致的3种常见错误，下面进一步整理成6种情况。当编程出现问题时，可以逐步加以排除。

① 漏了末尾的冒号。如if语句、循环语句、else子句等。

② 缩进错误。该缩进的没缩进，不该缩进的却缩进了。

③ 把英文半角符号写成中文全角符号，例如，引号、冒号、括号。

④ 字符串拼接的时候，直接把字符串和数字拼接在一起了。

⑤ 没有定义变量，比如while的循环条件变量。

⑥ 比较运算符“==”和赋值运算符“=”的混用。

7.1.2 知识不熟练导致的错误

(1) 索引越界问题 IndexError

看下面的程序：

```
lst=[11,22,33,44]
print(lst[4])
```

报错：IndexError： list index out of range 索引越界

解决办法： 改写为正确的索引。虽然有四个数，但索引不是从1开始，正索引是从0开始算，负索引是从-1开始算。改正后的程序为：

```
lst=[11,22,33,44]
print(lst[3])
```

（2）append（）函数的使用报错

```
lst=[]
lst=append("A","B","C")
print((lst))
```

报错：NameError： name 'append' is not defined 错误地使用了append函数

解决方法：掌握正确使用函数的技巧。使用函数不是用“=”调用，而是用“.”去调用函数，并且append函数一次只能增加一个元素。改正后的程序为：

```
lst=[]
lst.append("A")
lst.append("B")
lst.append("C")
print((lst))  #返回值['A', 'B', 'C']
```

要想解决这些知识点掌握不熟练而导致的错误，唯一的方法就是编程练习。

7.1.3 思路不清晰时的解决方法

① 利用print函数来逐步发现错误。在调试程序时可以在不同的位置多加入一些print函数，或者在可能出错的地方用print函数输出程序中的变量值或是输出不同的字符串，看一下显示的结果是否与希望的结果一致。如果不一致就可以根据print函数的输出结果逐步查找问题。

② 使用注释符“#”暂时不执行一部分代码。先将可能有问题的一段代码注释掉（注释的部分将不被执行），然后逐行或者逐块地去掉注释符并进行调试，直到解决所有的问题。

7.2 异常情况及其处理方法

7.2.1 异常情况

即使Python程序的语法是正确的，在运行它的时候也有可能发生错误。在运行期间检测到的错误被称为异常，会以某Error（错误信息）的形式展现，例如：

```
>>> 10 * (1/0)
Traceback (most recent call last):
  File "<stdin>", line 1, in ?
```

```
ZeroDivisionError: division by zero  # 0 不能作为除数，触发异常

>>> 4 + spam*3
Traceback (most recent call last):
  File "<stdin>", line 1, in ?
NameError: name 'spam' is not defined  # spam 未定义，触发异常

>>> '2' + 2
Traceback (most recent call last):
  File "<stdin>", line 1, in <module>
    TypeError:can only concatenate str(not "int") to str
    # int 不能与str相加，触发异常
```

异常的类型有很多种，例如上述三种被显示出来的异常情况分别为ZeroDivisionError（0除错误）、NameError（命名错误）和TypeError（类型错误）。我们将常见的异常信息按照英文首字母的顺序排列做成了表7-1，当运行的程序出现异常时可以查阅此表。

表7-1　Python的异常信息

异常名称	说明
ArithmeticError	所有数值计算错误的基类
AssertionError	断言语句失败
AttributeError	对象没有这个属性
BaseException	所有异常的基类
DeprecationWarning	关于被弃用的特征的警告
EnvironmentError	操作系统错误的基类
EOFError	没有内建输入，到达EOF标记
Exception	常规错误的基类
FloatingPointError	浮点计算错误
FutureWarning	关于构造将来语义会有改变的警告
GeneratorExit	生成器(generator)发生异常，通知退出
ImportError	导入模块/对象失败
IndentationError	缩进错误
IndexError	序列中没有此索引(index)
IOError	输入/输出操作失败
KeyboardInterrupt	用户中断执行(通常是输入了Ctrl+C)
KeyError	映射中没有这个键

续表

异常名称	说明
LookupError	无效数据查询的基类
MemoryError	内存溢出错误(对于Python解释器不是致命的)
NameError	未声明/初始化对象（没有属性）
NotImplementedError	尚未实现的方法
OSError	操作系统错误
OverflowError	数值运算超出最大限制
OverflowWarning	旧的关于自动提升为长整型(long)的警告
PendingDeprecationWarning	关于特性将会被废弃的警告
ReferenceError	弱引用(weak reference)试图访问已经被垃圾回收了的对象
RuntimeError	一般的运行时错误
RuntimeWarning	可疑的运行时行为(runtime behavior)的警告
StandardError	所有的内建标准异常的基类
StopIteration	迭代器没有更多的值
SyntaxError	Python语法错误
SyntaxWarning	对可疑语法的警告
SystemError	一般的解释器系统错误
SystemExit	解释器请求退出
TabError	Tab和空格混用
TypeError	对类型无效的操作
UnboundLocalError	访问未初始化的本地变量
UnicodeDecodeError	Unicode解码时的错误
UnicodeEncodeError	Unicode编码时的错误
UnicodeError	与Unicode相关的错误
UnicodeTranslateError	Unicode转换时的错误
UserWarning	用户代码生成的警告
ValueError	传入无效的参数
Warning	警告的基类
WindowsError	系统调用失败
ZeroDivisionError	除(或取模)零（所有数据类型）

7.2.2　对异常情况的处理

在程序出现异常时我们需要做出处理，找到问题并解决它。同样当我们能够提前预料到有可能会出现的各种异常情况时，就可以在编程的时候提前做出对应的解决方案。下面给出几种对异常情况进行处理的方法。

(1) try-except语句

可以通过try-except语句来捕获异常，即通过编写程序对应地处理某种异常情况。下面的程序将要求用户一直输入内容，直到输入的是整数。这段程序是允许用户中断的（使用Ctrl+C），但是用户中断程序会触发KeyboardInterrupt的异常。

```
while True:
    try:
        x = int(input("Please enter a number: ")) # int表示转换成
整数
        break
    except ValueError:
        print("Oops!  That was no valid number. Try again...")
```

上面这段try-except语句的工作原理如下：

首先执行try子句（在try和except关键字之间的一行或多行语句）。如果没有触发异常（例如输入的是数字“123”），则跳过except子句，try-except语句执行完毕。如果执行try子句时发生了异常（例如输入的不是数字而是字符串），则跳过try子句中剩下的部分而来到except子句。假设输入的是字符串“abc”，它通过int（）也无法变换成整数型，则出现了真实的ValueError异常情况，所以就要进入except子句。

如果真实的异常情况与except关键字后面的异常名称（这里是ValueError）一致，则执行except子句。然后继续执行try-except语句后面的代码。如果真实的异常情况不是except子句中给出的ValueError，则将真实的异常情况传递到这一个try-except语句的上一级try结构。如果没有上一级try结构或者没有找到相应的处理程序，则结束。

try-except语句可以有多个except子句，可为不同的异常情况指定相应的处理程序。但是最多只会执行一个处理程序，而且对应的是try子句中发生的异常。except子句可以用元组命名多个异常，例如：

```
except (RuntimeError, TypeError, NameError):
    pass
```

当发生的异常情况与except子句中的类是同一个类或是它的基类时，异常与except子句中的类兼容（反之则不成立，即给出派生类的except子句与基类不兼容）。看下面的例子：

```
class B(Exception):
    pass

class C(B):
    pass

class D(C):
    pass

for cls in [B, C, D]:
    try:
        raise cls()
    except D:
        print("D")
    except C:
        print("C")
    except B:
        print("B")
```

上述代码的执行结果是依次输出B、C、D。需要注意的是，如果颠倒except子句的顺序（例如把except B子句放到第一个），则输出为B、B、B，即只触发第一个匹配的except子句。

（2）try-finally语句

在try-finally语句中无论是否发生异常都将执行最后finally中的代码，语法如下：

try:

<语句>

finally:

<语句>　　#退出try时总会执行它

看下面这个例子：

```
try:
    fh = open("testfile", "w") #以可以写入的权限打开文件
    fh.write("这是一个测试文件,用于测试异常！")
finally:
    print "Error：没有找到文件或读取文件失败"
```

如果打开的文件没有可写权限，则输出如下内容：

```
$ python test.py
Error：没有找到文件或读取文件失败
```

同样的例子也可以写成如下方式：

```
try:
    fh = open("testfile", "w")
    try:
        fh.write("这是一个测试文件,用于测试异常！")
    finally:
        print "关闭文件"
        fh.close()
except IOError:
    print "Error：没有找到文件或读取文件失败"
```

当在try-except语句中的try子句中出现一个异常时（例如输入的文件名不能以可写入的方式被打开），也要执行finally子句的代码。在finally子句中的所有语句被执行后，才会执行except子句中的代码进行异常情况的处理。因此，可以在finally子句中加入“关闭文件”等这些必要的安全指令。

（3）异常情况可携带的参数

一个异常可以携带参数。可作为输出的异常参数信息是通过except子句来捕获的，如下所示：

```
try:
    正常的操作
   ......
except ExceptionType, Argument:
```

在这里输出Argument的值，可以是元组的形式。在元组的表单中变量可以接收一个或者多个值。元组中通常包含错误字符串、错误数字、错误位置。

例7-1：单个异常的实例。

```
# 定义函数
def temp_convert(var):
    try:
        return int(var)
    except ValueError, Argument:
```

```
        print "参数没有包含数字\n", Argument
temp_convert("xyz") # 调用函数
temp_convert("123")
```

以上程序的执行结果如下：

参数没有包含数字

invalid literal for int () with base 10: 'xyz'

123

(4) raise语句触发异常

我们可以使用raise语句自己来触发异常。raise语法格式如下：

raise [Exception [, args [, traceback]]]

语句中Exception可以是表7-1中各种异常类型（例如：NameError）中的任一种，args是自己提供的异常参数。最后一个参数trackback是可选的（在实践中很少使用），如果存在，是跟踪异常对象。

一个异常可以是一个字符串、类或对象。Python的内核提供的异常大多数都是实例化的类。定义一个异常非常简单，如下所示：

```
def functionName( level ):
    if level < 1:
        raise Exception("Invalid level! ")
        # 触发异常后,后面的代码就不会再被执行
```

注意

为了能够捕获异常，except子句必须用相同的异常名称来抛出类对象或者字符串。例如我们希望捕获上面这段代码的异常，那么就特别要注意except子句的内容：

```
try:
    正常逻辑
except Exception as err:  #必须也使用Exception，要与raise中的一致
    触发自定义异常
else:
    其余代码
```

例7-2：

```
# 定义函数
def mye( level ):
    if level < 1:
        raise Exception("Invalid level! ")
        # 触发异常后,后面的代码就不会再被执行
try:
    mye(0)            # 触发异常
except Exception as err: # 必须也使用Exception,要与raise中的一致
    print(1,err)
else:
    print(2)
```

执行以上代码，输出结果为：

1 Invalid level!

(5) 用户自定义异常

通过创建一个新的异常类，程序可以命名自己的异常。自己创建的新的异常应该是通过直接或间接的方式从Exception类继承。以下为与RuntimeError相关的实例，在实例中创建了一个类Networkerror，它的基类为RuntimeError，用于在异常被触发时输出更多的信息。

```
class Networkerror(RuntimeError):
    def __init__(self, arg):
        self.args = arg
```

在定义好Networkerror类以后就可以触发该异常，如下所示：

```
try:
    raise Networkerror("Bad hostname")
except Networkerror,e:
    print e.args
```

在上面的代码中，try子句用来触发用户自定义的异常，然后执行except子句。变量e是用于创建Networkerror类的实例。

第8章 Python对目录和文件的操作

前面几章分别从Python编程及对编程中问题的处理等方面做了说明，从本章开始将要介绍利用Python进行办公自动化及其他的应用。

Python自带的os模块是一个可以跨平台访问操作系统的模块。常见的与操作系统相关的操作，例如创建、移动、复制文件和文件夹都可以通过该模块来完成。需要注意的是，有些指令在Windows、Linux和Mac中是通用的，有的则只能在Linux和Mac中使用，这些将在后续用到的时候再做说明。

下面介绍几个os模块中的功能函数。

（1）os.getcwd（）

该函数能够查看当前所在的路径，括号中不需要参数。使用方法：

```
import  os
print（os.getcwd（））
```

在运行上述代码后就可以看到当前文件所在的路径。不同的操作系统输出路径的格式是有区别的，在Windows中使用反斜杠“\”作为路径的分隔符来区别其层级关系，而在Linux和Mac中则是使用斜杠“/”作为分隔符。因为在Python中的反斜杠“\”代表转义字符，所以在Python编程时通常使用“\\”来作为分隔符。

（2）os.path.join（path1，path2，...）

它是将括号中的路径path1，path2，...，path–i，...，path–n按照顺序结合起来组成一个新的路径。要注意os.path.join只起到连接路径（目录）的作用，不能生成新的文件。在使用时注意以下几种情况：

① 尽量使用“\\”作为分隔符，而不要使用“\”，如下面的代码（1）和（2）。

② 虽然“\”后面的有些字符不是Python预定义的转义字符而不会出现问题，但还是建议尽量不要使用“\”作为路径的分隔符，如下面的代码（3）。

③ 如果已经习惯使用“\”作为分隔符又不希望改变，那么可以在路径的前面加上字母r，这样Python就不会将“\”和后面的字符作为转义字符了。如下面的代码（4）。

④ 如果某个path–i是绝对路径，那么将在此绝对路径基础上结合后面的路径。而os.path.join中在path–i之前出现的路径将被忽略。如下面的代码（5）。

⑤ 绝对路径总是从根文件夹（根目录）开始，在Windows系统中是以盘符

“C：”或“D：”作为根文件夹，而在Mac或Linux系统中是以“/”作为根目录标志。需要注意的是，如果前面的路径参数中含有盘符（例如“C：”），那么即使后续路径参数中再出现根目录“/”开头的参数，前面路径的盘符仍然会保留。如下面的代码（6）。

```
import os
#(1)下面的字符串“\t”产生了歧义，
# 这是因为“\t”在Python中被定义为Tab的功能。
print(os.path.join("C:\AAA","BBB\test.py"))

#(2)下面使用“\\”就可以避免歧义。
print(os.path.join("C:\\AAA","BBB\\test.py"))

#(3)下面虽然使用了“\”但未造成歧义，
# 这是因为“\A”和“\C”不是Python的转义字符。但不建议使用"\t"。
print(os.path.join("C:\AAA","BBB\CCC.py"))

#(4)下面使用字符“r”后“\t”就不会被认为是转义字符了。
print(os.path.join("C:\AAA",r"BBB\test.py"))

#(5)下面os.path.join的第二个参数包含绝对路径，
# 而第一个参数不含绝对路径，因此第一个参数被忽略。
print(os.path.join("BBB\\test.py","C:\\AAA"))

#(6)下面os.path.join的第一个参数包含绝对路径"C:\\AAA"，
# 而第二个参数是从根目录“/”开始，所以保留了第一个参数的盘符。
print(os.path.join("C:\\AAA","/BBB\\test.py"))
```

执行上述程序后的输出结果为：

```
C:\AAA\BBB	est.py
C:\AAA\BBB\test.py
C:\AAA\BBB\CCC.py
C:\AAA\BBB\test.py
C:\AAA
C:/BBB\test.py
```

（3）os.listdir（）

该函数将列举出目录下的所有文件以及文件夹，返回的是列表类型。

```
import os

#返回文件所在目录下所有的文件和文件夹
print(os.listdir())

#返回指定目录下的所有文件和文件夹
print(os.listdir("E:\\Python_Package\\Py_IO"))

#利用循环打印出指定文件下的所有文件及文件夹
for i in os.listdir("E:\\Python_Package\\Py_IO"):
    print(i)
```

假设当前目录为E：\Python_Package\Py_IO，如图8-1所示，则执行上述代码后的输出结果如下。

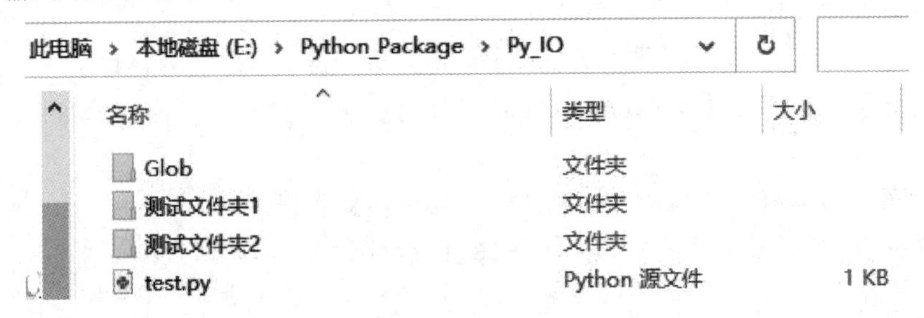

图8-1 当前目录下的文件夹及文件

输出结果：

['Glob'， 'test.py'， '测试文件夹1'， '测试文件夹2']

['Glob'， 'test.py'， '测试文件夹1'， '测试文件夹2']

Glob

test.py

测试文件夹1

测试文件夹2

（4）os.scandir（）

列举出目录下的所有文件以及文件夹的基本信息，该函数返回的是迭代器。其语法规则如下：

for file in os.scandir（）：

print（file.stat（））

返回的数据格式如下：

os.stat_result（st_mode=16895，st_ino=0，st_dev=0，st_nlink=0，st_uid=0，st_gid=0，st_size=0，st_atime=1633851254，st_mtime=1604760333，st_ctime=1604760330，［st_birthtime］）

其中：

st_size：文件体积大小（单位是bytes），将该值除以1024就可以得到以KB为单位的体积；

st_atime：最近访问文件的时间；

st_mtime：最近修改文件的时间；

st_ctime：在Windows系统下创建文件的时间；

st_birthtime：在Linux和Mac系统中创建文件的时间。

由于scandir方法所返回的时间值是Unicode格式，我们可以通过time库提供的功能函数将其转换为常用的日期格式。代码如下：

```
import os
import time           #引入time库进行时间转换

# 返回指定目录下的所有文件和文件夹基本信息
print(os.scandir("E:\Python_Package\Py_IO"))

# 下面是返回当前目录中所有的文件和文件夹基本信息
print(os.scandir())
#利用循环打印出指定文件夹下的所有文件及文件夹基本信息
for file in os.scandir("E:\Python_Package\Py_IO"):
   print("文件名:         "+file.name)
   print("文件大小:       "+str(file.stat().st_size/1024))
   print("文件创建时间:     "+time.ctime(file.stat().st_ctime))
   print("文件最近访问时间:"+time.ctime(file.stat().st_atime))
   print("文件最近修改时间:"+time.ctime(file.stat().st_mtime))
   print("所有信息:       "+str(file.stat()))
```

执行上述程序后的输出结果：

```
<nt.ScandirIterator object at 0x0000027A9714EBB0>
<nt.ScandirIterator object at 0x0000027A9714CD70>
文件名：          Glob
文件大小：        0.0
文件创建时间：      Wed Jan 11 14：49：06 2023
文件最近访问时间：Wed Jan 11 15：14：52 2023
文件最近修改时间：Wed Jan 11 15：14：52 2023
所有信息：          os. stat_result (st_mode=16895, st_ino=0, st_dev=0, st_nlink=0,
st_uid=0, st_gid=0, st_size=0, st_atime=1673421292, st_mtime=1673421292,
st_ctime=1673419746)
……
```

程序执行后将逐项输出每一个文件夹和文件的基本信息。由于输出内容基本相似且过于冗长，在此省略。

（5）os.walk（）

该函数可以遍历一个目录内所有的子目录及其内部的所有文件，其语法如下：

os.walk（top，topdown=Ture，onerror=None，followlinks=False）

通过该函数将得到一个三元的元组tupple（dirpath，dirnames，filenames）。第一个参数为起始路径，第二个为起始路径下的文件夹，第三个是起始路径下的文件，具体参数类型如下：

① dirpath是一个字符串string，代表目录的路径。

② dirnames是一个列表list，包含了dirpath下所有子目录的名字。

③ filenames是一个列表list，包含了非目录文件的名字。

使用os.walk（）后列出的文件夹及文件名称将不包括路径信息。如果要得到完整路径，则需要使用os.path.join（dirpath，name）并通过for循环完成递归枚举。

```
import os
for dirpath,dirnames,filenames in os.walk('./'):
    print(f'发现文件夹{dirpath}')
    print(filenames)
```

输出结果：

发现文件夹./

['test.py']

发现文件夹./Glob

[]

发现文件夹./测试文件夹1

[]

发现文件夹./测试文件夹2

[]

说明

① 在上面的print函数内加上了字母f用作格式化字符串。加上字母f后可以在字符串里使用大括号中的变量和表达式，这样就可以输出大括号内变量所对应的值。如果字符串里没有表达式，那么前面加不加f的输出都是一样的。

② 输出结果给出了当前文件夹内的子文件夹和文件。如果子文件夹内还有文件夹或者文件，那么将在中括号［］中显示内层的文件夹和文件。

（6）startswith（）和endswith（）

在Python中如果想要检测某个较长的字符串是否以特定的子字符串开头或

者结尾，常用如下两个函数。startswith用于检测字符串是否以指定的子字符串开头，如果是则返回Ture，否则返回False。endswith则用于检测是否以指定的字符串结尾。

startswith的语法规则如下。如果参数beg和end设置了指定值，那么就在指定的范围内检查。

str.startswith（str，beg=0，end=len（string））

其中，

str：待检测的字符串；

beg：可选参数，用于设置字符串检测的起始位置；

end：可选参数，用于设置字符串检测的终止位置。

endswith函数用于判断字符串是否以指定的字符或子字符串结尾，其返回值为布尔类型。语法规则如下：

str.endswith（"suffix"，start，end）　或者

str［start，end］.endswith（"suffix"）

其中；

suffix：后缀，可以是单个字符，也可以是字符串，还可以是元组；

start：可选参数，索引字符串的起始位置；

end：可选参数，索引字符串的终止位置。

下面给出startswith（）和endswith（）的使用代码。

```
import os
print("test.py".startswith("te"))
print("test.py".startswith("1"))
print("test.py".endswith("test"))
print("test.py".endswith(".py"))
```

输出：

True

False

False

True

（7）glob模块

glob模块是一个非常简练且实用的模块，它可以查找符合特定规则的文件路径名，只需要用到3个配置符，即星号“*”、问号“?”和中括号“[]”。星号“*”用于匹配0个或多个字符，问号“?”用于匹配单个字符，中括号“[]”用

于匹配指定位置范围内的字符，如［0-9］用于匹配数字，其返回值是一个列表。

我们先在图 8-1 所示的 Glob 文件夹中新建 4 个文件，即 test1.py、test2.py、test3.py 和 test10.txt，然后输入并执行下面的代码：

```
import glob

#(1)下面的“*”表示任意多个字符。
# 因此test*.*表示以test开头的任何字符串,扩展名也为任意。
print(glob.glob("test*.*"))

#(2)下面的一个问号“?”只代表一个字符。
# 因此test?? .txt表示以test开头,后面还要有两个字符,
# 并且扩展名为txt。
print(glob.glob("test?? .txt"))

#(3)下面是检索文件名称为以test开头,后面还要有数字0到3,
# 并且扩展名为py的文件。
print(glob.glob("test[0-3].py"))

#(4)检索名称为test1.py和test2.py的文件。
print(glob.glob("test[1,2].py"))

#(5)检索名称除了test2.py之外的test? .py文件。
print(glob.glob("test[! 2].py"))

#(6)检索当前文件夹内的所有.py文件。
print(glob.glob("**/*.py",recursive=True))

#(7)检索当前文件夹内的所有.txt文件。
print(glob.glob("**/*.txt",recursive=True))
```

输出结果为：

［'test1.py'， 'test10.txt'， 'test2.py'， 'test3.py'］
［'test10.txt'］
［'test1.py'， 'test2.py'， 'test3.py'］
［'test1.py'， 'test2.py'］
［'test1.py'， 'test3.py'］
［'test1.py'， 'test2.py'， 'test3.py'］
［'test10.txt'］

(8) 读取和写入文件

如果要通过 Python 读取 txt 文件，一般会用到 open、readlines 和 close 这三个函数。我们先在 Python 的工程根目录中新建一个名为 file1.txt 的文件，内容如图

8-2所示。如果文件不放在根目录则需要在程序中指定路径。然后输入并执行下面的代码。

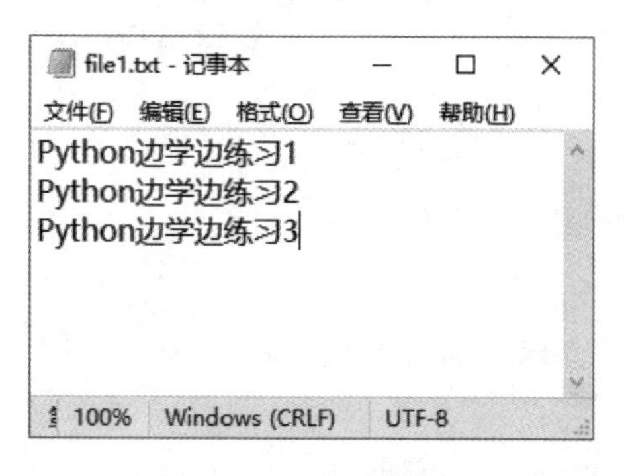

图8-2　txt文件中的内容

```
file = open("file1.txt","r",encoding='utf-8') #打开文件
text = file.readlines() #逐行读取文件内容
print(text) #在屏幕上显示内容
file.close() #关闭文件
```

输出结果：

['Python边学边练习1\n',　'Python边学边练习2\n',　'Python边学边练习3']

由于在图8-2所示的txt文件中输入“Python边学边练习1”后输入了回车（换行符），然后在下一行又输入了“Python边学边练习2”，所以从输出结果可以看出，在“Python边学边练习1”后有一个“\n”，这就是换行符。

使用上面的代码读取文件内容时，每次都要打开后再关闭文件。如果忘了关闭文件有可能会产生问题。为此Python提供了with...as方法来实现文件读取之后的自动关闭。

```
with open("file1.txt","r",encoding='utf-8') as file:
    text = file.readlines()
    print(text)
```

输出结果：

['Python边学边练习1\n',　'Python边学边练习2\n',　'Python边学边练习3']

下面的代码用于向txt文件中写入内容。

```
# 下面的参数“w”表示将覆盖掉原来的所有内容。
with open("file2.txt","w",encoding='utf-8') as file:
    text = "第一行内容\n第二行内容\n"
    file.write(text)
```

```
# 下面的参数"a"表示新的内容将追加到原来内容的后面。
with open("file2.txt","a",encoding='utf-8') as file:
    text = "追加第一行内容\n追加第二行内容\n"
    file.write(text)
```

输出结果如图8-3所示。值得注意的是，如果写入文件（例如file2.txt）不存在，该方法将会直接新建一个file2.txt文件。

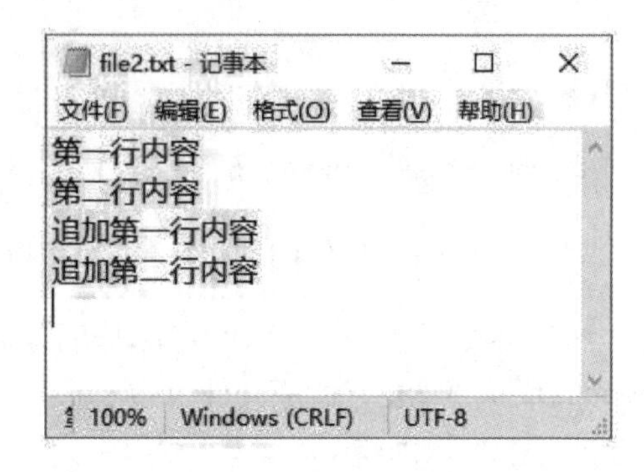

图8-3 利用Python写入的txt文件内容

第9章 Python的Excel自动化操作

9.1 Pandas简介

日常生活中常常会遇到一些数据分析处理的问题，通常是使用Excel进行编辑操作。但是如果数据量过大，那么使用Excel就会耗费大量的时间与精力。Python在数据分析方面提供了一些功能强大的库，本章将介绍通过Pandas库来处理Excel。

Pandas是基于Numpy开发的一个开放源码Python库，它使用强大的数据结构提供高性能的数据操作和分析工具。在Pandas被开发之前，Python主要用于数据的迁移和准备，对数据分析的贡献很小。Pandas解决了数据操作与分析的问题。使用Pandas可以完成数据处理和分析的五个典型步骤，分别为加载、准备、操作、模型和分析。在Pandas中主要用到的数据结构有两个，一个是Series，另一个是DataFrame。

Series是被增强的一维数组。它类似于列表，由索引（index）和值（values）组成。DataFrame是一个类似表格的二维数据结构。它的索引包括列索引和行索引，每列可以是不同的值类型（数值、字符串、布尔值等）。DataFrame的每一行和每一列都是一个Series。

可以输入如下命令来分别安装必需的Pandas库及xlrd库：

```
pip install pandas
pip install xlrd==1.2.0
```

然后再通过输入指令：

```
import pandas as pd
```

完成Pandas库的导入。下面通过一个实例来展示Pandas的使用方法。

：

```
import pandas as pd
```

```
df =
pd.DataFrame({'ID':[1,2,3],'Name':['Beijing','Shanghai','Guang-
zhou']})
df.to_excel(r'C:\example\test.xlsx')
print('数据成功写入！')
```

例9-1是在C盘的example文件夹中创建了一个test.xlsx表格文件，其中ID、Name为列标题。文件内容如图9-1所示。

	ID	Name
0	1	Beijing
1	2	Shanghai
2	3	Guangzhou

图9-1 向Excel文件中写入数据

由图9-1可知，Pandas自动生成了第一列的序列栏。如果想要将ID那一列设置为序列栏，可以在例9-1中的代码

```
df.to_excel(r'C:\example\test.xlsx')
```

之前插入

```
df = df.set_index('ID')
```

最终得到的效果如图9-2所示。

	A	B
1	ID	Name
2	1	Beijing
3	2	Shanghai
4	3	Guangzhou

图9-2 设置序列栏

通常打开一个空白的Excel文件时会看到很多空白的行和列。实际上，在空白的Excel文件内是没有这些空白单元的，这些只是起到一个显示的效果。对于一个Excel文件而言，只有当我们在其中新建好行和列之后，它才具有行和列的属性。

读者可以从出版社为本书提供的下载链接处下载压缩文件example.rar，解压缩之后将文件夹example直接拷贝到C盘的根目录下。example文件夹内是本章例题需要打开的一些原始文件。如果不放在C盘根目录下，则需要适当修改本章提供的各例题中对应文件的路径。

9.2　使用Pandas读取Excel表格

在Pandas中读取Excel文件的方法是使用函数pandas.read_excel：

```
pandas.read_excel(io, sheet_name=0, header=0, names=None,
index_col=None, usecols=None, squeeze=None, dtype=None,
engine=None, converters=None, true_values=None,
false_values=None, skiprows=None, nrows=None, na_values=None,
 keep_default_na=True, na_filter=True, verbose=False,
parse_dates=False, date_parser=None, thousands=None,
decimal='.', comment=None, skipfooter=0, convert_float=None,
 mangle_dupe_cols=True, storage_options=None)
```

该函数有非常多的可选参数，几个常用参数的意义和用法如下所述。

· io：指定Excel文件的详细路径。也可以是其他的Excel可读取的对象，如ExcelFile、xlrd.Book等。

· sheet_name：指定工作表（sheet）名称。可以是数字（工作表是从0开始的索引）。

· header：指定将哪一行作为列的名称。默认为第0行，即实际的第一行为列名称。如果数据不含列名，则设为None。

· names：指定新的列名列表。列表中元素个数和列数必须一致。

· index_col：指定列为索引列。默认None指的是索引为0的第一列为索引列。

· usecols：要解析数据的列。可以是int或者str的列表，也可以是以逗号分隔的字符串（Pandas 0.24新增功能），例如“A：F”表示从第A列到第F列，“A，C，F”表示第A、C、F三列，而“A，C，F，K：M”表示第A、C、F、K、L、M列。

· dtype：各列的数据类型。例如{‘a’： np.float64， ‘b’： np.int32}，是将第a列指定为64位浮点数，将第b列指定为32位的整型数。

下面将表9-1的内容输入到Excel表格中并保存为文件Data.xlsx，然后执行例9-2所示的程序（可以尝试修改例9-2的代码并观察执行结果）。

表9-1　示例表格

ID	Name	Age	Address	Salary
1	KoKo	37	Tianjin	7800
2	LiLin	22	Beijing	8200
3	NuoRan	24	Shanghai	12000

续表

ID	Name	Age	Address	Salary
4	Juunai	33	Beijing	11000
5	FlashCood	22	Shanghai	8500
6	Chsh Bobor	24	Beijing	9000
7	JiangHai	35	Guangzhou	8500
8	Lisa	27	Shanghai	7500
9	Mark	24	Shenzhen	12000
10	Stanfwogs	22	Changsha	12000

例9-2:

```
import pandas as pd
#打开Data表格,并设置序列
test = pd.read_excel(r'C:\example\Data.xlsx',index_col = 'ID')
#下面是设置第二行为表头的命令
#test = pd.read_excel(r'C:\example\Data.xlsx',header= 1)
# 下面是不设置任何表头。下面的指令与上面的指令选择其一,执行后看效果
#test = pd.read_excel(r'C:\example\Data.xlsx',header= None)

print(test.shape)  #输出表格的行列数
print(test.columns) #输出表格的所有列标题

test = test.set_index('ID')    #指定序列

#重新设置表头
#test.columns = ['one','two','three','four','five']

#直接打印表格中的所有数据。当数据较多时不建议使用
print(test)
print('******************************')

print(test.head(3)) #打印表格前三行数据
print('******************************')

print(test.tail(3)) #打印表格后三行数据
print('******************************')

test.to_excel('temp.xlsx') #保存到一个新表格中
```

9.3 读取CSV和TXT文件

在Excel中除了常见的xlsx格式外，还会导入其他格式的数据，例如CSV和TXT等。可以通过Pandas提供的导入方式将多种格式的数据进行导入融合。

CSV（comma-separated values）格式中的数据大多是通过逗号进行分隔的（分隔字符也可以不是逗号），CSV以纯文本的形式存储表格数据（数字和文本）。CSV格式在个人用户、商业分析和科学研究中都有广泛应用。Pandas提供了pd.read_csv（）方法读取数据并且转换成DataFrame数据帧。Python的强大之处就在于它可以把不同的数据库类型，例如txt/csv/.xls/.sql转换成统一的DataFrame格式后进行统一处理。pd.read_csv命令的常用参数如下所述。

· filepath_or_buffer：数据输入的路径。可以是文件路径或URL，是输入的第一个参数。

· sep：读取CSV文件时指定的分隔符，默认为逗号。

· header：设置导入DataFrame的列名称，默认为“infer”，注意它与下面names参数的微妙关系。

· names：当names没被赋值时header会变成0，即选取数据文件的第一行作为列名；当names被赋值且header没被赋值时，header会变成None；如果都被赋值，就会实现两个参数的组合功能。

· dtype：在读取数据的时候，设定字段的类型。例如公司员工的ID一般是形如00001234，如果默认读取的时候会显示为1234，所以必须确定为字符串类型时才能正常显示为00001234。

· nrows：设置一次性读入的文件行数，针对大文件而言十分好用。

· na_values：该参数可以配置哪些值需要处理成NaN（not a number，非数，表示未定义或不可表示的值）。

· parse_dates：指定某些列为时间类型，这个参数与下面的date_parser配合使用。

· date_parser：是用来配合parse_dates参数的。如果有的列虽然是日期但没办法直接转化，就需要通过date_parser指定一个解析格式。

· infer_datetime_format：默认为False。如果设定为True并且parse_dates可用，那么Pandas将尝试转换为日期类型。

读取txt文件内容时可以使用Pandas的read_table（）命令，也会返回一个DataFrame，所有的数据都被放在一个二维表单里。以图9-3所示文件txtdata.txt包

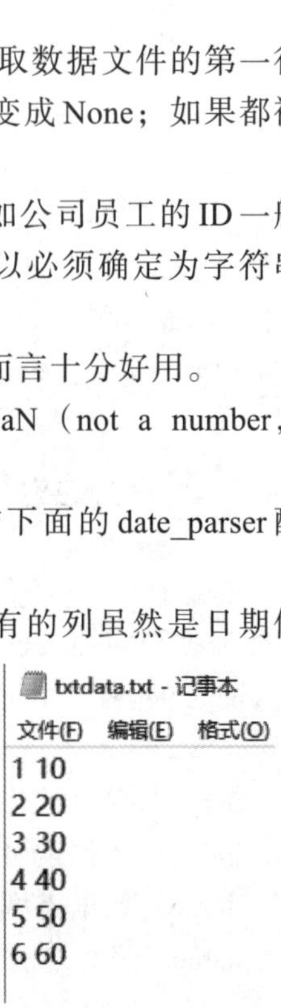

txtdata.txt - 记事本
文件(F) 编辑(E) 格式(O)

```
1 10
2 20
3 30
4 40
5 50
6 60
```

图9-3 txtdata.txt文件中的数据

含的数据为例进行说明。

TXT文件中有两列数据，中间由空格隔开。我们可以通过例9-3的方法读取该文件内容：参数seq用于标识分隔符，选择“\s”即表示列与列之间用空格分开。header=None 表示TXT文件的第一行不是列的名字，是数据。若不写header=None，则读入txt数据时会丢失第一行数据。

：

```
import pandas as pd      #引入pandas包
#读入txt文件,利用空格作为分隔符(\s)
txt_data=pd.read_table(r'C:\example\txtdata.txt',sep='\s',header=
None)
print(txt_data)
```

输出结果如下：

```
   0  1
0  1 10
1  2 20
2  3 30
3  4 40
4  5 50
5  6 60
```

可以看到txt文件中的数据被转换成了一个标准的DataFrame对象。

9.4 Series的行和列

Pandas的Series类似于表格中的一个列（column），它是一维数组，可以保存任何数据类型。Series由索引（index）和列组成，函数如下：

pandas.Series（ data， index， dtype， name， copy）

参数说明：

- data：一组数据（ndarray 类型）。
- index：数据索引标签。如果不指定，默认从0开始。
- dtype：数据类型。
- name：设置名称。
- copy：拷贝数据，默认为 False。

例9-4创建了一个简单的Series。

例9-4：

```
import pandas as pd

#创建Series
#1 通过列表List创建
listSer=pd.Series([10,20,30,40])
print(listSer)

#2 通过字典dict创建
dictSer=pd.Series({'a':10,'b':40,'c':5,'d':90,'e':35,'f':40},name
='数值')
print(dictSer)

#3 通过array创建
import numpy as np
arrySer=pd.Series(np.arange(10,15),index=['a','b','c','d','e'])
print(arrySer)
```

运行结果：

```
0    10
1    20
2    30
3    40
dtype： int64
a    10
b    40
c     5
d    90
e    35
f    40
Name： 数值， dtype： int64
a    10
b    11
c    12
```

d　　13

e　　14

dtype：　int32

在Pandas中，Series组成了行和列的基本单元。可以通过不同的方式将Series加入DataFrame中，如例9-5所示。

例9-5：

```
import pandas as pd
#创建Series
s1 = pd.Series([1,2,3],index=[1,2,3],name='A')
s2 = pd.Series([4,5,6],index=[1,2,3],name='B')
s3 = pd.Series([7,8,9],index=[1,2,3],name='C')
print(s1)
print(s2)
print(s3)

#将Series作为列加入df
df1 = pd.DataFrame({s1.name:s1,s2.name:s2,s3.name:s3})

#将Series作为行加入df
df2 = pd.DataFrame([s1,s2,s3])

print(df1)
print('##########################')
print(df2)
```

执行结果如下：

1　　1

2　　2

3　　3

Name：　A，　dtype：　int64

1　　4

2　　5

3　　6

Name：　B，　dtype：　int64

1　　7

2　　8

```
3    9
Name:  C,  dtype:  int64
   A  B  C
1  1  4  7
2  2  5  8
3  3  6  9
##########################
   1  2  3
A  1  2  3
B  4  5  6
C  7  8  9
```

9.5　DataFrame的数据变更及行列变换

对于DataFrame，变更数据实际上是将这部分数据提取出来并重新赋值为新的数据。需要注意的是，数据在变更时是直接针对原数据进行的，操作具有不可逆性。

例9-6：

```
#变更某个单元格的值
import pandas as pd
df1 =
pd.DataFrame([['Snow','M',22],['Tyrion','M',32],['Sansa','F',18],
['Arya','F',14]], columns=['name','gender','age'])
print(df1)

print("--------更换单个值---------")
# loc和iloc 可以更换单行、单列、多行、多列的值
# 思路:先用loc找到要更改的值,再用赋值(=)的方法更换数值df1.loc[0,
'age']=25
#df1.iloc[0,2]=25           # iloc:用索引位置来查找

# at、iat只能更换单个值
df1.at[0,'age']=25 # at的参数只能用index和columns索引名称
#df1.iat[0,2]=25    # iat用来取某个单值,参数只能用数字索引
print(df1)
```

输出的结果：

```
     name    gender  age
0    Snow       M     22
1    Tyrion     M     32
2    Sansa      F     18
3    Arya       F     14
--------更换单个值----------
     name  gender   age
0    Snow     M     25
1    Tyrion   M     32
2    Sansa    F     18
3    Arya     F     14
```

例9-7：

```
#插入新增的行列
import pandas as pd

df1 =
pd.DataFrame([['Snow','M',22],['Tyrion','M',32],['Sansa','F',18],
['Arya','F',14]], columns=['name','gender','age'])

print("-------案例1---------")
print("----------在最后新增一列--------------")
# 在数据框最后加上score一列,元素值分别为:80,98,67,90
df1['score']=[80,98,67,90]   # 增加列的元素个数要跟原数据列的个数一样
print(df1)

print("-------案例2---------")
print("---------在指定位置新增列:用insert()--------")
# 在gender这一列的后面加一列城市
# 在具体某个位置插入一列可以用insert的方法
# 语法格式:列表.insert(index, obj)
# index --->对象 obj 需要插入的索引位置。
# obj ---> 要插入列表中的对象(列名)
```

```
# 将数据框的列名全部提取出来存放在列表里
col_name=df1.columns.tolist()
print(col_name)
# 在列索引为2的位置插入一列,列名为:city。刚插入时不会有值,整列都是
NaN
col_name.insert(2,'city')
# DataFrame.reindex()用于对原行/列索引重新构建索引值
df1=df1.reindex(columns=col_name)
# 给city列赋值
df1['city']=['北京','山西','湖北','澳门']
print(df1)

print("----------新增行--------------")
# 注意! 先创建一个DataFrame,用来增加数据的最后一行
new=pd.DataFrame({'name':'Lisa',
                  'gender':'F',
                  'city':'北京',
                  'age':19,
                  'score':100},
                 index=[1])   # 自定义索引为1,也可以不设置
print(new)

print("-------在原数据框df1最后一行新增一行,用append方
法-----------")
# ignore_index=True表示不按原来的索引,从0开始自动递增
df1=df1.append(new,ignore_index=True)
print(df1)
```

输出的结果:

```
-------案例1----------
----------在最后新增一列---------------
     name  gender  age  score
0    Snow    M      22    80
1    Tyrion  M      32    98
2    Sansa   F      18    67
3    Arya    F      14    90
-------案例2----------
```

```
---------在指定位置新增列：用insert（）--------
['name', 'gender', 'age', 'score']
       name  gender city  age  score
0      Snow    M    北京   22    80
1      Tyrion  M    山西   32    98
2      Sansa   F    湖北   18    67
3      Arya    F    澳门   14    90
----------新增行---------------
    name  gender  city  age  score
1   Lisa    F    北京   19   100
-------在原数据框df1最后一行新增一行，用append方法------------
       name  gender  city  age  score
0      Snow    M    北京   22    80
1      Tyrion  M    山西   32    98
2      Sansa   F    湖北   18    67
3      Arya    F    澳门   14    90
4      Lisa    F    北京   19   100
```

当我们需要删除DataFrame的某行或者某列数据时，可以利用Pandas的drop方法：

DataFrame.drop（labels=None，axis=0，index=None，columns=None，level=None，inplace=False，errors='raise'）

参数说明：

· labels：接收string或array。代表删除的行或者列的标签，无默认值。

· axis：接收0或1，代表操作的轴向，默认为0（按行操作）。

· level：接收int或者索引名，代表标签所在级别，默认为None。

· inplace：接收boolean值，代表操作是否对原数据生效，默认为False。

例9-8：

```
import pandas as pd

df1 =
pd.DataFrame([['Snow','M',22],['Tyrion','M',32],['Sansa','F',18],
['Arya','F',14]], columns=['name','gender','age'])
print(df1)
```

```
print('---------删除行或列:DataFrame.drop()--------')
# drop默认对原表不生效,如果要对原表生效,需要加参数:inplace=True

print("----删除单行----")
# axis默认等于0,即按行删除,这里表示按行删除第0行
df2=df1.drop(labels=0)
print(df2)

print("------删除多行------")
# 通过labels来控制删除行或列的个数。如果是删多行/多列,需写成labels=
[1,3],不能写成labels=[1:2]。用冒号会报错
# 可以删除指定的某几行(非连续的)。axis=0 表示按行删除,下面是删除第1
行和第3行(最开始的一行是第0行):
df21=df1.drop(labels=[1,3],axis=0)
print(df21)

# 要删除连续的多行可以用range()。删除连续的多列不能用此方法
# axis=0 表示按行删除,删除索引值是第1行至第3行的数据
df22=df1.drop(labels=range(1,4),axis=0)
print(df22)

print("----删除单列----")
# axis=1 表示按列删除,删除gender列
df3=df1.drop(labels='gender',axis=1)
print(df3)

print("----删除多列----")
# 删除指定的某几列
# axis=1 表示按列删除。删除gender、age列
df4=df1.drop(labels=['gender',"age"],axis=1)
print(df4)
```

输出的结果：

```
    name    gender  age
0   Snow      M     22
1   Tyrion    M     32
2   Sansa     F     18
3   Arya      F     14
---------删除行或列：DataFrame.drop（）--------
```

```
----删除单行----
     name   gender   age
1    Tyrion   M      32
2    Sansa    F      18
3    Arya     F      14
------删除多行------
   name  gender  age
0  Snow    M     22
2  Sansa   F     18
  name  gender  age
0 Snow   M      22
----删除单列----
     name    age
0    Snow    22
1    Tyrion  32
2    Sansa   18
3    Arya    14
----删除多列----
     name
0    Snow
1    Tyrion
2    Sansa
3    Arya
```

9.6 数据填充与列计算

在Excel中可以通过选定部分单元格并拖拽实现数据填充，Pandas在Excel中也提供了数据填充的方法。下面利用Pandas来实现函数自动填充以及列计算的功能。首先新建一个文件book1.xlsx，内容如下（NaN表示还没有输入数值）：

ID	NAME1	单价	数量	总价
1	Book1	10.5	10	NaN
2	Book2	11.0	10	NaN
3	Book3	11.5	10	NaN
4	Book4	12.0	10	NaN

然后执行下面的代码，读取文件book1.xlsx：

```
import pandas as pd
#读取Excel文件
books = pd.read_excel('book1.xlsx',index_col='ID')
print(books)
```

输出结果：

NAME1 单价 数量 总价

ID

1 Book1 10.5 10 NaN

2 Book2 11.0 10 NaN

3 Book3 11.5 10 NaN

4 Book4 12.0 10 NaN

可以看到此时表格中总价这一栏需要通过计算才能填充。在Python中用下面这一行代码就可以解决问题：

```
books['总价']=books['单价']*books['数量']
```

也可以通过下面的命令来计算其中的一部分总价：

```
for i in books.index:
books['总价'].at[i]=books['单价'].at[i]*books['数量'].at[i]
```

接下来将每一本书的单价提高两元，有两种处理方法：

```
#方法一：
books['单价']= books['单价']+2

#方法二：使用lambda表达式
books['单价']=books['单价'].apply(lambda x:x+2)
```

将代码整合到前面的实例中，最终输出的结果如下：

	NAME1	单价	数量	总价
ID				
1	Book1	12.5	10	105.0
2	Book2	13.0	10	110.0
3	Book3	13.5	10	115.0
4	Book4	14.0	10	120.0

可见，总价并没有自动地随着单价的变化而变化。因此还需要重新执行前面给出的计算总价的程序。

```
books['总价']=books['单价']*books['数量']
```

9.7 数据的分割与合并

对于超大型的表格数据，往往需要将其先拆分后再进行分析，这就是对数据进行分割处理。按照指定行进行拆分的方法有如下几种。

（1）使用df.iloc将一个大的DataFrame拆分成多个小的DataFrame

：

```
import pandas as pd
import os

df_source = pd.read_excel(r"C:\example\book.xlsx")
print(df_source.head(5))

# 创建文件夹splits_dir
if not os.path.exists("splits_dir"):
    os.mkdir("splits_dir")

res = df_source.index
print(res)

# 获取行数
total_row_count = df_source.shape[0]
print(total_row_count)

# 将这个大的Excel拆分给xiao_shuai和xiao_wang两个人
user_names = ["xiao_shuai", "xiao_wang"]
# 每个人的任务数目
split_size = total_row_count // len(user_names)
if total_row_count % len(user_names) ! = 0:
    split_size += 1

# 拆分成多个DataFrame
df_subs = list()
for idx, user_names in enumerate(user_names):
    begin = idx*split_size  # iloc开始索引
    end = begin+split_size # 结束索引

    # 拆分
```

```
    df_sub = df_source.iloc[begin:end]
    df_subs.append((idx, user_names, df_sub))

# 将每个DataFrame存入Excel
for idx, user_names, df_sub in df_subs:
    file_name = f"splits_dir/book_{idx}_{user_names}.xlsx"
    df_sub.to_excel(file_name, index=False)
```

（2）将**Excel**按照固定行数进行拆分

例 9-10:

```
import pandas as pd
import os
n = 1
row_list = []
df = pd.DataFrame(pd.read_excel(file, sheet_name=0))
row_num = int(df.shape[0])  # 获取行数
if num >= row_num:  #判断分割行数是否大于表格行数
    raise Exception('分割行数大于表格行数！')
try:
    for i in list(range(num,row_num,num)):
        row_list.append(i)
    row_list.append(row_num)  # 得到完整列表
except Exception as e:
    print (e)
(name,ext)=os.path.splitext(file)  #获取文件名
for m in row_list:
    filename=os.path.join(file_dir,name+'-' + str(n) + '.xlsx')
    if m <row_num:
        df_handle=df.iloc[m-num:m] #获取n行之前
        print (df_handle)
        df_handle. to_excel (filename  , sheet_name= 'sheet1', index=
False)
    elif m == int(row_num):
        remainder=int(int(row_num)%num) #余数
#获取最后不能整除的行
```

```
        df_handle=df.iloc[m-remainder:m]
            df_handle.to_excel（filename ， sheet_name='sheet1', index=False）
    n = n + 1
```

（3）对数据按照某一列的内容不同进行拆分

例9-11：

```
import pandas as pd
#读入文件
iris = pd.read_excel(r'C:\example\book.xlsx')
#获取class列表并去重(去重的内容将在下一节介绍)
class_list = list(iris['Name'].drop_duplicates())
#按照类别分文件存放数据
for i in class_list:
    iris1 = iris[iris['Name']==i]
    iris1.to_excel('./%s.xlsx'%(i))
```

（4）将一列数据拆分为多列

例9-12：

```
import pandas as pd
employees =
pd.read_excel(r'C:\example\Data.xlsx',index_col='ID')

#下面利用split函数将Name这一列拆分为两列
#在Name那一列中每个人的姓与名之间是用空格隔开的,例如Li Lin
#所以在split函数中,' '内设置的分隔符就是空格
#n表示分割后保留的子字符串数量。n=2表示被分成两列
#如果某人的姓与名之间没有空格就不拆分,例如Lisa就无法被拆分
#expand=True是在分割字符串的同时将其分成不同的列,默认为False
df = employees['Name'].str.split(' ',n =2,expand=True)

#将拆分后的数据添加到原表格中
employees['Frist Name'] = df[0] #拆分后的第一个字符串
employees['Last Name'] = df[1]  #拆分后的第二个字符串
employees.to_excel('Data.xlsx')
print(employees)
```

执行上述程序后打开文件Data.xlsx，会发现Name这一列的数据被拆分成了两列并放在了原表格的最后。新加的第一列是First Name，提取了原来Name中每个人的姓，例如Li Lin的Li。新加的第二列是Last Name，提取的是原来Name中每个人的名，例如Li Lin的Lin。当Name中只提供了一个字符串，即无法拆分成姓与名时，就将该字符串赋值给First Name，例如Lisa。

（5）数据表横向联合

为了便于数据维护以及区分数据的使用权限，有时候我们会用不同的表格文件存储不同性质的数据，例如在公司里通常就会有存储员工基础信息的表单和薪资表单。有时候希望对两个表单中的数据进行统合，那就需要将两个数据表联合起来实现数据表的横向联合。

在Pandas中是通过merge方法来实现这一功能的。使用该方法的前提条件就是需要联合的两张数据表单要有一个共同识别的用户键（key），通常是用户的ID号。然后通过用户键值数据的匹配将对应的数据进行整合。图9-4（a）和图9-4（b）分别为保存员工姓名的文件Data1.xlsx和保存员工薪资的文件Data2.xlsx中的数据，在两个文件中ID号相同的对应的是同一位员工的信息。

	A	B
1	ID	Name
2	1	Ko Ko
3	2	Li Lin
4	3	Nuo Ran
5		
6		

Name

(a) Data1.xlsx中的表单Name

	A	B
1	ID	Salary
2	1	7800
3	2	8200
4	3	12000
5		
6		

Salary

(b) Data2.xlsx中的表单Salary

图9-4　两个文件Data1.xlsx和Data2.xlsx中的数据

下面的例9-13是将Data1.xlsx文件中的Name表单与Data2.xlsx中的Salary表单合并成一个文件Data3.xlsx。

例9-13：

```
import pandas as pd
employees =
pd.read_excel(r'C:\example\Data1.xlsx',sheet_name='Name')
salary =
pd.read_excel(r'C:\example\Data2.xlsx',sheet_name='Salary')
```

```
#横向联合两个表单
table = employees.merge(salary,how = 'left',on = 'ID')
print(table)
table.to_excel('Data3.xlsx')
```

执行例9-13的程序后，打开生成的文件Data3.xlsx会看到合并后的效果，如图9-5所示。

	A	B	C	D
1		ID	Name	Salary
2	0	1	Ko Ko	7800
3	1	2	Li Lin	8200
4	2	3	Nuo Ran	12000

图9-5　数据表的横向联合结果

9.8　数据的排序与去重

在对数据进行分析时往往需要先进行排序。下面以表文件book.xlsx为例，通过sort_values命令对表格数据进行排序。首先新建一个Excel表文件并输入表9-2所示的内容，然后命名为book.xlsx（也可以直接从出版社提供的链接处下载该文件）。

表9-2　book.xlsx中的数据

序号	书名	单价	库存	是否畅销
1	Book1	10	28	Yes
2	Book2	11	32	Yes
3	Book3	11.5	36	Yes
4	Book4	12	20	Yes
5	Book5	12	24	Yes
6	Book6	13	10	No
7	Book7	11.6	13	Yes
8	Book8	12	16	Yes
9	Book9	14	45	No
10	Book1	15	34	No

首先按照单价进行排序：

```
book.sort_values(by='单价',inplace = True)
```

此时表格将按照单价从低到高的价格进行排序。如果想要按照从高到低的顺序排列，那么就需要修改参数ascending，将其默认值True改为False：

```
book.sort_values(by='单价',inplace = True,ascending=False)
```

如上所述即可实现对单列数据的排序。如果需要对多列数据同时进行排序，例如，既需要将表格按照单价从低到高排序，同时还要将畅销书籍排列到上方，只需改动sort_values的相关参数即可实现。

例9-14：

```
import pandas as pd
book = pd.read_excel(r'C:\example\book.xlsx',index_col='序号')
book.sort_values(by=['单价','是否畅销'],inplace = True,ascending=
[True,False])
print(book)
```

输出的结果如下：

```
        书名     单价   数量  是否畅销
序号
1      Book1    10.0   28    Yes
2      Book2    11.0   32    Yes
3      Book3    11.5   36    Yes
7      Book7    11.6   13    Yes
4      Book4    12.0   20    Yes
5      Book5    12.0   24    Yes
8      Book8    12.0   16    Yes
6      Book6    13.0   10     No
9      Book9    14.0   45     No
10     Book1    15.0   34     No
```

此时表格已经按照希望的顺序排列好了。但是我们发现在表9-2中，序号为1的书名和序号为10的书名是一样的，都是Book1（出现了重复的数据）。对于这种重复数据可以通过drop_duplicates进行清除。

```
import pandas as pd
book = pd.read_excel(r'C:\example\book.xlsx',index_col='序号')
book.drop_duplicates(subset='书名',inplace = True)
print(book)
```

结果如下：

	书名	单价	数量	是否畅销
序号				
1	Book1	10.0	28	Yes
2	Book2	11.0	32	Yes
3	Book3	11.5	36	Yes
4	Book4	12.0	20	Yes
5	Book5	12.0	24	Yes
6	Book6	13.0	10	No
7	Book7	11.6	13	Yes
8	Book8	12.0	16	Yes
9	Book9	14.0	45	No

可见当出现重复数据时，直接使用drop_duplicates的默认设置将删除后面的重复数据。当然我们也可以通过设置drop_duplicates的参数“keep”来指定到底保留重复数据中的哪一部分，该参数默认值为frist（即保留第一个），我们也可以将其设置为last而清除前面的重复数据。

9.9 数据的筛选与过滤

Pandas的DataFrame数据结构提供了功能强大的数据操作功能，例如，运算、筛选、统计等。本节介绍两类强大的数据筛选功能，分别是按照条件筛选和按照索引筛选，既可以对行进行筛选也可以按照列进行筛选。

首先创建一个DataFrame，如下所示。

```
import pandas as pd
datas = [
{'name': '小一', 'hight': 171, 'weight': 100},
{'name': '小二', 'hight': 163, 'weight': 200},
{'name': '小三', 'hight': 152, 'weight': 152},
{'name': '小四', 'hight': 148, 'weight': 77},
{'name': '小五', 'hight': 189, 'weight': 87},
{'name': '小六', 'hight': 155, 'weight': 82},
{'name': '小七', 'hight': 169, 'weight': 74},
{'name': '小八', 'hight': 170, 'weight': 68},
```

```
{'name': '小九', 'hight': 173, 'weight': 65},
{'name': '小十', 'hight': 175, 'weight': 64}
]
df = pd.DataFrame(datas)
```

(1) 条件筛选

条件筛选是指将符合条件的数据筛选出来。如果条件只有一个，那就是单条件筛选，例如，选择上述DataFrame中hight大于170的数据：

```
df1 = df[df['hight']>170]
print(df1)
```

输出结果：

	name	hight	weight
0	小一	171	100
4	小五	189	87
8	小九	173	65
9	小十	175	64

还可以利用query进行筛选：

```
df2 = df.query('160<hight<170')
print(df2)
```

输出结果：

	name	hight	weight
1	小二	163	200
6	小七	169	74

也可以使用isin函数筛选出具有特定值的记录，例如，筛选出hight为171和152的记录：

```
df3 = df[df.hight.isin([171, 152])]
print(df3)
```

输出结果：

	name	hight	weight
0	小一	171	100
2	小三	152	152

如果存在多个条件，那就是多条件筛选。多条件筛选可以使用各种逻辑运算或特定的函数来实现。例如，使用运算符“&”来筛选hight大于170并且weight大于80的人：

```
df4 = df[(df['hight'] > 170) & (df['weight'] > 80)]
print(df4)
```

输出结果：

```
   name  hight  weight
0  小一    171     100
4  小五    189      87
```

由上面的几个例子可以看出筛选特定数据所在的行是比较方便的，但是如何排除含某些特定值的行呢？例如，选出hight列中数值不等于171或者152的记录。基本的做法是将hight列选择出来，然后删除hight列中的数值171和152，最后再使用isin函数重新形成DataFrame。

```
ex_list=list(df['hight'])
ex_list.remove(171)
ex_list.remove(152)
df5 = df[df.hight.isin(ex_list)]
print(df5)
```

输出结果：

```
   name  hight  weight
1  小二    163     200
3  小四    148      77
4  小五    189      87
5  小六    155      82
6  小七    169      74
7  小八    170      68
8  小九    173      65
9  小十    175      64
```

（2）索引筛选

通过索引也能够很方便地进行数据筛选。例如，使用切片操作选择特定的行：

```
df[1:5]
```

也可以使用列名选择特定的列：

```
df['hight']
df[['hight','weight']]
```

如上所述，当每一列都有列名称（column name）时，可以用df［‘列名称’］来选取一整列数据。下面三个例子是使用loc来提取特定的行和列：

```
#提取序号为0的那行记录中hight列的数据:
print(df.loc[0,'hight'])

#提取序号1～5的那些行中hight列的数据:
print(df.loc[1:5,['hight']])

#提取指定行1、2、4、8的记录中hight和weight两列的数据:
print(df.loc[[1,2,4,8],['hight','weight']])
```

输出结果：

```
171
   hight
1    163
2    152
3    148
4    189
5    155
   hight  weight
1    163     200
2    152     152
4    189      87
8    173      65
```

如果列名称太长，可以不必输入列名称而使用列的序号。此时就需要使用iloc而不是loc了。如下所示：

```
#提取指定单元格的数据(第0行第1列)
print(df.iloc[0,1])

#提取一定范围内行与列数据
print(df.iloc[1:5,0:1])

#提取指定行列数据
print(df.iloc[[1,2,4,8],[1,2]])
```

上面使用iloc的这三行代码与前面使用loc的代码实现的效果是完全一样的，但是需要注意iloc和loc的使用形式上的不同。

相比于loc和iloc方法，ix方法的功能更加强大。ix的参数既可以是索引也可以是名称，需要注意的是在使用的时候需要统一，保持前后一致即可。

除此之外，at函数根据指定行的索引（index）及列的label也可以快速定位DataFrame的元素，选择列时仅支持列名。iat函数与at的功能相同，但是iat函数只使用索引参数。

9.10 数据的可视化

获得数据之后，为了更好地突出数据的特征，通常需要将数据变换成曲线或图形。常见的图表包括条形图、柱形图、折线图、饼状图、散点图等，这些图表各有特色，可以突出多样化的数据主题。

为了绘制这些图表，需要用到matplotlib模块。安装指令如下：

```
pip install matplotlib
```

在绘制图像时将按照数据的每一列绘制一条曲线。可以直接使用DataFrame.plot函数绘制，它的格式如下。表9-3提供了plot函数的几个主要参数的说明。

```
DataFrame.plot(x=None, y=None, kind='line', ax=None,
subplots=False, sharex=None, sharey=False, layout=None,
figsize=None, use_index=True, title=None, grid=None,
legend=True, style=None, logx=False, logy=False, loglog=False,
xticks=None, yticks=None, xlim=None, ylim=None, rot=None,
fontsize=None, colormap=None, position=0.5, table=False,
yerr=None, xerr=None, stacked=True/False, sort_columns=False,
secondary_y=False, mark_right=True, **kwds)
```

表9-3 plot函数中主要参数的说明

参数	说明
x	x轴的标签或参数
y	y轴的标签或参数
kind	设置绘图的类型，df.plot(kind='line')与df.plot.line()等价
ax	子图绘制的matplotlib subplot对象
subplots	是否对列分别作子图
figsize	图片尺寸大小
use_index	默认用索引作x轴
title	图片的标题

首先创建一个DataFrame结构（例9-15）并保存为plot.xlsx文件，该文件中的数据如表9-4所示。

例9-15：

```
import pandas as pd

df = pd.DataFrame({
    'name':['LiMing','MaLi','LiaoYan','JunJia','CodiCo','MeiMei',
'ZhangSan'],
    'age':[23,78,22,19,45,33,20],
    'gender':['M','F','M','M','M','F','M'],
    'city':['Beijing','Shanghai','Beijing','Shanghai','Beijing',
'Shenzhen','Shenzhen'],
    'num_children':[2,0,0,3,2,1,4],
    'num_pets':[5,1,0,5,2,2,3]
})
df.to_excel('plot.xlsx')
```

表9-4　plot.xlsx文件中的数据

name	age	gender	state	num_children	num_pets
LiMing	23	M	Beijing	2	5
MaLi	78	F	Shanghai	0	1
LiaoYan	22	M	Beijing	0	0
JunJia	19	M	Shanghai	3	5
CodiCo	45	M	Beijing	2	2
MeiMei	33	F	Shenzhen	1	2
ZhangSan	20	M	Shenzhen	4	3

接下来就可以绘制各种形式的图表了。将下面的代码加到上面例9-15代码的后面。

例9-15（续1）：

```
import matplotlib.pyplot as plt
df= pd.read_excel(r'C:\example\plot.xlsx')

#绘制竖直条形图
df.plot(kind='bar',x='name',y='age')
#绘制水平条形图
```

```
df.plot(kind='barh',x='name',y='age')
#输出图表
plt.show()
#保存图表为图片
plt.savefig('output.png')
```

输出结果如图9-6和图9-7所示。

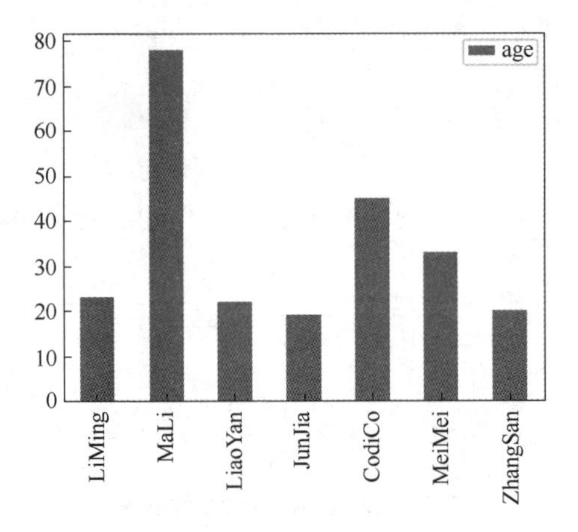

图9-6 竖直条形图（x坐标为name，y坐标为age）

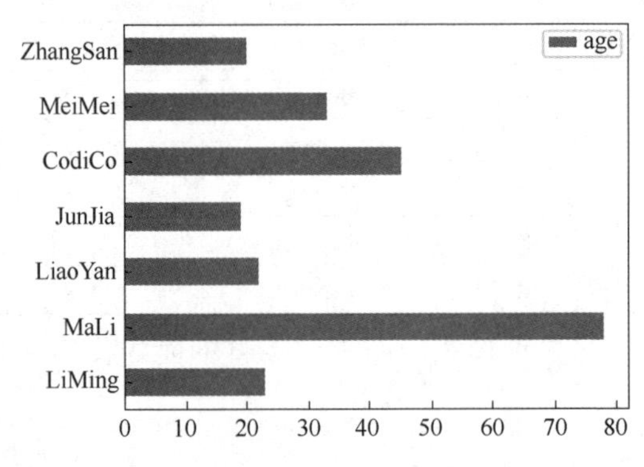

图9-7 水平条形图（x坐标为age，y坐标为name）

例9-15（续2）：

```
#绘制带分组的条形图
df.groupby('state')['name'].nunique().plot(kind='bar')
plt.show()
```

输出结果如图9-8所示。

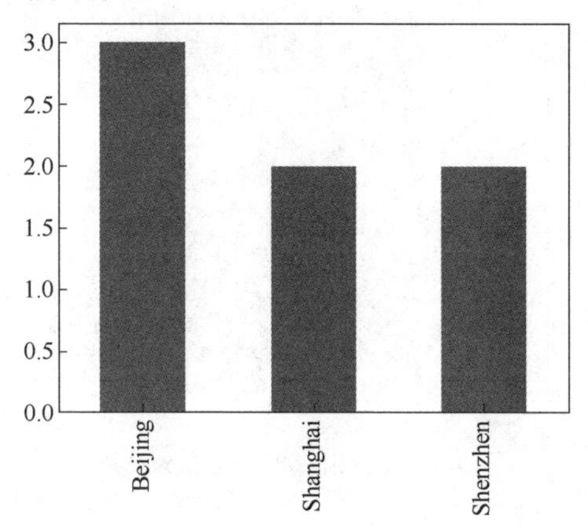

图9-8　分组条形图（按照state列的数据进行分组）

例 9-15（续3）：

```
#绘制带有分组依据的堆积条形图
df.assign(dummy = 1).groupby(
  ['dummy','state']
).size().to_frame().unstack().plot(kind='bar',stacked=True,legend
=False)

#打印标题
plt.title('Number of records by State')

#设置x轴名称
plt.xlabel('state')
#设置x轴当前刻度位置和标签
plt.xticks([])

current_handles, _ = plt.gca().get_legend_handles_labels()
reversed_handles = reversed(current_handles)

labels = reversed(df['state'].unique())

plt.legend(reversed_handles,labels,loc='lower right')
```

输出结果如图9-9所示。

还可以对图9-9稍加修改，绘制成带有分组依据的堆积条形图并标准化为100%。

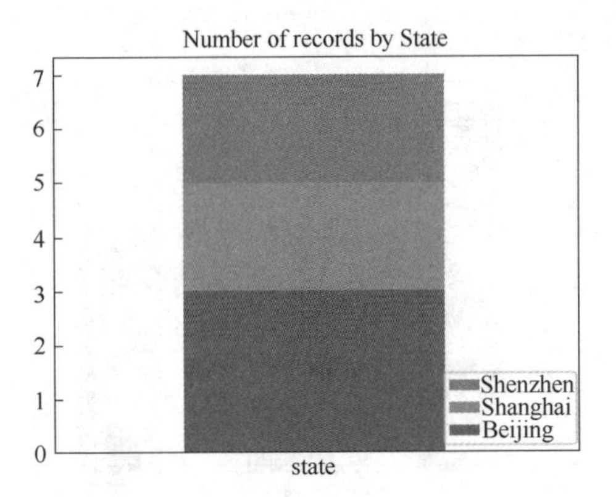

图9-9　带分组依据的堆积条形图

例9-15（续4）：

```
#绘制带有分组依据的堆积条形图并标准化为100%
df.assign(dummy = 1).groupby(
  ['dummy','state']
).size().groupby(level=0).apply(
   lambda x: 100 * x / x.sum()
).to_frame().unstack().plot(kind='bar',stacked=True,legend=False)
plt.xlabel('state')
plt.xticks([])
current_handles, _ = plt.gca().get_legend_handles_labels()
reversed_handles = reversed(current_handles)
correct_labels = reversed(df['state'].unique())

plt.legend(reversed_handles,correct_labels)
plt.gca().yaxis.set_major_formatter(mtick.PercentFormatter())
```

输出结果如图9-10所示。

例9-15（续5）：

```
#绘制堆积条形图,两级分组
df.groupby(['state','gender']).size().unstack().plot(kind='bar',
stacked=True)
plt.show()
```

输出结果如图9-11所示。

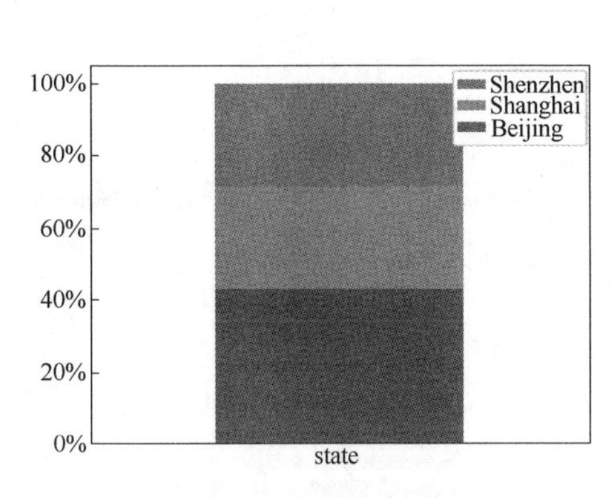

图9-10　标准化堆积条形图

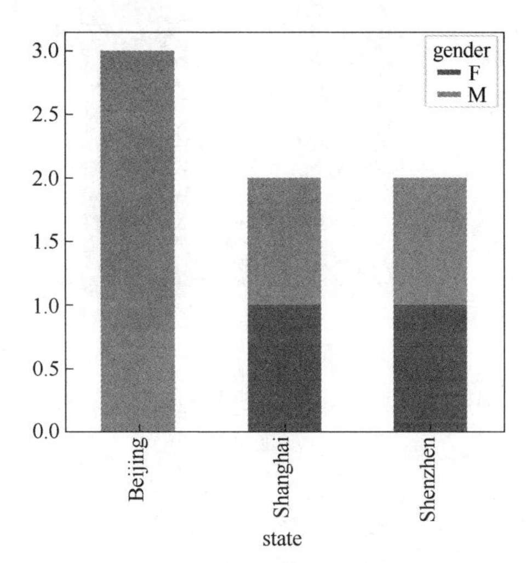

图9-11　两级分组的堆积条形图

（续6）：

```
#绘制两级分组的堆积条形图,归一化为100%
import matplotlib.ticker as mtick

df.groupby(['gender','state']).size().groupby(level=0).apply(
    lambda x: 100 * x / x.sum()
).unstack().plot(kind='bar',stacked=True)

plt.gca().yaxis.set_major_formatter(mtick.PercentFormatter())
plt.show()
```

输出结果如图9-12所示。

例 9-15（续7）：

```
#绘制多列折线图
ax = plt.gca()
df.plot(kind='line',x='name',y='num_children',ax=ax)
df.plot(kind='line',x='name',y='num_pets', color='red', ax=ax)
plt.show()
```

输出结果如图9-13所示。

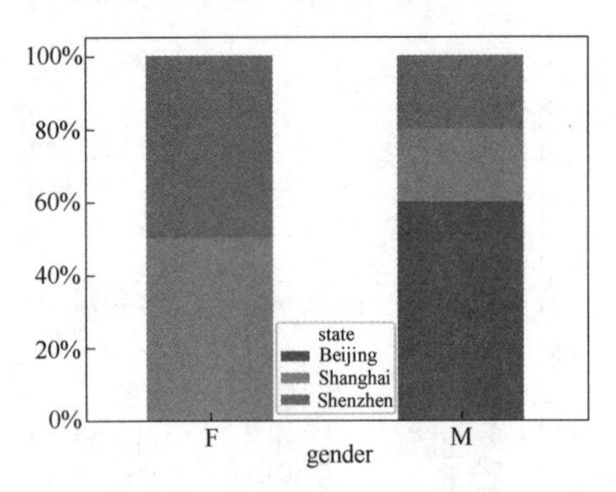

图9-12 两级分组的堆积条形图（归一化100%）

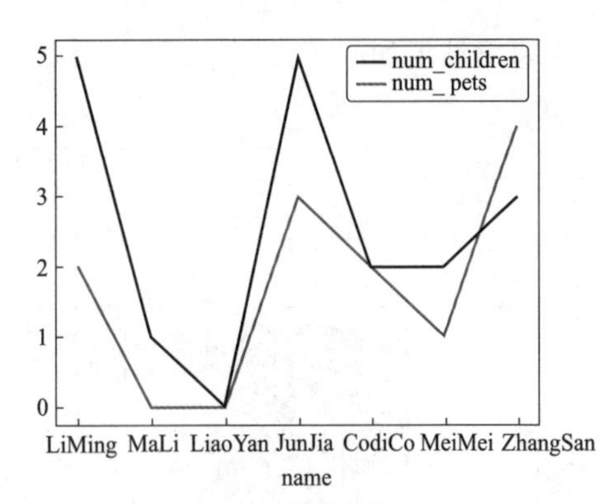

图9-13 多列折线图

例9-15（续8）：

```
#绘制散点图
df.plot(kind='scatter',x='num_children',y='num_pets',color='red')
plt.show()
```

输出结果如图9-14所示。

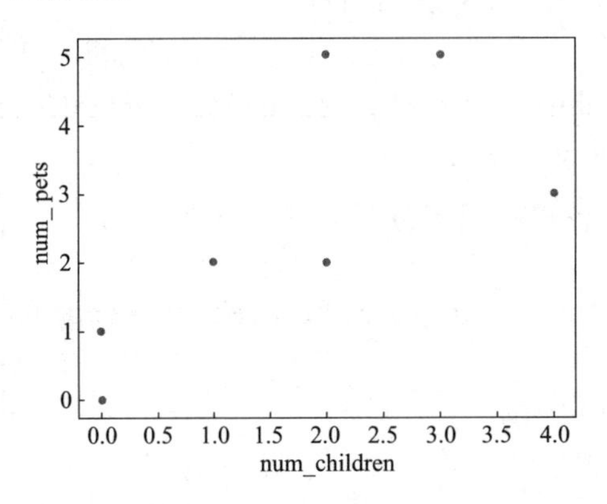

图9-14 散点图

例9-15（续9）：

```
#绘制饼图
import numpy as np
labels=['China','Swiss','USA','UK','Laos','Spain']
```

```
X=[222,42,455,664,454,334]

#画饼图(数据,数据对应的标签,百分数保留两位小数点
plt.pie(X,labels=labels,autopct='%1.2f%%') )
plt.title("Pie chart")
plt.show()
```

输出结果如图9-15所示。

例9-15（续10）：

```
#绘制列值的直方图
df[['age']].plot(kind='hist',bins=[0,20,40,60,80,100],rwidth=0.8)
plt.show()
```

输出结果如图9-16所示。

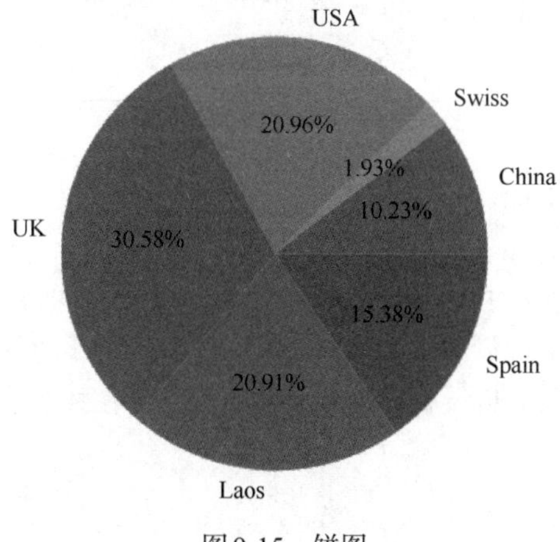

图9-15　饼图

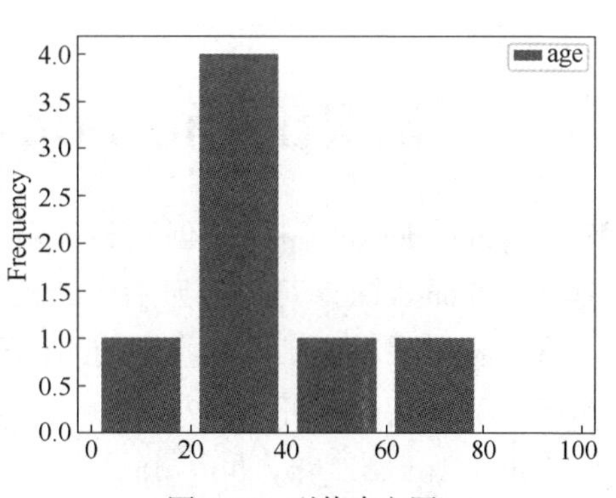

图9-16　列值直方图

第10章

Python玩转Word文档

本章将介绍如何使用Python来实现对Word文件的读写操作，以及一些批量化处理文件的方法。本章主要用到的Python库如表10-1所示。

表10-1 操作Word文档所需的Python库

名称	说明
python-docx	对Word文档的基本操作
win32com	doc转docx格式
mailmerge	批量生成同类型文档
matplotlib	图形绘制

10.1 认识python-docx库

python-docx库是用于创建和更新Microsoft Word（.docx）文件的Python库。通过python-docx库可以按照一定的模板批量创建docx格式的文档，适用于批量生成合同、报告等工作。本章使用的python-docx版本为0.8.11，只需要在控制台输入下面的指令即可完成安装：

```
pip install python-docx
```

python-docx将整个文章视为一个Document对象，它的基本结构如图10-1所示。每一个Document对象包含多个代表段落的子对象Paragraph。而Paragraph又包含许多个代表行内元素的Runs对象。Runs是最基本的操作单位。当我们从docx文件中生成一个文档对象时，python-docx会根据不同的文本样式将文本内容分割为不同的Runs对象。

在图10-1中对于表格对象tables，python-docx将文章中所有的表格都存放于document.tables中。每一个表格对象都有相应的行、列和单元格对象，如table.rows、table.columns和table.cell。对于表格而言，其基本操作单元为单元格cell，每个单元格内又可以划分为不同的Paragraph对象。

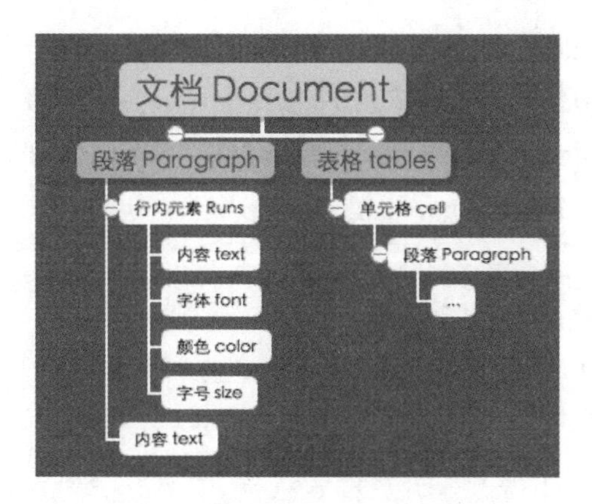

图10-1　Document对象结构图

10.2　python-docx的基本操作

通过下面的代码可以新建并保存一个基于默认模板的空白文档，相当于在Word中新建了一个空白的Word文档。如果希望直接打开一个现有的docx文件，那么只需要在Document( )的括号中输入文档对应的路径即可。

```
from docx import Document
#新建文档
document = Document()
document.save('新建文档.docx')
```

新建空白文档之后就可以向其中加入一个段落。段落是Word的基础，在正文、标题和列表中都可以看到段落的身影。添加段落最简单的方法是调用document.add_paragraph语句。下面的代码是在文章的末尾新添加一个段落：

```
#添加段落
paragraph = document.add_paragraph('段落1')
```

同样也可以在当前段落的前面插入一个新段落，代码如下：

```
#在当前段落的前面插入新段落
prior_paragraph = paragraph.insert_paragraph_before('段落0')
```

通常Word文档的每个部分都以标题开头。添加方法如下：

```
#插入标题
document.add_heading('插入一个标题')
```

在默认情况下上面的语句会添加一个顶级标题，在Word中显示为“标题1”。当希望添加不同级别的标题时，需要将标题的级别指定为1~9之间的整数。

如果指定级别为0，则会添加“标题”段落。

```
document.add_heading('这是第2级标题', level=2)
document.add_paragraph("这是一个副标题","Subtitle")
```

可以通过下面的命令做分页处理，即插入一个分页符：

```
#插入分页符
document.add_page_break()
```

在Word文档中通常会使用大量的表格，python-docx在这方面也提供了便捷的指令。通过下面的代码可以在文档中插入表格，同时设置表格的行数与列数。

```
#插入表格
table = document.add_table(rows=2, cols=3)
```

新建好表格之后就可以访问单元格了，需要注意的是表格中行和列的索引是从0开始的。通过下面的代码即可访问第1行第1列的单元格table.cell（0，0）和第1行第2列的单元格table.cell（0，1），并且可以向单元格内输入内容。

```
cell = table.cell(0, 0)  # 第1行第1列的单元格
cell.text = '姓名'
cell = table.cell(0, 1)  # 第1行第2列的单元格
cell.text = '学号'
```

通常情况下可以一次性地访问一整行的单元格，这种方式尤其适用于设计可变长度的表格。表的table.rows属性提供对各个行的访问，而每行都有一个cells属性。上面代码中的table.cell和下面代码中的row.cells都支持对列索引的访问：

```
row = table.rows[1]  # 第2行
row.cells[0].text = '甲'
row.cells[1].text = '202755'
```

我们还可以仿照下面的代码以增量方式将行添加到表中：

```
row = table.add_row()  # 插入一行
row = table.rows[2]    # 第3行
row.cells[0].text = '乙'
row.cells[1].text = '202756'
```

table.rows和table.columns是可以迭代的，因此可以直接在for循环中使用它们，与row.cells行或列上的序列相同：

```
for row in table.rows:  # 遍历表格
      for cell in row.cells:
            print(cell.text, end=' ')
```

如果要计算表中的行数或列数，可以直接调用len函数返回行数或列数：

```
row_count = len(table.rows)
col_count = len(table.columns)
```

在Word中有一组预先设计好的表格样式，我们可以从中直接选择想要的样式。将鼠标悬停在Word的表格样式库中的缩略图上就可以显示出表格样式的名称。下面的代码就是设置表格的样式为LightShading-Accent1：

```
table.style = 'LightShading-Accent1'
```

下面介绍如何在文档中添加图片。在下面的例子中，需要将图片文件和编写的Python程序文件放在同一个文件夹内。如果是从其他文件夹导入图片，那么就需要在代码中设置源文件的路径信息。

```
#插入图片
document.add_picture('test.jpg')
```

在导入图片时，添加的图片默认为原始尺寸。可以在导入图片时对大小进行设定，图片尺寸的单位可以为Inches（英寸，1英寸=2.54厘米）或者Cm（厘米）：

```
document.add_picture('test.jpg', width=Cm(4.0))  # 宽度为4cm
```

为了使创建的Word文档更具有可读性，我们可以在创建段落的时候应用段落样式。

```
#段落样式
document.add_paragraph('无序列表', style='ListBullet')
```

也可以通过下面的代码设定段落的样式，它和上面的代码是等价的：

```
paragraph = document.add_paragraph('无序列表')
paragraph.style = 'ListBullet'
```

我们也可以自行设置段落中文字块（run）的一些其他属性，例如粗体和斜体。

```
#首先添加段落
paragraph = document.add_paragraph('正文')
#下面两行代码是分步来设置粗体
run = paragraph.add_run('加粗')
run.bold = True
#下面一行代码是通过一步完成粗体的设置,可以代替上面的两行代码
paragraph.add_run('加粗').bold = True

#下面代码是通过一步完成斜体的设置
paragraph.add_run('斜体').italic = True
```

上面是设置段落样式。还可以指定某些字符的样式，包括字体、大小、颜

色、粗体、斜体等。与段落样式一样，字符样式也是在打开的Document中定义。

```
# 字符样式
paragraph = document.add_paragraph('正文')
run = paragraph.add_run('强调')  # 分步实现“强调”样式
run.style = 'Emphasis'

# 下面是通过一步实现“强调”样式
paragraph.add_run('强调', style='Emphasis')

document.save('test.docx')  # 保存文件
```

10.3 文本属性

为了更加有效地处理文本，我们需要了解一些模块元素（如段落paragraph）和内联对象（如run）的概念。

段落paragraph是Word中的主要模块，它在文本的左右边界之间逐行出现，每当文本超出右边界时就添加一行。对于段落而言，边界就是页边距。若页面是列布局，则边界是列边界，若段落是在表格的单元格内，则边界是单元格边界。表格也是模块元素。

内联对象是模块元素的一部分，例如黑体的单词或全部大写的文字等。最常见的内联对象是run。模块中的所有内容都属于内联对象，通常一个段落包含一个或多个run，每个run包含段落的一部分文本。

模块元素的属性指定位置，比如段落前后的缩进。内联对象的属性通常指定字体名称、字体大小、粗体和斜体等。

10.3.1 段落属性

段落具有多种属性，用于指定段落在文档中的位置以及内容展示的方式。我们可以定义一个段落样式，将这些模块属性集合到一个组中，并根据不同的段落采取合适的样式。设定段落的格式属性是通过访问paragraph_format来实现。段落的样式设置主要包括水平对齐、缩进、制表位、段落间距、行间距和分页等。

（1）水平对齐

段落的水平对齐方式可以设置为左对齐、居中对齐、右对齐或两端对齐（左右对齐），通过枚举值WD_PARAGRAPH_ALIGNMENT来确定，如表10-2所示。

表10-2 WD_PARAGRAPH_ALIGNMENT参数表

段落的水平对齐	值
左对齐	LEFT
居中对齐	CENTER
右对齐	RIGHT
两端对齐	JUSTIFY
分散对齐	DISTRIBUTE

例：

```
from docx import Document
from docx.enum.text import WD_ALIGN_PARAGRAPH
#生成空白文档
document = Document()
#添加段落
paragraph = document.add_paragraph('这是居中对齐')
#获取段落的格式属性
paragraph_format = paragraph.paragraph_format
#将段落属性设置为居中对齐
paragraph_format.alignment = WD_ALIGN_PARAGRAPH.CENTER
#保存文档
document.save('test10-1.docx')
```

（2）缩进

缩进是段落与页面之间的水平空间，通常是指页边距。段落可以在左侧和右侧分别缩进。缩进的距离是使用Length值来指定，单位可以是Inches（英寸）、Pt（磅，1磅=0.03527厘米）或Cm（厘米）。

例：

```
from docx import Document
from docx.shared import Cm

document = Document()
paragraph = document.add_paragraph('段落缩进演示')
paragraph_format = paragraph.paragraph_format
```

```
# 左缩进2厘米
paragraph_format.left_indent = Cm(2.0)
# 右缩进2厘米
paragraph_format.right_indent = Cm(2.0)
# 首行缩进2厘米
paragraph_format.first_line_indent = Cm(2.0)

document.save('test10-2.docx')
```

我们也可以采用模板化的设计来实现段落缩进，如例10-3所示，预先编写出set_indent函数，调用起来更加灵活方便。

例10-3：采用模板化的设计来实现段落缩进。

```
from docx import Document
from docx.oxml.shared import OxmlElement, qn

def  set_indent (paragraph,  left_indent=None,  right_indent=None, first_line_indent=None, hanging_indent=None):
    #注意首行缩进和悬挂缩进不可同时进行
      assert not all([first_line_indent, hanging_indent]),
      pPr = paragraph._element.get_or_add_pPr()
      ind = OxmlElement('w:ind')
    #左缩进
      if left_indent:
            ind.set(qn('w:leftChars'), str(left_indent * 100))
    #右缩进
      if right_indent:
            ind.set(qn('w:rightChars'), str(right_indent * 100))
    #首行缩进
      if first_line_indent:
           ind.set(qn('w:firstLineChars'), str(first_line_indent * 100))
    #悬挂缩进
     if hanging_indent:
           ind. set (qn ('w: hangingChars') , str (hanging_indent * 100))
     pPr.append(ind)
```

```
document = Document()
paragraph = document.add_paragraph('模块化缩进')
set_indent (paragraph, left_indent=2, right_indent=2, first_line_
indent=4)
document.save('test10-3.docx')
```

（3）制表位

制表位决定文本中制表符的呈现方式，而且指定制表符后面的文本开始的位置。制表位包含在TabStops访问的对象中。制表符的对齐形式由WD_TAB_ALIGNMENT确定（默认为左对齐），制表符的前导字符由WD_TAB_LEADER确定（默认为空格）。

例10-4：

```
from docx import Document
from docx.shared import Cm
from docx.enum.text import WD_TAB_ALIGNMENT, WD_TAB_LEADER

document = Document()
paragraph = document.add_paragraph('\t制表符')
paragraph_format = paragraph.paragraph_format
tab_stops = paragraph_format.tab_stops

# 插入制表符
tab_stop = tab_stops.add_tab_stop(Cm(5.0))

#下面的这行代码也是插入制表符,同时指定为右对齐并且前导字符为点
tab_stop=tab_stops.add_tab_stop(Cm(5.0),
alignment=WD_TAB_ALIGNMENT.RIGHT, leader=WD_TAB_LEADER.DOTS)

document.save('test10-4.docx')
```

（4）段落间距

每一个段落与前面和后面段落之间的间距也是可以设定的，可以通过参数space_before与space_after分别设置段前间隔与段后间隔。

例10-5：

```
from docx import Document
from docx.shared import Pt

document = Document()
```

```
paragraph = document.add_paragraph('展示段落间距,第一段')
paragraph = document.add_paragraph('展示段落间距,第二段')
paragraph_format = paragraph.paragraph_format
print(paragraph_format.space_before) # None
print(paragraph_format.space_after)  # None

#下面设置段落间距
paragraph_format.space_before = Pt(18)
paragraph_format.space_after = Pt(12)
print(paragraph_format.space_before.pt) # 18.0
print(paragraph_format.space_after.pt)  # 12.0

paragraph = document.add_paragraph('展示段落间距,第三段')

document.save('test10-5'.docx')
```

（5）行间距

Word 中有两种行间距。一种是倍数行距，如常用的单倍行距、1.5 倍行距等，还有一种是直接指定数值，如指定磅值（Pt）的行距。在 docx 库中行间距由 line_spacing 和 line_spacing_rule 共同控制。其中 line_spacing 的取值为 Length 或 float 或 None，而 line_spacing_rule 的取值为 WD_LINE_SPACING 或 None。下面以例 10-6 为例来说明如何设置行间距。

例 10-6：设置行间距。

```
from docx import Document
from docx.shared import Pt
from docx.enum.text import WD_LINE_SPACING #设置行间距所必需的

document = Document()
paragraph = document.add_paragraph('行距1')
paragraph_format = paragraph.paragraph_format
paragraph_format.line_spacing = 1.75  # 多倍行距,设置为1.75

paragraph = document.add_paragraph('行距2')
paragraph_format = paragraph.paragraph_format
paragraph_format.line_spacing = Pt(18)  # 固定值,设置为18磅
paragraph = document.add_paragraph('行距3')
paragraph_format = paragraph.paragraph_format
paragraph_format.line_spacing = Pt(20)  # 设置为20磅
```

```
paragraph_format.line_spacing_rule = WD_LINE_SPACING.AT_LEAST #最小值

document.save('test10-6.docx') # 保存
```

执行上述程序后打开生成的docx文件，最终在Word中显示的效果如图10-2所示。

行距 1↵

行距 2↵

行距 3↵

图10-2　在Word中设置行间距

（6）分页

通常Word会自动在每页末尾添加分隔符，将后面的内容放到下一页。当然也可以在需要的地方手动插入分页符开始新的页面。根据Word的段落属性，有以下四种分页方式：

① keep_together：保持完整，该选项可以把整个段落放置在同一页内。如果一个较长的段落需要跨越两页，则在该段落之前会给出换行符以保证整个段落能够放在下一页内。

② keep_with_next：与下段同页，将本段落与下一段落放置在同一页内。这种设置可以保证节标题（也是段落）与该节的第一自然段在同一页上。

③ page_break_before：在段落之前分页，可以保证该段落是从新的一页开始。这种设置可以保证将新的章节标题（也是段落）从新的页面开始。

④ widow_control：段落中不分页，确保将某段落的第一行和最后一行放在同一页内。

例10-7：

```
from docx import Document

document = Document()
paragraph = document.add_paragraph('分页1' * 400)
paragraph_format = paragraph.paragraph_format
print(paragraph_format.page_break_before)  # None

# 可以修改下面各个True和False的设置观看效果
```

```
paragraph_format.keep_together = False  # 保持完整
paragraph_format.keep_with_next = False  # 与下段同页
paragraph_format.page_break_before = True  # 段前分页
paragraph_format.widow_control = False  # 段中不分页
print(paragraph_format.page_break_before)  # True

paragraph = document.add_paragraph('分页2' * 100)
paragraph_format = paragraph.paragraph_format
paragraph_format.keep_together = False  # 保持完整
paragraph_format.keep_with_next = False  # 与下段同页
paragraph_format.page_break_before = True  # 段前分页
paragraph_format.widow_control = False  # 段中不分页

document.save('test10-7.docx')  # 保存
```

10.3.2 字体格式

字体格式包括字体款式、大小、粗体、斜体、下划线等。可以通过run对象的font属性来获取font对象并设置具体的字体格式，常见的font属性如表10-3所示。

表10-3 font属性

字体	属性
all_caps	全部变为大写字母
bold	粗体
color	获取和设置字体的文本颜色
complex_script	将字符视为复杂脚本
cs_bold	使复杂脚本字符以粗体显示
cs_italic	使复杂脚本字符以斜体显示
double_strike	双删除线
emboss	浮雕风格
hidden	隐藏文本
highlight_color	高亮显示的颜色,通过WD_COLOR_INDEX赋值
imprint	压印风格
italic	斜体
name	获取或设置字体名称
no_proof	扫描文件中的拼写和语法时不报错
outline	字体轮廓
rtl	从右到左

续表

字体	属性
shadow	设置阴影
size	字体大小
small_caps	将小写字母改为大写,并自动把大写的字号缩小一点
snap_to_grid	设置文档网格
strike	删除线
subscript	下标
superscript	上标
underline	下划线
web_hidden	在网页视图中隐藏文本

例10-8给出了设置字体各种格式的代码。

例10-8：设置各种字体。

```
from docx import Document
from docx.shared import Pt
from docx.shared import RGBColor
from docx.enum.text import WD_COLOR_INDEX
from docx.oxml.ns import qn

document = Document()

paragraph = document.add_paragraph()
run = paragraph.add_run('Example—Calibri,12磅,加粗,斜体,下划线')
font = run.font
font.name = 'Calibri'  # 款式
font.size = Pt(12)  # 大小
font.bold = True  # 加粗
font.italic = True  # 倾斜
font.underline = True  # 下划线
font.color.rgb = RGBColor(255, 0, 0)  # 颜色

paragraph = document.add_paragraph()
run = paragraph.add_run('示例文档——高亮')
```

```
font = run.font
font.highlight_color = WD_COLOR_INDEX.YELLOW  # 高亮

paragraph = document.add_paragraph()
run = paragraph.add_run('字体设置:宋体')
run.font.name = '宋体'
run.font.element.rPr.rFonts.set(qn('w:eastAsia'), '宋体')

paragraph = document.add_paragraph()
run = paragraph.add_run('红色 ')
run.font.color.rgb = RGBColor(255, 0, 0) #可以这样设置字体颜色值
run = paragraph.add_run('绿色 ')
run.font.color.rgb = RGBColor(0x00, 0xFF, 0x00)#也可以这样设置字体
颜色值
run = paragraph.add_run('蓝色')
run.font.color.rgb = RGBColor.from_string('0000FF')#还可以这样设置
字体颜色值

document.save('test10-8.docx')  # 保存
```

执行例10-8的程序并打开新生成的docx文件，最终效果如图10-3所示。

Example——Calibri，12 磅，加粗，斜体，下划线

示例文档——高亮

字体设置：宋体

红色 绿色 蓝色

图10-3 设置Word的字体格式

10.4 设置页眉和页脚

Word是支持页眉和页脚的设置的。页眉是出现在每页上边距区域的文本，它与文本主体分开，通常表示文档标题、作者、创建日期或页码等信息，如图10-4所示。文档中的页眉在不同的页面之间是基本相同的，但是可以有一些内容差异，例如节标题或页码的变化。页眉被称为run hander。

页脚在各方面都类似于页眉，只是它出现在页面底部，如图10-5所示。需要注意的是切勿将页脚与脚注相混淆，脚注在不同的页面是不统一的。

当我们需要添加页眉时，只需编辑Header对象的内容即可将标题添加到新文

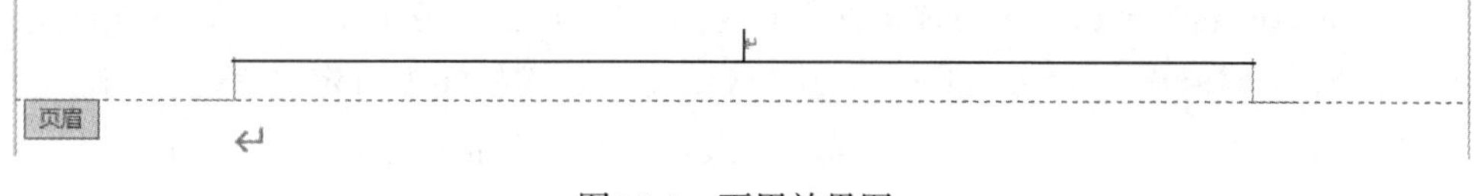

图10-4　页眉效果图

图10-5　页脚效果图

档中，编辑方式与Document对象类似。例如下面的代码就可以将文字“这是添加的页眉”作为一个新文本的页眉内容。

```
from docx import Document

document = Document()
section = document.sections[0]
header = section.header
paragraph = header.paragraphs[0]
paragraph.text = "这是添加的页眉"
```

默认页眉内容是添加到左上角。如果需要将页眉的文字放到中央或者右对齐，则需要通过制表位来实现。下面的代码是我们自定义的模板：

```
from docx.enum.style import WD_STYLE_TYPE
from docx.enum.text import WD_TAB_ALIGNMENT
styles = document.styles
style = styles.add_style("Header", WD_STYLE_TYPE.PARAGRAPH)
style.base_style = styles["Normal"]
tab_stops = style.paragraph_format.tab_stops
tab_stops.add_tab_stop(Inches(3.25), WD_TAB_ALIGNMENT.CENTER)
tab_stops.add_tab_stop(Inches(6.5), WD_TAB_ALIGNMENT.RIGHT)
```

编辑好上述自定义模板后，就可以将标签用于分割各个位置的标题内容了。代码如下所示：

```
paragraph = header.paragraphs[0]
paragraph.text = "左边页眉\中间页眉\右边页眉"
paragraph.style = document.styles["Header"]
```

可以通过将True分配给其is_linked_to_previous属性来删除不需要的页眉：

```
header.is_linked_to_previous = True
```

header.is_linked_to_previous属性仅能够反映页眉是否存在，当页眉存在时为False，不存在时则为True。无页眉是默认状态。新文档还没有定义页眉，当然也没有新插入的章节，所以is_linked_to_previous在这两种情况下都被设定为True。

如果Header对象有了页眉的定义，那么它就显示页眉定义的内容。如果新的一页没有规定页眉的定义，那么就自动继承前面章节的页眉定义。

10.5 在Word中插入图片

在python-docx包中添加图像要使用add_picture函数来实现。函数的完整形式为：

add_picture（图像路径或者图像流，width=None，height=None）

其中，width是图像的宽度；height是图像的高度。这两个参数可以不指定，也可以指定其中的某一个。当只指定图像的宽或高时，另一方向的尺寸将会自动地根据原始图像的尺寸大小进行缩放。

插入图片，设置尺寸↵

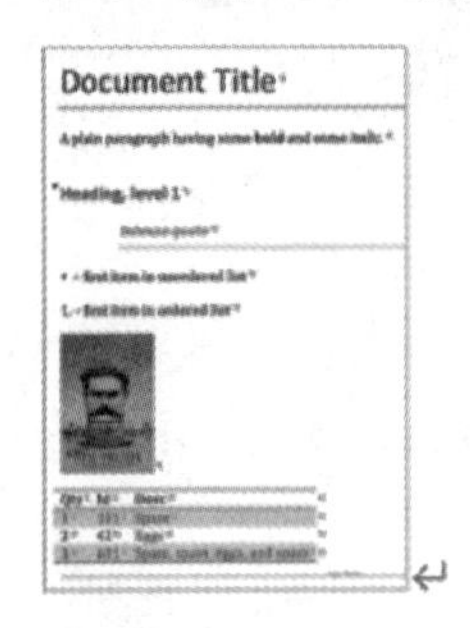

图10-6　在Word中插入图片

例

：在Word中插入图片。

```
from docx import Document
from docx import shared
```

```
doc = Document()
doc.add_heading('插入图片,设置尺寸')

# 在文档中插入图片并设置图片大小
# 当只设置图片的宽或高时,另一方向将会自动缩放
doc.add_picture('1.png',width=shared.Inches(1)) # 按英寸设置
doc.add_picture('1.png',height=shared.Cm(2))   # 按厘米设置

# 保存文件
doc.save('test10-9.docx')
```

结果如图10-6所示。

10.6 Word中的表格操作

表格在Word中也是一个重要元素，对表格的正确、充分的操作处理可以大大提高工作效率。本节介绍如何在Word中自动生成表格，以及如何批量提取Word表格中的信息并将其导入到Excel文件中。

10.6.1 添加表格并装填数据

在Word文档中添加表格时需要使用函数add_table（self，rows，cols，style=None），它会返回一个table对象。在table对象中包含单元格cell对象，向单元格写入数据就是设置cell对象的text值。

例10-10：添加表格并装填数据。

```
from docx import Document
doc = Document()
# 在文档中添加表格并输入数据
# 添加一个2行3列的表格,表格样式为None
table1 = doc.add_table(2,3)
# 给表格中的单元格赋值
table1.cell(0,0).text = '0'
# 获取表格对象中的所有单元格对象列表
print(table1.cells)
# 向单元格中写入数据
for i,cell in enumerate(table1.cells):
```

```
    cell.text = str(i)
# 保存文件
doc.save('test10-10.docx')
```

输出结果如图10-7所示。

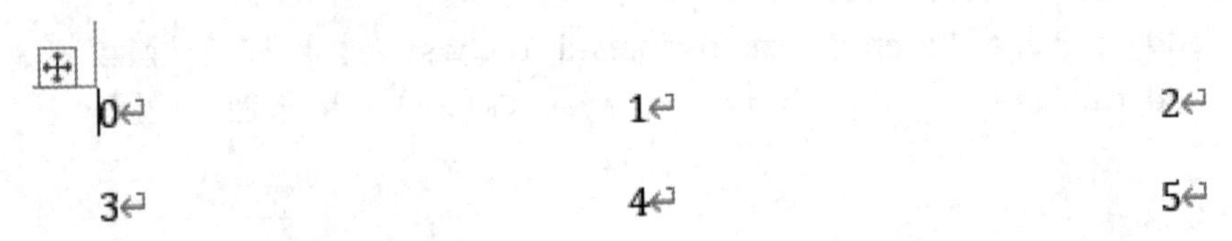

图10-7 在Word添加表格并填充数据（例10-10）

为了使添加的表格更加美观，可以在添加表格的同时设置表格的样式。如果不清楚Word中的表格样式的具体含义，可以通过下面的方式获取全部的默认表格样式以进行分析理解：

```
from docx import Document
from docx.enum.style import WD_STYLE_TYPE
doc = Document()
styles = doc.styles
for style in styles:
    if style.type == WD_STYLE_TYPE.TABLE:
        print(style)
```

设置表格样式可以在生成表格时就指定，也可以在创建表格后单独进行设置。例如：

```
# 在生成表格时设置样式：
table1 = doc.add_table(2,3,style = 'Light Shading')
```

添加表格样式Light Shading后的效果如图10-8所示。

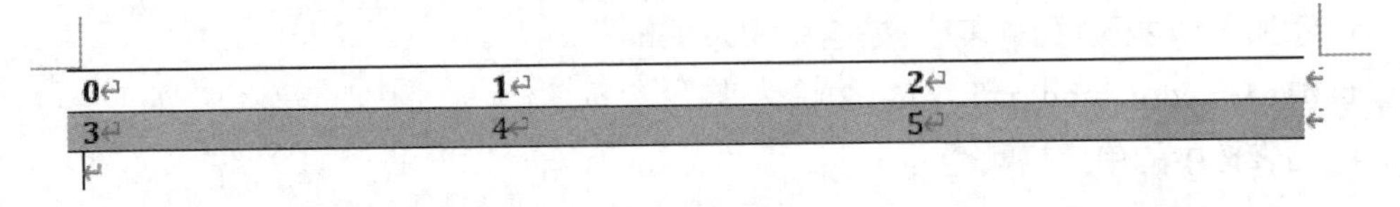

图10-8 Word中表格样式Light Shading

```
# 单独为表格设置统一样式：
table1.style = 'Table Grid'
```

单独为表格设置样式Table Grid后的效果如图10-9所示。

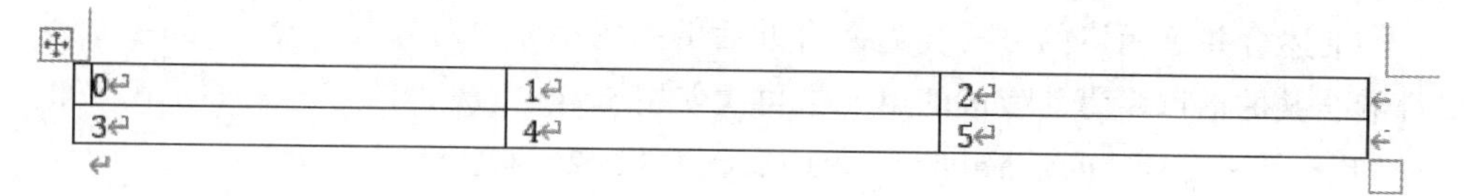

0	1	2
3	4	5

图10-9　Word表格样式Table Grid

下面为表格增加一列和一行。

```
# 表格设置为自动调整列宽(这也是默认值)
table1.autofit = True

# 为表格对象增加列
# 添加列需从 docx导入shared包
table1.add_column(shared.Inches(3)) # 需指定宽度
"add_column(self, width):"

# 为表格对象增加行
table1.add_row() # 只能逐行添加
"add_row(self):"
```

效果如图10-10所示。

0	1	2	
3	4	5	

图10-10　添加表格中的行和列

接下来再对单元格做进一步处理：

```
# 设置单元格的对齐方式
# 垂直对齐方式
from docx.enum.table import WD_ALIGN_VERTICAL
table1.cell(0,0).vertical_alignment = WD_ALIGN_VERTICAL.TOP
# 合并单元格(2,0)与(2,1)
cell_new = table1.cell(2,0).merge(table1.cell(2,1))
```

输出结果如图10-11所示。

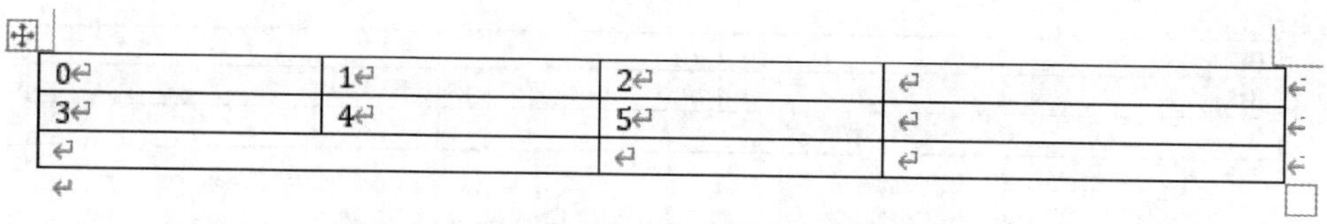

0	1	2	
3	4	5	

图10-11　设置单元格的对齐方式与合并单元格

上述合并单元格的方式会返回合并后的新的单元格对象cell_new。如果希望继续合并的话可以为新生成的单元格再次使用merge方法：

```
cell_new = cell_new.merge(table1.cell(2,2))
```

输出结果如图10-12所示。

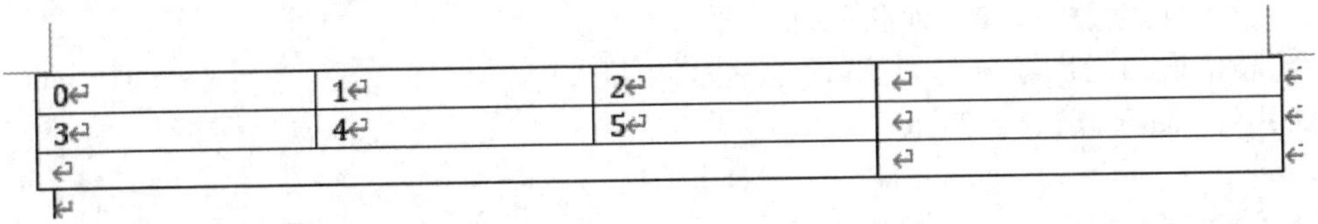

0	1	2	
3	4	5	

图10-12　合并单元格

在本章的前面提到过单元格也有paragraph对象，因此可以将普通段落中的文字格式的设置方式应用到单元格中。接着前面的程序输入下面的代码：

```
cell_new.text = '合并单元格测试'
cell_par = cell_new.paragraphs[0] # 获取到对象
# 设置对齐方式为居中对齐
from docx.enum.text import WD_ALIGN_PARAGRAPH
cell_par.paragraph_format.alignment = WD_ALIGN_PARAGRAPH.CENTER
# 获取 run 对象
cell_run = cell_new.paragraphs[0].runs[0]
# 设置字体
cell_run.font.name = 'Times New Roman'
from docx.oxml.ns import qn
cell_run.font.element.rPr.rFonts.set(qn('w:eastAsia'),'楷体')
# 设置字体颜色
from docx.shared import RGBColor
cell_run.font.color.rgb = RGBColor(255,55,55) # 橘红色
```

输出效果如图10-13所示。

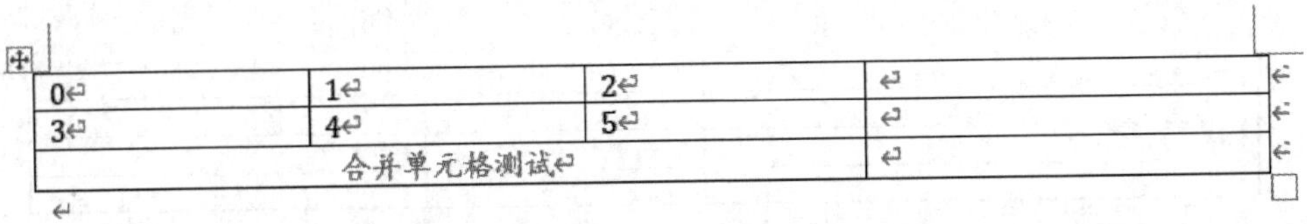

0	1	2	
3	4	5	
合并单元格测试			

图10-13　设置表格中单元格的文字格式

10.6.2　批量读取Word文件中的表格

Python批量提取Word中的表格信息需要用到python-docx、os和pandas这三个库。假设现有如图10-14所示的5个Word文件，其中文件“小李.docx”中的内容如图10-15所示（仿照图10-15的内容完成这5个Word文件）。

小李.docx	2022/3/10 17:45	Microsoft Word ...	15 KB
小孙.docx	2022/3/10 17:46	Microsoft Word ...	15 KB
小王.docx	2022/3/11 10:58	Microsoft Word ...	15 KB
小张.docx	2022/3/10 17:47	Microsoft Word ...	15 KB
小赵.docx	2022/3/11 11:00	Microsoft Word ...	15 KB

图10-14　已有的Word文件

姓名	小李	民族	朝鲜族
身份证号	536882200011183333	手机号	18722353333
学历	本科	性别	男
家庭住址	员工宿舍区	是否已婚	否

图10-15　小李.docx文件中的内容

在使用docx库文件提取Word表格中的数据时，主要用到的对象有table、rows和cells，其中table表示表格，rows表示表格中的行列表，cells表示单元格列表。对于如图10-15所示的表格，可以通过循环来获取表格中的行对象，再从每一行的单元格中获取数据。

在读取完一个Word文件中的表格数据后，通过遍历文件夹中所有符合条件的文件来处理其他Word文件中的表格。例10-11是一个完整的Word文件读取和表格数据汇总的程序。

例10-11：读取Word文件和汇总表格数据。

```
import docx
import os
```

```
import pandas as pd

col_keys = [] # 获取列名
col_values = [] # 获取列值

#获取文件夹内固定格式所有文件的路径
def read(path):
        for i in os.listdir(path):
                fi_d = os.path.join(path, i)
                if os.path.isdir(fi_d):
                        # 调用递归
                        read(fi_d)
                else:
                        if os.path.splitext(i)[1]=='.docx':
                                path_data.append(os.path.join(fi_d))


#单个表格数据抓取
def GetData_frompath(doc_path):
        document = docx.Document(doc_path)
        index_num = 0

        # 获取表格中的索引及数据内容
        fore_str = ''
        for table in document.tables:
                for row_index,row in enumerate(table.rows):
                        for col_index,cell in enumerate(row.cells):
                                if fore_str ! = cell.text:
                                        if index_num % 2==0:
                                                col_keys.append(cell.text)
                                        else:
                                                col_values.append(cell.text)
                                        fore_str = cell.text
                                        index_num +=1
        return col_keys,col_values
if __name__ == "__main__":
```

```
# 定义路径接收元组
path_data= []
# Word文件所在的文件夹路径。请根据实际情况修改文件夹的地址
path = "D:/0Python/Python Code/Word/WordtoExcel"
# 定义表格数据接收元组
pd_data = []

read(path)
header_num = 0

for single_path in path_data:
    print(single_path)
    GetData_frompath(single_path)
    if(header_num == 0):
        pd_data.append(col_keys)
        pd_data.append(col_values)
        #数据写入后清空元组中的内容
        col_keys = []
        col_values = []
        header_num = header_num + 1
        print('添加第1人数据成功！')
    else:
        pd_data.append(col_values)
        header_num = header_num + 1
        col_keys = []
        col_values = []
        print('添加第'+ str(header_num) +'人数据成功！')

df = pd.DataFrame(pd_data)
print(df)
df.to_excel('test10-11.xlsx', encoding='utf_8_sig',index=False)
print('转换完成！')
```

输出结果如图10-16所示。将文件夹内所有的Word文件中的表格数据整合成test10-11.xlsx的内容如图10-17所示。

```
D:\0Python\Python Code\Word\WordtoExcel\小孙.docx
添加第1人数据成功!
D:\0Python\Python Code\Word\WordtoExcel\小张.docx
添加第2人数据成功!
D:\0Python\Python Code\Word\WordtoExcel\小李.docx
添加第3人数据成功!
D:\0Python\Python Code\Word\WordtoExcel\小王.docx
添加第4人数据成功!
D:\0Python\Python Code\Word\WordtoExcel\小赵.docx
添加第5人数据成功!
   0    1          2              3    4   5    6     7
0 姓名  民族      身份证号        手机号  学历 性别 家庭住址  是否已婚
1 小孙  汉族  536882199787291111  18177671111 硕士  男  西湖小区    是
2 小张  汉族  340883199812282222  17011762222 本科  女  龙兴小区    否
3 小李 朝鲜族 536882200011183333  18722353333 本科  男  员工宿舍区  否
4 小王  汉族  536882199007224444  13666664444 硕士  男  滨湖小区    是
5 小赵  汉族  340883199812285555  17011765555 本科  女  员工宿舍区  否
转换完成!
```

图10-16　读取各个Word文件中表格的内容并整合

	A	B	C	D	E	F	G	H
1	0	1	2	3	4	5	6	7
2	姓名	民族	身份证号	手机号	学历	性别	家庭住址	是否已婚
3	小孙	汉族	536882199787291111	18177671111	硕士	男	西湖小区	是
4	小张	汉族	340883199812282222	17011762222	本科	女	龙兴小区	否
5	小李	朝鲜族	536882200011183333	18722353333	本科	男	员工宿舍区	否
6	小王	汉族	536882199007224444	13666664444	硕士	男	滨湖小区	是
7	小赵	汉族	340883199812285555	17011765555	本科	女	员工宿舍区	否
8								

图10-17　将各个Word文件中的表格数据整合并保存到Excel内

10.7 批量生成Word文档

批量生成Word文档需要使用docx-mailmerge库，安装指令如下：

```
pip install docx-mailmerge
```

在安装完docx-mailmerge库之后就可以批量生成同类型的Word文档了。首先在Word中创建一个同类型文档的模板（如图10-18所示），然后在模板中添加具体的内容就可以批量生成同类型的不同的Word文件了。

在图10-18中分别输入不同学生的姓名name、学号StuID、身份证号ID、外出原因Reason、日期Date和审核人Auditor的数据后就可以形成一个完整的证明文件了。

创建图10-18所示的模板的方法如下。

① 在Word文档中按照图10-18所示的格式输入文字内容。其中的《name》《StuID》《ID》等地方分别用空格代替，如图10-19的上半部分所示。

② 选中模板中需要插入文字的区域（如图10-19所示的“兹证明”和“同学”之间的空格）并依次完成下面的步骤：

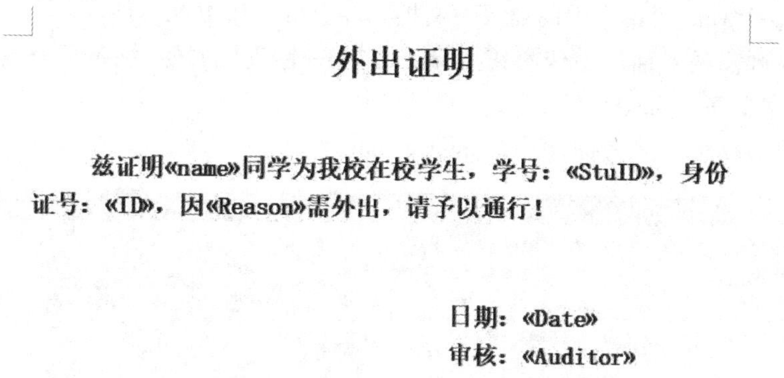

外出证明

兹证明«name»同学为我校在校学生，学号：«StuID»，身份证号：«ID»，因«Reason»需外出，请予以通行！

日期：«Date»
审核：«Auditor»

图10-18 模板文件

外出证明↵

↵

兹证明 同学为我校在校学生，学号： ，身份证号： ，因需外出，请予以通行！↵

日期：↵

审核：↵

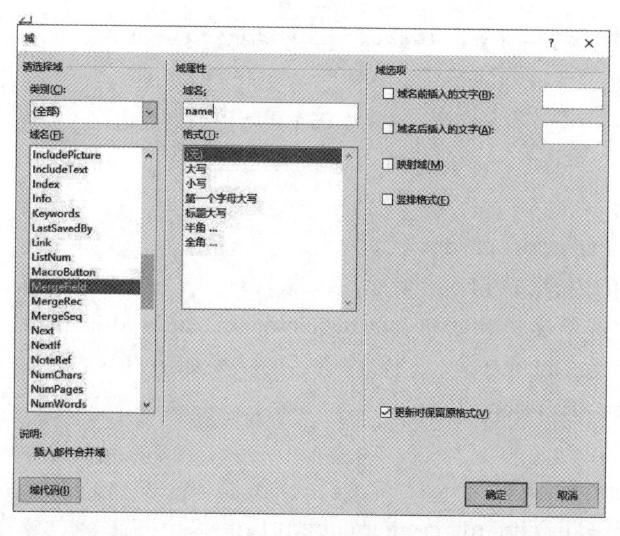

图10-19 创建文件模板的步骤1

· 选中填充区域。

· 选择Word菜单栏中的插入→文档部件→域，如图10-20所示。

· 在弹出的对话框中依次选择MergeField→输入域属性“name”→点击确定，如图10-19的下半部分所示。

· 将该模板命名为test10-12template.docx。

图10-20　创建文件模板的步骤2

例10-12：生成一份外出证明文件。

```
from mailmerge import MailMerge

template = 'test10-12template.docx'
document = MailMerge(template)

document.merge(name = '张小明',
                      StuID = '20801210',
                      ID = '240883199806061234',
                      Reason = '外出参加活动',
                      Date = '2023年1月1日',
                      Auditor = '李老师'
                      )
document.write('test10-12.docx')
```

test10-12.docx的内容如图10-21所示。

python_docx生成的文档默认作者为python-docx，如图10-22所示。可以通过下面的代码重新设置文档的作者，设置作者后的结果如图10-23所示。

```
from docx import Document

document = Document()
core_properties = document.core_properties
core_properties.author = '作者修改'  # 作者
core_properties.comments = '备注内容'  # 注释
document.save('test.docx')  # 保存
```

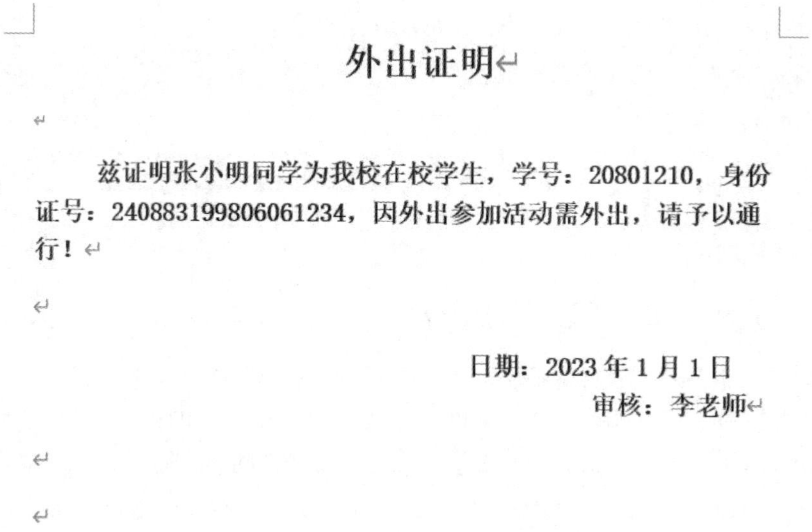

外出证明

兹证明张小明同学为我校在校学生，学号：20801210，身份证号：240883199806061234，因外出参加活动需外出，请予以通行！

日期：2023年1月1日
审核：李老师

图10-21　由模板生成Word文档

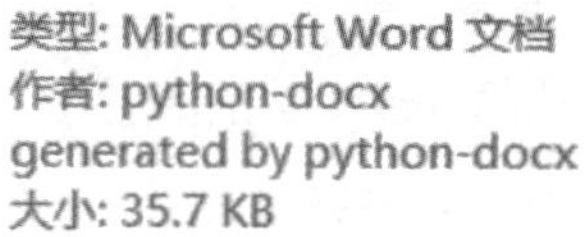

类型: Microsoft Word 文档
作者: python-docx
generated by python-docx
大小: 35.7 KB

图10-22　python-docx生成的Word文档默认作者信息

类型: Microsoft Word 文档
作者: 作者修改
备注内容
大小: 35.7 KB

图10-23　修改作者信息后的结果

如果希望对文档内的文本内容进行批量替换操作，可以通过下面的代码实现。其中，document为实例化的document对象，old为待替换的字符串，new为新字符串。

```
def replace_text(document, old, new):
    for paragraph in document.paragraphs:
        for run in paragraph.runs:
            run.text = run.text.replace(old, new)
    for table in document.tables:
        for row in table.rows:
            for cell in row.cells:
                cell.text = cell.text.replace(old, new)
```

第11章 Python玩转PDF

在进行本章的操作之前，需要首先完成库文件PyPDF2的安装。它的前身是在2005年发布的PyPDF包，该包的最后一个版本发布于2010年，大约一年后其被命名为PyPDF2。使用PyPDF2可以轻松地处理PDF文件的读写、分割、合并、加解密等操作，因此它适合应用于页面级操作。PyPDF2的最近一个版本发布于2016年，后面虽然相继又出现了PyPDF3和PyPDF4等不同版本，但因为没有对PyPDF2功能向后完全兼容，因此受欢迎程度反倒不如PyPDF2。安装PyPDF2的指令如下：

```
pip install pypdf2
```

本章针对Python的PDF操作，主要围绕PDF的读写、PDF的分割与合并、PDF的加密解密、PDF的水印操作、PDF数据的读取等展开。

11.1 读取PDF文件的基本信息和文件写入功能

PDF文件除了内容信息，其自身也包含很多属性信息，例如PDF文档的总页数等。在对PDF文件进行页面操作时就需要提前获取这些信息，对此Python提供了PyPDF2库进行支持。

在PyPDF2中，提供了PdfFileReader和PdfFileWriter两个核心类，用以实现PDF文件的读写操作。PdfFileReader的结构如下：

```
PyPDF2.PdfFileReader(stream, strict = True, warndest = None,over-
writeWarnings = True)
```

该方法可以初始化一个PdfFileReader对象，主要参数如下：

stream：*File对象或支持与File对象类似的标准读取和查找方法的对象，也可以是表示PDF文件路径的字符串。

strict：是布尔值，可以是True或者False。确定是否警告用户所出现的问题，有些问题可能是致命的，默认值是True。

warndest：记录警告的目标（默认是sys.stderr）。

overwriteWarnings：是布尔值，可以是True或者False。确定warnings.py是否自定义地覆盖Python模块（默认值为True）。

在编码的过程中，可以通过表11-1所示的PdfFileReader对象的常用属性和方法来获取所需信息。

表11-1 PdfFileReader对象的属性和方法

属性和方法	说明
getDestinationPageNumber()	检索给定目标对象的页码
getDocumentInfo()	检索PDF文件的文档信息字典
getFields()	如果PDF文件包含交互式表单字段，则提取字段数据
getFormTextFields()	从文档中检索带有文本数据的表单域
getNameDestinations()	检索文档中的指定目标
getNumPages()	计算此PDF文件的页数
getOutlines()	检索文档中出现的文档大纲
getPage()	从PDF文件中检索指定编号的页面
getPageLayout()	获取页面布局
getPageMode()	获取页面模式
getPageNumber()	检索给定pageObject所在的页码
isEncrypted	显示PDF文件是否为加密的只读文件。是布尔值，True或者False
namedDestinations	访问该getNamedDestinations()函数的只读属性

首先在C：\example下存入一个有几页内容的PDF文件，如11-1.pdf。如果是保存在其他的文件夹内，则需要修改例11-1中的path数据。例11-1所示代码可以读取PDF文件的基本信息。

例11-1：读取PDF文件的基本信息。

```
from PyPDF2 import PdfFileReader
path = r'C:\example\11-1.pdf'
with open(path, 'rb') as f:
    pdf = PdfFileReader(f)
    #获取PDF文件的文档信息字典
    info = pdf.getDocumentInfo()
    #获取PDF文件的总页数
```

```
    cnt_page = pdf.getNumPages()
    #检测PDF文件是否被加密
    is_encrypt = pdf.getIsEncrypted()
print(f'''
作者：{info.author}
创建者：{info.creator}
制作者：{info.producer}
主题：{info.subject}
标题：{info.title}
总页数：{cnt_page}
是否加密：{is_encrypt}
''')
```

输出结果如下（实际的信息会因为打开的PDF文件不同而不同）：

作者：None

创建者：Adobe InDesign CS6 （Windows）

制作者：Adobe PDF Library 10.0.1

主题：None

标题：None

总页数：55

是否加密：False

PdfFileWriter是用于实现PDF的写入和页面生成等功能，常用的属性和方法如表11-2所示，例11-2为应用事例。

表11-2 PdfFileWriter的属性和方法

属性和方法	说明
addAttachment()	在PDF文件中嵌入文件
addBlankPage()	在PDF文件中追加一个空白页面
addLink()	从一个矩形区域添加一个内部链接到指定的页面
addPage(page)	在PDF文件中添加一个页面
getNumpages()	页数
getPage()	从PDF文件中检索一个编号的页面
insertBlankPage()	在PDF文件中插入一个空白页面
insertPage()	在PDF文件中插入一个页面
removeLinks()	删除文中的链接(包括网址链接和其他超链接)
removeImages()	从这个输出中删除图像
write()	将添加到此对象的页面集合写入PDF文件

例 11-2：PdfFileWriter属性的应用。

```
from PyPDF2 import PdfFileReader, PdfFileWriter

def addBlankpage():
    readFile = r'C:\example\11-1.pdf'
    outFile = 'test11-2.pdf'
    pdfFileWriter = PdfFileWriter()

    # 获取PdfFileReader对象
    pdfFileReader = PdfFileReader(readFile)
    numPages = pdfFileReader.getNumPages()
    for i in range(0, numPages):
        # 获得第i页的页面对象
        pageObj = pdfFileReader.getPage(i)
        # 将读入的每页的内容逐页添加到新文件中
        pdfFileWriter.addPage(pageObj)
        pdfFileWriter.write(open(outFile, 'wb'))

# 在新文件的最后添加一个空白页并保存
  pdfFileWriter.addBlankPage()
    pdfFileWriter.write(open(outFile,'wb'))
```

11.2 PDF文件的分割、提取与合并

(1) PDF文件的分割与提取

① PDF文件的分割：可以利用PyPDF2将一个完整的PDF文件拆分成多个小文件。拆分的思路并不复杂，首先读取PDF的整体信息（主要是总页数），然后遍历PDF文件每一页的内容并按照设置的间隔（例如将每2页的内容保存为一个小的PDF文件）将PDF文件分割保存到每一个小的文件块中，最后再将这些小文件块保存为多个PDF小文件。例11-3提供了PDF文件的分割功能。

例 11-3：PDF文件的分割。

```
import os
```

```
from PyPDF2 import PdfFileWriter, PdfFileReader

# 下面的split_pdf函数将一个PDF文件拆分为多个小的PDF文件
# 参数filename是拆分为多个小的PDF文件后的文件名,
# 在文件名后将自动加上序号,例如filename1、filename2等
# sourcefile是未被拆分的大PDF文件的路径和文件名,
# save_dirpath是拆分后新生成的多个小PDF文件保存的路径,
# step是指定原PDF文件每隔多少页被拆分

def split_pdf(filename, sourcefile, save_dirpath, step):
    if not os.path.exists(save_dirpath):
        os.mkdir(save_dirpath)
    pdf_reader = PdfFileReader(sourcefile)
    # 读取每一页的数据
    pages = pdf_reader.getNumPages()
    for page in range(0, pages, step):
        pdf_writer = PdfFileWriter()
        # 拆分PDF,每隔step页就拆分为一个新文件
        for i in range(page, page+step):
            if i < pages:
                pdf_writer.addPage(pdf_reader.getPage(i))
        # 保存拆分后的小文件
        save_path = os. path. join (save_dirpath, filename+str
(int(page/step)+1)+'.pdf')
        print(save_path)
        with open(save_path, "wb") as out:
            pdf_writer.write(out)

    print("文件拆分完毕,保存路径为:"+save_dirpath)
```

在上述代码中filename为拆分后的PDF文件名，程序执行时按照拆分顺序自动加上序号，例如filename1、filename2等。sourcefile是尚未被拆分的原PDF文件所在路径和文件名，例如C：\example\11-1.pdf。save_dirpath是拆分后保存新的被拆分PDF文件的路径。step代表分割后的每个小PDF文件的页数，也可以理解为间隔多少页进行一次拆分。

可以使用下面的代码调用例11-3所示的split_pdf函数，它的功能是将源文件

sourcefile每隔step=2页就进行拆分，拆分后的小PDF文件名的前缀为newPDFfile定义（后面自动加上序号），并且拆分后的小PDF文件被保存到save_dirpath文件夹中：

```
newPDFfile = '11-3file'
sourcefile = r'C:\example\11-1.pdf'
save_dirpath = r'C:\example\chapter11'
split_pdf(newPDFfile, sourcefile, save_dirpath, step=2)
```

② PDF文件的提取：例11-3是每隔设定的页数step就拆分PDF文件，那么如果只是希望提取原PDF文件中的指定范围的页面，例如提取PDF文件中的第5~10页，则核心代码如下：

```
pdf_reader = PdfFileReader(sourcefile)
for i in range(0,pdf_reader.getNumPages()):
    pdf_writer = PdfFileWriter()
    # 提取第5~10页
    for i in range(4,10):
        pdf_writer.addPage(pdf_reader.getPage(i))
    with open(save_path+'5-10.pdf', 'wb') as newfile:
        pdf_writer.write(newfile)
```

需要注意的是，因为是要提取第5~10页，而在Python编程时序号是从零开始的，同时Python编程中其范围区间是遵循左闭右开的原则，所以代码中的页面范围是range（4，10），这样才能提取出第5页到第10页的所有页面，共计6页。

（2）PDF文件的合并

利用Python可以拆分或者提取PDF文件中的某些页面，同样也可以完成PDF文件的合并。文件的合并与拆分虽然是一个相反的过程，但是用到的Python类和原理都是基本一致的。PDF文件合并的过程如下：首先利用PdfFileReader读取每个PDF文件并获取每一页的page对象，然后利用PdfFileMerger新建一个对象并把前面内存中读取到的page对象按顺序写入到这个对象中，最后输出为合并后的新文件。

```
from PyPDF2 import PdfFileReader,PdfFileMerger
def pdf_merger(in_pdfs,out_pdf):
    # 初始化
    merger = PdfFileMerger()
```

```
    # 循环,合并
    for in_pdf in in_pdfs:
        with open(in_pdf,'rb') as pdf:
            merger.append(PdfFileReader(pdf))
        merger.write(out_pdf)

# 调用上面的pdf_merger函数进行PDF文件的合并
if __name__ == '__main__':
    # 把将要合并的PDF文件按需要合并的顺序排好
    in_pdfs = ['1.pdf','2.pdf']
    out_pdf = '输出文件.pdf'
    pdf_merger(in_pdfs, out_pdf)
```

11.3 PDF文件的加密与解密

（1）PDF文件的加密

与Word文件相比，PDF文件具有更高的安全性。只要为PDF文件设置了安全保护密码，其他人就不能随意访问或者编辑了。

通过Python编程对PDF加密并不复杂，加密是针对PdfFileWriter的。只需要在进行写入操作时调用“pdf_writer.encrypt（设置的密码）”即可。加密的过程如下：首先实例化一个PdfFileReader和PdfFileWriter对象，然后通过PdfFileReader对象读取目标PDF文件并一页一页地将内容传递给PdfFileWriter对象，最后对其设置密码并输出。例11-4是为单个PDF文件加密的代码。

例11-4：为单个PDF文件加密。

```
from PyPDF2 import PdfFileWriter, PdfFileReader
# 原PDF文件所在的路径
path = r'C:\example'
pdf_reader = PdfFileReader(path + r'\11-1.pdf')

pdf_writer = PdfFileWriter()

for page in range(pdf_reader.getNumPages()):
    pdf_writer.addPage(pdf_reader.getPage(page))

# 设置密码为1234
pdf_writer.encrypt('1234')
```

```
with open(path + r'\test11-4.pdf', 'wb') as out:
    pdf_writer.write(out)
```

执行例11-4所示的程序后，打开被加密的PDF文件时将出现如图11-1所示的画面。只有在图11-1画面中正确输入密码后才能打开该文件。

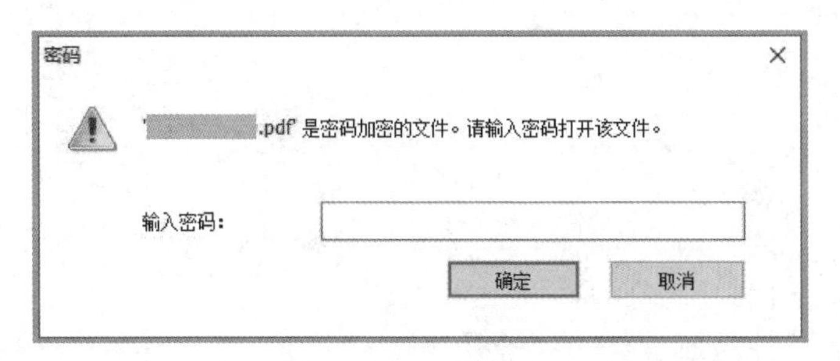

图11-1 打开加密的PDF文件时需要输入密码

还有一种情况是同时授权给很多用户各自的密码用于打开不同的PDF文件。例如，授权给用户User1通过密码1234打开User1.pdf文件，授权给用户User2通过密码6783打开User2.pdf文件，等等。如果需要如此批量化地对PDF文件加密，可以提前利用Excel编写一个密码表（如图11-2所示）并命名为password.xlsx，然后通过遍历文件夹内所有的PDF文件将其依次加密。

假设在文件夹内有如图11-3所示的文件，其中User1.pdf到User5.pdf分别为授权给用户User1到User5的PDF文件（此时还没有被加密），password.xlsx保存的是图11-2所示的用户密码表，encryption.py是例11-5所示的代码。通过执行例11-5所示的程序就可以授权不同的用户按照预先设置的不同密码（如图11-2所示）对多个PDF文件进行加密。

在此需要指出的是，密码表应该是单独存放的，它不能和应用文件放在一起。我们在图11-3中将密码表文件与其他文件放到了一起，只是为了便于说明PDF文件的加密过程和解释代码。

	A	B
1	用户名	密码
2	User1	1234
3	User2	6783
4	User3	1645
5	User4	7853
6	User5	3567

图11-2 利用Excel制作打开PDF文件的用户密码表

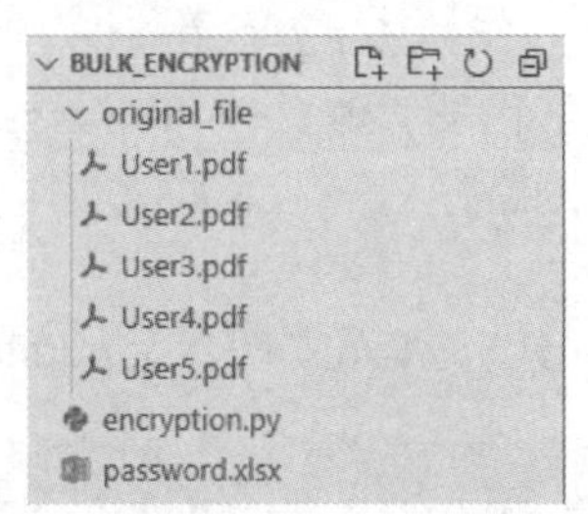

图11-3 文件结构

例 11-5：通过密码表为PDF文件进行批量加密。

```
from PyPDF2 import PdfFileWriter, PdfFileReader
import pandas as pd
import os

#从密码表中获取用户名和密码
def getPassword():
    password = []
    name = []
    # 获取Excel列,包括用户名和密码
    # 读取每一个用户名但不读取用户名这一列的列标题
    Name = pd.read_excel('password.xlsx',usecols=[0],names=None)
    # 读取每一个密码但不读取密码这一列的列标题
    Code = pd.read_excel('password.xlsx',usecols=[1],names=None)

    Name1 = Name.values.tolist()
    code = Code.values.tolist()

    # 提取密码
    for i in code:
        password.append(str(i[0]))
    # 提取姓名为字符串,原来为列表list类型
    for j in Name1:
        name.append(j[0])
    return name,password
# 下面的函数encryptionPDF用于加密文件并保存
# 变量说明:sourcePDFpath是尚未加密的PDF文件所在路径,sourcePDFfile
是尚未加密的PDF文件名,password是文件加密的密码,savepath是文件被加密
后保存的路径

def encryptionPDF (sourcePDFpath, sourcePDFfile, password, save-
path):
    # 输入想要加密的PDF文档的位置和文件名
    pdf_reader=PdfFileReader(r'%s\\%s'%(sourcePDFpath, sourcePDF-
file))
```

```
    pdf_writer = PdfFileWriter()

    # 逐页读出原PDF文件内容并追加到pdf_writer中
    for page in range(pdf_reader.getNumPages()):
        pdf_writer.addPage(pdf_reader.getPage(page))

    # 为PDF文件添加密码
    pdf_writer.encrypt(password)

    # 保存加密后的PDF文件到指定的新路径下,文件名不变
    new_path = os.path.join(savepath,sourcePDFfile)
    with open(new_path, 'wb') as out:
        pdf_writer.write(out)

# 函数入口
if __name__ == '__main__':
    # 给出待加密PDF文件所在的文件夹
    sourcePDFpath = 'original_file' # 如图11-3,原PDF所在的文件夹
    # 获取密码表中的用户名与密码
    name,Password = getPassword()

    # 对每个PDF文件进行加密并保存
    path_list = os.listdir(sourcePDFpath)
    path_list.sort() # 对读取的路径内文件进行排序
    # 遍历该文件夹并读取文件名
    for filename in path_list:
        # print(filename)

        # 提取密码表中的用户名
        for Name in name:
            # print(Name)

            # 匹配用户名与PDF文件名
            if Name in filename:
                i = name.index(Name)
                sourcePDFfile = filename
```

```
                    password = Password[i]

                    #加密文件并保存
                    savepath = 'Newpath'
                    encryptionPDF(sourcePDFpath, sourcePDFfile,
password, savepath)
                    print(filename+"加密成功! ")
```

（2）PDF文件的解密

如果在已知密码的情况下希望取消密码实现解密，那么可以用decrypt。解密和加密一样也会用到PyPDF2的两个核心类。加密是利用PdfFileWriter的encrypt方法，而解密是利用PdfFileReader的decrypt。解密的过程是：首先通过程序读取已经被加密的文件，然后直接在PdfFileReader对象上使用decrypt进行解密，最后保存解密的PDF文件。

例11-6：PDF文件的解密。

```
from PyPDF2 import PdfFileWriter, PdfFileReader

path = r'C:\example'
pdf_reader = PdfFileReader(path + r'\test11-4.pdf')
pdf_reader.decrypt('1234') #通过已知的密码解密
pdf_writer = PdfFileWriter()
for page in range(pdf_reader.getNumPages()):
    pdf_writer.addPage(pdf_reader.getPage(page))
with open(path + r'\test11-6.pdf', 'wb') as out:
    pdf_writer.write(out)
```

如果不知道密码，能否解密呢？在密码未知或者不能确定的情况下，如果密码位数较少且仅由简单的数字和字母构成，就可以通过穷举法尝试解密。我们在此通过穷举法介绍解密的过程并不是为了解密，而是为了提醒大家在设置密码时一定要混合使用数字、字母和特殊字符的组合，否则将存在安全风险。

穷举法俗称暴力破解法，它是一种针对密码的破译方法，将逐个推算密码直到找出真正的密码为止。例如已知密码是由3位数字组成，那么在个位、十位和百位依次从0替换到9，经过多次组合尝试最终就会找到密码。

穷举法解密的过程为：首先将所有可能的密码全部整理到一个txt文件中

(这个txt文件就相当于是密码库)，然后逐个从txt文件中获取可能的密码并尝试打开被加密的文件，这一过程将持续到可以打开文件为止或者解密失败（所有可能的密码都不能打开文件）。例11-7给出了穷举法解密的代码。

例11-7：利用穷举法解密文件。

```
from PyPDF2 import PdfFileReader

passw = []
path = r'C:\example'
#首先读取txt文件获取所有可能的密码
file = open(path + r'\password.txt')
for line in file.readlines():
    passw.append(line.strip())
file.close()

pdf_reader = PdfFileReader(path + r'\test.pdf')
#通过循环依次测试能否打开文件
for i in passw:
    if pdf_reader.decrypt(i):
        print(f'穷举法解密成功,正确密码为{i}')
    else:
        print(f'穷举法解密失败,密码{i}错误')
```

当无法预知可能的密码时，就只能通过穷举所有可能的情况尝试解密。在此介绍Python的内建模块itertools，该模块提供了非常实用的操作迭代对象的函数。

例11-8：使用Python的内建模块itertools解密文件。

```
import itertools
from PyPDF2 import PdfFileReader

# 通过迭代器穷举所有可能的密码
mylist = ("".join(x) for x in itertools.product("1234567890", re-
peat=4))

path = r'C:\example'
pdf_reader = PdfFileReader(path + r'\test11-4.pdf')
```

```
while True:
    i = next(mylist)
    if pdf_reader.decrypt(i):
        print(f'解密成功,密码为{i}')
        break
    else:
        print(f'解密不成功,密码{i}错误')
```

需要注意的是，通过穷举的方式进行解密非常消耗时间，即使是简单的密码组合也会花费大量的时间。如果密码长度较长或组成元素比较复杂，那么解密的时间就会大大增加，此时穷举法就不适用了。所以建议在设置密码时，一定要设定为对于别人不宜想起和记忆、不是特殊日期，而且是数字、字母和特殊字符的组合。目前的PyPDF2模块仅支持加密算法代号为1或2的加密文件，如果是高版本的PDF加密文件可能无法完成解密。

11.4 为PDF加水印与去水印

水印的种类有很多，不仅仅是在文字中可以添加水印，在图片和视频中也可以添加水印。本节介绍如何为PDF文件添加水印以及去除水印的方法。

（1）为PDF添加水印

向PDF文件添加水印需要PyPDF2，其原理就是通过page对象中的margePage方法将两个页面合并成一个页面来达到添加水印的效果。由于PyPDF2只能操作PDF文件，因此在添加水印之前需要将水印的图片和文字保存为一个PDF文件，如图11-4所示。我们的目的是将图11-4所示的水印添加到图11-5所示的PDF文件内，代码为例11-9。

图11-4　水印文件watermark.pdf

例11-9：为PDF文件添加水印。

```
from  PyPDF2 import PdfFileReader,PdfFileWriter
```

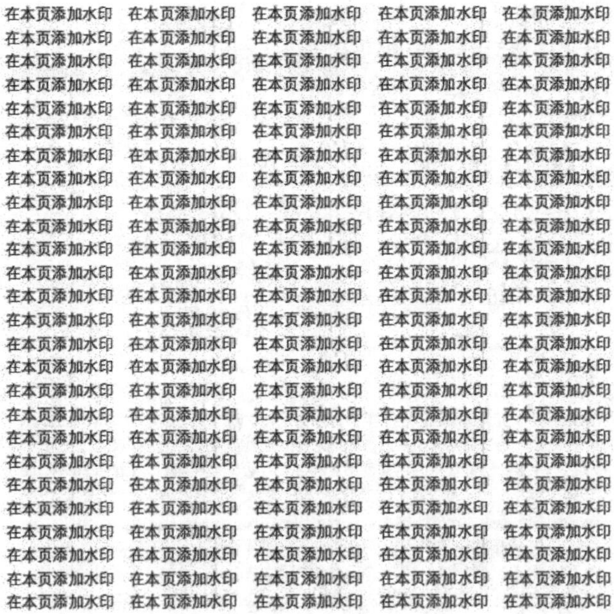

在本页添加水印 在本页添加水印 在本页添加水印 在本页添加水印 在本页添加水印
在本页添加水印 在本页添加水印 在本页添加水印 在本页添加水印 在本页添加水印
在本页添加水印 在本页添加水印 在本页添加水印 在本页添加水印 在本页添加水印
在本页添加水印 在本页添加水印 在本页添加水印 在本页添加水印 在本页添加水印
在本页添加水印 在本页添加水印 在本页添加水印 在本页添加水印 在本页添加水印
在本页添加水印 在本页添加水印 在本页添加水印 在本页添加水印 在本页添加水印
在本页添加水印 在本页添加水印 在本页添加水印 在本页添加水印 在本页添加水印
在本页添加水印 在本页添加水印 在本页添加水印 在本页添加水印 在本页添加水印
在本页添加水印 在本页添加水印 在本页添加水印 在本页添加水印 在本页添加水印
在本页添加水印 在本页添加水印 在本页添加水印 在本页添加水印 在本页添加水印
在本页添加水印 在本页添加水印 在本页添加水印 在本页添加水印 在本页添加水印
在本页添加水印 在本页添加水印 在本页添加水印 在本页添加水印 在本页添加水印
在本页添加水印 在本页添加水印 在本页添加水印 在本页添加水印 在本页添加水印
在本页添加水印 在本页添加水印 在本页添加水印 在本页添加水印 在本页添加水印
在本页添加水印 在本页添加水印 在本页添加水印 在本页添加水印 在本页添加水印
在本页添加水印 在本页添加水印 在本页添加水印 在本页添加水印 在本页添加水印
在本页添加水印 在本页添加水印 在本页添加水印 在本页添加水印 在本页添加水印
在本页添加水印 在本页添加水印 在本页添加水印 在本页添加水印 在本页添加水印
在本页添加水印 在本页添加水印 在本页添加水印 在本页添加水印 在本页添加水印
在本页添加水印 在本页添加水印 在本页添加水印 在本页添加水印 在本页添加水印
在本页添加水印 在本页添加水印 在本页添加水印 在本页添加水印 在本页添加水印
在本页添加水印 在本页添加水印 在本页添加水印 在本页添加水印 在本页添加水印
在本页添加水印 在本页添加水印 在本页添加水印 在本页添加水印 在本页添加水印
在本页添加水印 在本页添加水印 在本页添加水印 在本页添加水印 在本页添加水印
在本页添加水印 在本页添加水印 在本页添加水印 在本页添加水印 在本页添加水印
在本页添加水印 在本页添加水印 在本页添加水印 在本页添加水印 在本页添加水印

图11-5　原文件OriginalPDF.pdf

```
#设置文件路径
watermark = 'watermark.pdf'
input_pdf = 'OriginalPDF.pdf'
output = 'merged_watermark.pdf'

#创建一个PdfFileReader对象,将水印文件内容读取出来
watermark_obj = PdfFileReader(watermark)
#水印文件只有一页,将其提取出来
watermark_page = watermark_obj.getPage(0)

#提取原文件内容
pdf_reader = PdfFileReader(input_pdf)
#创建一个可写的PdfFileWriter对象,存放处理好的PDF内容
pdf_writer = PdfFileWriter()
#遍历原文件的每一页
for page in range(pdf_reader.getNumPages()):
    #page是每次提取出来的一页内容
    page = pdf_reader.getPage(page)
    #将每一页都与水印文件合并
```

```
        page.mergePage(watermark_page)
        #将合并后的内容写到新的对象中
        pdf_writer.addPage(page)

#将write对象中的内容保存为新的PDF文件
with open(output, 'wb') as out:
        pdf_writer.write(out)
```

添加水印后的效果如图11-6所示。

图11-6 添加水印后的效果（merge_watermark.pdf）

（2）去除PDF的水印

想要去除水印就需要了解水印的特征，去除不同种类的水印方法也是不同的。常见的水印通常是由文字和图片等元素构成，有可能是单一元素，也可能是多种元素的组合。

最常见的水印去除方法是将PDF文档提取之后转换为图片，通过图像算法去除水印。但是这种方法往往是将水印存在的整个区域进行处理，容易破坏区域内原有的内容。

第二种方法是根据每一个水印的特征信息，找到水印元素后对其进行定向删除。该方法对于简单且重复的水印效果比较理想。如果PDF文档内的水印十分复杂且无规律，那么上述方式就需要花费大量时间精力了。

11.5　读取PDF数据

前面已经解释了如何通过调用PyPDF2库去读取PDF文件的基本信息，那么如何读取PDF文件中的内容信息呢?

pdminer.six是一个从PDF文档中提取信息的工具。与其他的PDF工具不同，pdminer.six完全专注于获取和分析文本数据，它允许获取页面中文本的确切位置和字体或行信息。它还包括一个PDF转换器，可以将PDF文件转换成其他的文本格式（如HTML格式）。它还有一个可扩展的PDF解析器，用于文本分析以外的功能。安装pdminer.six的指令如下：

```
pip install pdminer.six
```

(1) 读取PDF中的文本数据

例11-10是从PDF文件读取文本信息并保存为txt文件的代码。在程序开头的部分需要引用一些必要的库和功能，我们目前可以不必考虑开头几行代码的详细作用，直接引用即可。从“定义PDF的解析函数并保存为txt文件”开始是读取PDF数据的自定义函数。

例11-10：从PDF文件读取文本信息并保存为txt文件。

```
import sys
import importlib
importlib.reload(sys)

from pdfminer.pdfparser import PDFParser
from pdfminer.pdfdocument import PDFDocument
from pdfminer.pdfpage import PDFPage
from pdfminer. pdfinterp  import  PDFResourceManager,  PDFPageInter-
preter
from pdfminer.converter import PDFPageAggregator
from pdfminer.layout import LTTextBoxHorizontal,LAParams
from pdfminer.pdfpage import PDFTextExtractionNotAllowed
```

```
# 定义PDF的解析函数并保存为txt文件
def pdftotxt(path,new_name):
    # 创建一个文档分析器
    parser = PDFParser(path)
    # 创建一个PDF文档对象存储文档结构
    document =PDFDocument(parser)
    # 判断是否允许提取文本
    if not document.is_extractable:
        raise PDFTextExtractionNotAllowed
    else:
        # 创建一个PDF资源管理器对象来存储资源
        resmag =PDFResourceManager()
        # 设定参数进行分析
        laparams =LAParams()
        # 创建一个PDF设备对象
        device =PDFPageAggregator(resmag,laparams=laparams)
        # 创建一个PDF解释器对象
        interpreter = PDFPageInterpreter(resmag, device)
        # 处理每一页
        for page in PDFPage.create_pages(document):
            interpreter.process_page(page)
            # 接受该页面的LTPage对象
            layout =device.get_result()
            for y in layout:
                if(isinstance(y,LTTextBoxHorizontal)):
                with open("%s"%(new_name),'a',encoding="utf-
                8") as f:
                        f.write(y.get_text()+"\n")

# 下面调用自定义的pdftotxt函数
path =open( "Test.pdf",'rb')
pdftotxt(path,"pdfminer.txt")
```

运行上述代码就可以在工作区看到新生成的pdfminer.txt文件，该文件中的内容就是从文件Test.pdf中提取出来的文本信息。那么除了文本信息，PDF文件中的表格又该如何提取呢？

（2）提取PDF中的表格信息

想要提取PDF文件中的表格就要利用pdfplumber库，该库是基于pdfminer开发的PDF文档解析库，在功能上可以获取每个字符、矩形框、线等对象的具体信息。可以通过给定PDF页面并找到确定的行以及合并折叠的横线区域，从而找到所有线段的交点并获得这些区域作为顶点的单元格，然后就可以将连续的单元格分组到表中了。目前pdfplumber仅支持可编辑的PDF文档，安装指令如下：

```
pip install pdfplumber
```

例11-11是从PDF文件读取表格信息并写入Excel文件的代码。本例是从当前目录中的TableData.pdf文件中读取表格数据并写入当前目录中的文件test11-11.xlsx，可以根据需要修改代码，从其他目录中读取PDF文件并将生成的Excel文件写到其他目录。

例11-11：从PDF文件读取表格信息并写入Excel文件。

```
import pdfplumber

with pdfplumber.open("TableData.pdf") as pdf:
    table_page = pdf.pages[0]
    table = table_page.extract_table(
         table_settings = {
              'vertical_strategy':"text",
              "horizontal_strategy":"text",
         })

from openpyxl import Workbook

workbook = Workbook()
sheet = workbook.active
for row in table:
    sheet.append(row)
workbook.save(filename = "test11-11.xlsx")
```

第12章

Python的图像处理

本章介绍如何通过Python实现一些常见的图像处理任务。这些任务可以用于分析图像的不同属性，包括图像的颜色分布和变化，确定图像中对象的数量、大小、位置、方向和形状等属性，甚至能够与深度学习或者机器学习相结合对特定物体进行更深层次的分类与分析。

目前支持图像处理的开源库文件有很多，包括Pillow、Scikit-image、OpenCV等。Pillow是Python中常用的图像处理库之一，它提供了许多操作图像的函数，如调整大小、滤波操作等。它是一个非常方便的开源库，但是Pillow已经很久没有更新了。Scikit-image是纯Python语言实现的BSD许可开源图像处理算法库，它有高质量的图像算法API，可以满足科研以及一些工业级应用的开发需求，因此具有很高的实用价值。OpenCV是一个轻量级的图像和视频处理库，可以实现多种图像和视频的分析，如面部识别、简单的车牌信息读取、图像编辑等。本章中介绍OpenCV在Python下的使用。需要的开源库安装指令如下：

```
pip install numpy
pip install matplotlib
```

12.1 利用OpenCV读取和保存图像

先准备一张自己喜欢的彩色图像（例如Dog.jpg）并将该照片文件放到py文件的同一个工程文件夹中，然后运行例12-1的代码。如果运行成功，那么将会看到显示成一张灰度图。

例12-1：打开一张图像并显示成灰度图。

```
import cv2
import numpy as np
from matplotlib import pyplot as plt

# 请在下面代码中输入实际的图像文件名
```

```
img = cv2.imread('Dog.jpg',cv2.IMREAD_GRAYSCALE)
cv2.imshow('image',img)
cv2.waitKey(0)
cv2.destroyAllWindows()
```

在例12-1中，首先通过import语句导入了相应的库文件，然后通过cv2.imread（image file，parms）语句对图像进行读取操作。在cv2.imread中，参数parms的默认值是cv2.IMREAD_COLOR，也就是以彩色的形式读取图像，如果设置为cv2.IMREAD_GRAYSCALE就会读取为灰度图。在读入图像后可以使用cv2.imshow（title，image）来显示图像，其中参数title是用于显示图像的窗口的名称。cv2.waitKey（0）语句用于等待任意按键按下，当任一按键被按下后就会通过cv2.destroyAllWindows来关闭所有的窗口。

如果希望在例12-1的基础上对显示窗口进行更多操作，那么就需要使用matplotlib库。值得一提的是matplotlib提供的许多操作不仅可以用于表格展示，同样也可以用于图像显示。例12-2所示的代码是根据自己的需要将原始图像做处理后保存为png（或者jpg）格式。

例12-2：显示并按照自己的要求保存图像。

```
import cv2
import numpy as np
from matplotlib import pyplot as plt

img = cv2.imread('Dog.jpg',cv2.IMREAD_GRAYSCALE)

plt.imshow(img, cmap = 'gray', interpolation = 'bicubic')
plt.xticks([]), plt.yticks([])  # 隐藏坐标轴刻度值
plt.plot([200,300,400],[100,200,300],'c', linewidth=5)
plt.show()
cv2.imwrite('Doggray.png',img) # 保存处理后的图像
```

通过OpenCV实现图像的读取和储存非常便捷，那么如何处理视频数据呢？所有的视频数据记录的实际上是图像帧，动态视频实际上就是将静态的图像一帧接一帧地显示出来，显示的频率是每秒30 ~ 60次。因此图像识别和视频分析使用的方法在很大程度上是兼容的。首先通过例12-3了解如何调用摄像头。

例12-3（一部分）：调用摄像头。

```
import numpy as np
```

```
import cv2
cap = cv2.VideoCapture(0)
while(True):
    ret, frame = cap.read()
    gray = cv2.cvtColor(frame, cv2.COLOR_BGR2GRAY)
    cv2.imshow('frame',gray)
    if cv2.waitKey(1) & 0xFF == ord('q'):
        break
cap.release()
cv2.destroyAllWindows()
```

这里的关键点在于使用cap = cv2.VideoCapture（0）获取到了电脑摄像头的视频流数据。如果电脑中有多个摄像头源，那么将该指令中的数字0切换成对应摄像头的1或者2即可。随后通过一个while循环得到ret和frame值。ret是一个逻辑值，当cap.read有返回值时等于1，否则为0；frame则是摄像头获取到的每一帧图像，如果没有获取到图像则返回None。随后定义了变量gary用于接收灰度处理后的帧数据，并通过cv2.imshow（'frame'，gray）将灰度图像输出。因为是在不停地读取并显示每一帧的图像，所以看到的也是视频。最后在英文半角输入模式下按下q键后程序将会退出循环并关闭摄像头和释放窗口。

如果希望保存摄像头上传回的实时视频数据，就需要在例12-3（一部分）的基础上再加上几行代码。下面的例12-3是完整代码（新加的四行代码用下划线标出）。

例 12-3（完整代码）：调用摄像头功能并保存视频文件。

```
import numpy as np
import cv2

cap = cv2.VideoCapture(0)

# 定义编码方式并创建VideoWriter对象
fourcc = cv2.VideoWriter_fourcc(*'XVID')
out = cv2.VideoWriter('output.avi',fourcc, 20.0, (640,480))

while(True):
    ret, frame = cap.read()
    gray = cv2.cvtColor(frame, cv2.COLOR_BGR2GRAY)
```

```
    #写入文件
    out.write(frame)
    cv2.imshow('frame',gray)
    if cv2.waitKey(1) & 0xFF == ord('q'):
        break

cap.release()
out.release()
cv2.destroyAllWindows()
```

需要说明的是在例12-3的代码中，我们创建了一个VideoWrite对象并传入了四个参数：文件名、编码方式、帧率FPS和视频分辨率。随后在循环中将每一帧图像保存到视频中，并在任务完成后释放相应的摄像头和窗口资源。

12.2 OpenCV+Python的图形绘制

本节学习如何在图像和视频上绘制各种形状。通过这种方式可以在图像上标记检测到的对象，也可以将其作为一种实时的数据输出手段来观察程序是否在正常运行。

通过上一节的代码导入一张图像作为画板，本节调用OpenCV提供的方法在这个画板上绘制一些基本图形。在OpenCV中，图形绘制包括画线、矩形、圆，以及绘制多边形，也可以向图像中添加文字说明。

(1) 绘制直线

绘制直线需要确定在图像中直线的起点和终点坐标，然后调用OpenCV的cv2.line函数实现直线绘制功能。该函数的原型为

```
im = line(img,pt1, pt2, color[, thickness[, lineType[, shift]]])
```

各变量和参数的意义如下：

· img表示需要绘制的那幅图像；

· pt1表示线段第一个点的坐标；

· pt2表示线段第二个点的坐标；

· color表示线条颜色，需要传入一个RGB元组，如（255，0，0）代表蓝色；

· thickness表示线条粗细；

· lineType表示线条类型；

· shift表示点坐标中的小数位数。

通常只需要用到前四个参数就足够了，例如：

```
cv2.line(img,(20, 100),(20, 500),(0,0,255))
```

（2）绘制矩形

在图像中绘制矩形的应用是很多的，例如在当前流行的目标检测或者目标识别的项目中，通常返回的数据里面就包含目标区域，我们可以利用OpenCV的cv2.rectangle方法绘制矩形方框将目标区域标注出来。该函数的原型为

```
im = rectangle(img, pt1, pt2, color[, thickness[, lineType[, shift]]])
```

各变量和参数的意义如下：

· img表示需要绘制的那幅图像；

· pt1表示矩形的左上角位置坐标；

· pt2表示矩形的右下角位置坐标；

· color表示矩形的颜色；

· thickness表示边框粗细；

· lineType表示线条类型；

· shift表示点坐标中的小数位数。

下面的代码包含了cv2.rectangle的前5个参数，即图像名称、矩形框左上角和右下角的顶点坐标，以及线框的颜色和粗细。

```
cv2.rectangle(img,(15,25),(200,150),(0,0,255),15)
```

（3）绘制圆形

圆形的绘制在OpenCV中是通过cv2.circle方法来实现的，对点的绘制也是使用该方法。有时需要将关键点在目标图像上显示出来，例如对运动对象的关节就会用一个点来进行标识，实际上点就是一个相对较小的实心填充圆。cv2.circle函数为

```
im = circle(img, center, radius, color[, thickness[, lineType[, shift]]])
```

各变量和参数的意义如下：

· img表示需要绘制圆的图像；

· center表示圆心坐标；

· radius表示圆的半径；

· color表示圆的颜色；

· thickness如果为正值则表示圆轮廓的厚度，为负值则表示要绘制一个填充圆；

· lineType表示圆的边界类型；

· shift表示中心坐标和半径值中的小数位数。

该方法的调用代码如下：

```
cv2.circle(img,(100,63), 55, (0,255,0), -1)
```

(4) 绘制多边形

多边形的绘制常见于图像分割的任务中。在此类任务中往往需要用多个点来描述对象的轮廓并将这些点连接起来绘制成一个多边形。所需函数为cv2.polylines，该函数的原型如下：

```
im = polylines(img, pts, isClosed, color [, thickness [, lineType [, shift]]])
```

各变量和参数的意义如下：

· img表示需要绘制多边形的原始图像；

· pts表示多边形的曲线阵列；

· isClosed表示绘制的多边形是否闭合，False表示不闭合；

· color表示线条的颜色；

· thickness表示线条粗细；

· lineType表示边界类型；

· shift表示顶点坐标中的小数位数。

该方法的调用代码如下：

```
pts = np.array([[10,5],[20,30],[70,20],[50,10]], np.int32)
cv2.polylines(img, [pts], True, (0,255,255), 3)
```

(5) 添加文字说明

在OpenCV中调用cv2.putText函数可以添加文字，其函数原型如下所示：

```
im = putText(img, text, org, fontFace, fontScale, color[, thickness[, lineType[, bottomLeftOrigin]]])
```

各变量和参数的意义如下：

· img表示要绘制的图像；

· text表示要添加的文字；

· org表示要添加文字的位置，是图像中文本字符串的左下角坐标；

· fontFace表示字体类型，具体内容可查看cv:: HersheyFonts；

· fontScale表示字体大小；

· color表示字体颜色；

· thickness表示字体粗细；

· lineType表示边界类型；

· bottomLeftOrigin是逻辑变量，其值如果为真则图像数据原点位于左下角，否则就是在左上角。

该方法的调用代码如下：

```
font = cv2.FONT_HERSHEY_SIMPLEX
```

```
cv2.putText(img,'Hello Python! ',(0,130), font, 1, (200,255,155),
2, cv2.LINE_AA)
```

下面通过例12-4来演示这些图形绘制和字符标注的使用。

例12-4：图形绘制和字符标注。

```
import numpy as np
import cv2

# 请用实际的图像文件名替代下面的Dog.jpg
img = cv2.imread('Dog.jpg',cv2.IMREAD_COLOR)

#绘制直线
cv2.line(img,(65,45),(200,120),(0,255,255),5)
cv2.line(img,(200,120),(200,80),(0,255,255),5)
cv2.line(img,(200,120),(160,120),(0,255,255),5)

#绘制矩形框
cv2.rectangle(img,(190,120),(455,435),(0,0,255),3)

#绘制实心圆与空心圆
cv2.circle(img,(290,190), 15, (0,255,0), -1)
cv2.circle(img,(335,150), 15, (0,255,0), 2)

#绘制多边形
pts = np.array([[250, 120], [325, 110],[285, 25]])
cv2.polylines(img, [pts], True, (15, 255, 255), 10)

#添加文字说明
font = cv2.FONT_HERSHEY_SIMPLEX
cv2.putText(img, 'Dog',
                (25,25), font, 1, (255, 255, 0), 2)


cv2.imshow('image',img)
cv2.imwrite('draw_dog.jpg',img)
cv2.waitKey(0)
cv2.destroyAllWindows()
```

输出结果如图12-1所示（选取不同图像时的显示会有不同，但是添加的直线、矩形、空心圆与实心圆、多边形和文字说明是不变的）。

图12-1　图形绘制和字符标注的效果

12.3　图像中的像素处理

图像是由多个像素点组合而成的，每一个像素都有它的位置和它的颜色值。常见的彩色图像通常是使用RGB模型，将红色（R）、绿色（G）和蓝色（B）作为三原色混合起来就可以得到各种的颜色。图像中每个像素的颜色都是由不同数值的红色、绿色和蓝色这三原色数值组合而成的，而颜色数值的取值范围通常为［0，255］内的整数值。

在Windows系统自带的画图软件中打开“编辑颜色”面板就可以直观地看到RGB模型和各种颜色的对应关系。如图12-2所示，在右下方表示颜色值的地方分别为红、绿、蓝输入数值30、170、103，对应颜色为（30，170，103）的像素就会出现在右上方的十字位置。

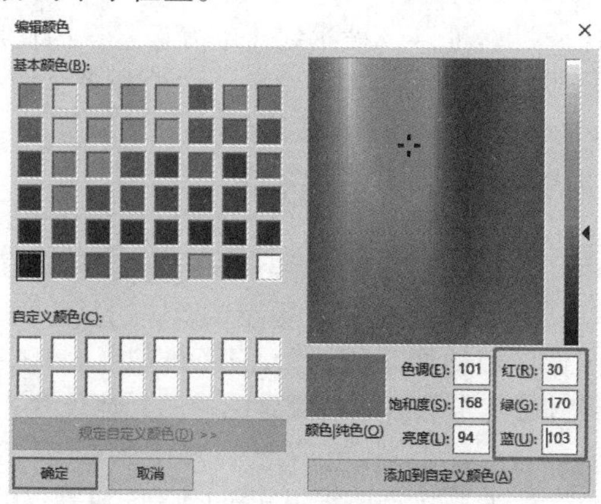

图12-2　RGB取色板

在初步了解了图像的彩色RGB模型和像素后，下面以一幅低分辨率的图像为例来说明像素在图像中的位置表示以及如何访问它们。如图12-3所示，这是一张行和列为25×25像素的图像，即图像中共有625个像素。

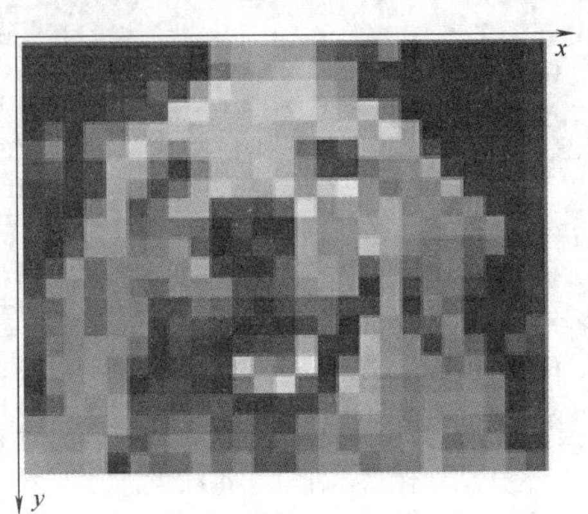

图12-3　低分辨率图像中的各个像素

在OpenCV中像素坐标一般以图像的左上角为原点，下面我们利用Python打开图12-3，读取其中的一个像素值并修改它。代码为例12-5。

例12-5（一部分）：读取图像中的一个像素值并修改它。

```
img = cv2.imread(r'C:\example\DogPixel.jpg',cv2.IMREAD_COLOR)
px = img[15,15]
print(px)

img[15,15] = [255,255,255]
px = img[15,15]
print(px)
```

目前相机的图像分辨率可以轻松达到几十万像素，因此对图像中的某一个像素的操作实用价值不是非常大。如果希望一次处理多个像素，则需要创建图像区域（region of image，ROI），创建方法如下：

```
Square = img[0:10,0:10]
print(Square)
cv2.imshow("Square",Square)  # 显示所选区域(像素块)的图像
img[0:10,0:10] = (255,255,255) # 更改像素块的颜色值
```

除了可以修改图像区域的像素值，我们还可以直接将该区域作为一个对象进行裁剪，并且再将裁剪下来的区域放置到图像的其他位置：

```
dog = img[5:15,5:15] # 选取图像的某一区域
img[0:10,0:10] = dog # 将选取的区域中的图像放置到其他位置
```

如果希望获取图像的某些属性，可以利用OpenCV提供的例如形状shape、

尺寸size、类型dtype等方法。利用shape可以返回图像的行数、列数，如果图像是彩色的还将返回该图像的通道数。size将返回图像的大小（图像大小的计算方式为图像的高度、图像的宽度和通道数的乘积）。dtype返回的是图像的数据类型。由于三原色红、绿、蓝的数值范围在［0，255］之间，所以图像数据类型返回的是uint8。下面给出例12-5的完整代码。

例12-5（完整代码）：读取并修改图像中的像素和像素块的颜色值。

```
import cv2
import numpy as np

img = cv2.imread(r'C:\example\DogPixel.jpg',cv2.IMREAD_COLOR)

#读取单个像素值
px = img[15,15]
print(px)

#修改单个像素值并读取
img[15,15] = [255,255,255]
px = img[15,15]
print(px)

#读取像素块
Square = img[0:10,0:10]
print(Square)
cv2.imshow("Square",Square)#显示读取的像素块

#更改读取的像素块
img[0:10,0:10] = (255,255,255)
#选取图像中的某个区域的图像并放置到其他位置
dog = img[5:15,5:15]
img[0:10,0:10] = dog

print(img.shape)
print(img.size)
print(img.dtype)

cv2.imshow('image',img)
```

```
cv2.waitKey(0)
cv2.destroyAllWindows()
```

12.4 图像中的算术运算与逻辑运算

上节学习了如何通过像素来访问和修改图像。在这个过程中或许会想到：既然图像的本质是由像素组成的矩阵，那么能否像数学一样对图像做一些算术运算或者是逻辑运算呢？

答案是肯定的。在数字图像处理领域，图像的算术运算有很多种，比如两幅图像可以相加、相减、相乘、相除，进行位运算，求平方根、对数、绝对值等。

当然，对图像进行算术运算也有一定的要求。首先准备如图12-4和图12-5所示的两幅具有相同的深度和类型的图像，下面通过Python和OpenCV来实现这两幅图像的算术运算和逻辑运算。

图12-4 原图1（Cat）

图12-5 原图2（Dog）

12.4.1 图像的算术运算

两幅图像最简单的算术运算就是直接将两幅图像的数值相加。代码为例12-6（一部分），运算结果如图12-6所示。

例12-6：两个图像直接相加。

```
import cv2
import numpy as np


img1 = cv2.imread(r'C:\example\Cat.jpg')
img2 = cv2.imread(r'C:\example\Dog.jpg')
img0 = img1 + img2
```

```
cv2.imshow('add',img0)
cv2.imwrite('cat_dog_add0.jpg',img0)
cv2.waitKey(0)
cv2.destroyAllWindows()
```

图12-6 两幅图像直接相加的效果

图12-6所示的直接采用算数相加的方法生成的图像效果并不理想。造成这种结果的原因在于imread的默认读出图像的方式是返回numpy数组用来表示RGB颜色，而numpy数组的数据类型是unit8。对应C语言里unit8类型实际就是unsigned char类型，它的数据表示范围是［0，255］的闭区间。但是两个在［0，255］之间的数值相加，其结果有可能大于255。而描述图像的颜色数据又必须在［0，255］之间，这就导致了数值的“溢出”。为了将相加结果大于255的数值重新表示为unit8类型，就需要对相加结果进行255取模的运算，由此就产生了图12-6的结果。

OpenCV提供了add方法以实现两幅图像的加法，能够产生优于两幅图像直接相加的效果。add函数的语法如下：

```
add = cv2.add(img1,img2)
```

用img0 = cv2.add（img1，img2）替换img0 = img1 + img2 后得到的结果如图12-7所示，效果明显要比图像直接相加好。

图12-7是采用add方法得到的图像，从中可以大致看清原来的两幅图像的轮廓。但是这种方法同样有一个问题，就是在add返回的图像中出现了大块的纯白色块。这是由于OpenCV中图像的算术运算遵循“饱和运算”的规则：如果计算的结果超过了阈值范围则进行截断。例如unit8类型的数据范围是［0，255］，那么如果2个数值相加的结果大于255，在采用add方法时就会赋值为255。同样，在进行图像减法时可能会出现2个数值相减的结果小于0的情况，此时就赋值为0。

OpenCV还提供了addWeighted函数，它能够调整两幅图像在相加时各自的权

图12-7　两幅图像采用add方法运算的效果

重（某幅图像的权重大则表示更加突出显示该图像中的内容）。cv2.addWeighted函数操作和图像相加的结果相似，只是在这个过程中图像被赋予了不同的权重以产生不同程度的混合或透明的错觉。该方法的语法如下：

```
cv2.addWeighted(img1, weight1, img2, weight2, gammaValue)
```

通过调节weight1和weight2的数值来调整图像的透明度（要保证weight1+weight2=1），gammaValue一般取数值0。图12-8是weight1=0.6，weight2=0.4时的输出图像。

图12-8　两幅图采用addWeighted的效果

图像减法的运算是采用cv2.subtract，它和add加法的使用基本一致，在此就不再赘述，读者可以自行编程尝试。

12.4.2 图像的逻辑运算

当需要提取图像中的所需元素时将会使用图像的逻辑运算，也可以利用逻辑运算为图像添加水印。首先作为复习，我们通过本章前面学习到的内容绘制两张相同大小和深度的图像作为素材（程序代码为例12-7），得到的两张素材图像如图12-9和图12-10所示。然后对这两张素材图像进行逻辑运算。

例12-7：绘制两个素材图像。

```
import cv2
import numpy as np

#绘制素材1的纯白背景板
img = np.zeros((500, 500), np.uint8)
img.fill(255) #纯白背景
#绘制素材1的实心圆
cv2.circle(img,(250,250), 100, (0,255,0), -1)

#绘制素材2的纯白背景板
img1 = np.zeros((500, 500), np.uint8)
img1.fill(255) #纯白背景
#绘制素材2的三角形
pts = np.array([[0, 0], [0, 500],[500, 0]])
cv2.polylines(img1, [pts], True, (0, 255, 0), 1)
#填充多边形
cv2.fillConvexPoly(img1, pts, (0, 255, 0))

#绘制两个素材图像的边框
border = np.array([[0, 0], [0, 500],[500, 500],[500,0]])
cv2.polylines(img, [border], 0, (0, 255, 0), 2)
cv2.polylines(img1, [border], 0, (0, 255, 0), 2)

cv2.imshow('img', img)
cv2.imshow('img1', img1)
cv2.imwrite('circle.jpg',img)
cv2.imwrite('triangle.jpg',img1)
cv2.waitKey(0)
cv2.destroyAllWindows()
```

在图12-9和图12-10中，白色部分的像素值为255（逻辑值为1，表示True），

图 12-9 素材图像 1

图 12-10 素材图像 2

黑色部分的像素值为 0（逻辑值为 0，表示 False）。接下来对两张素材图像进行逻辑运算，代码为例 12-8。

例 12-8：图像的逻辑运算。

```
import cv2
img1 = cv2.imread('circle.jpg')
img2 = cv2.imread('triangle.jpg')

Img_AND = cv2.bitwise_and(img1,img2) # 逻辑与运算
Img_OR = cv2.bitwise_or(img1,img2) # 逻辑或运算
Img_NOT = cv2.bitwise_not(img1) # 逻辑非运算
Img_XOR = cv2.bitwise_xor(img1,img2) # 逻辑异或运算

cv2.imshow('Img_AND',Img_AND)
cv2.imshow('Img_OR',Img_OR)
cv2.imshow('Img_NOT',Img_NOT)
cv2.imshow('Img_XOR',Img_XOR)

cv2.waitKey(0)
cv2.destroyAllWindows()
```

通过上述 cv2.bitwise 的四种逻辑运算后的结果如图 12-11 所示。其中，图（a）为两张素材图像进行逻辑与（and）运算的结果，可见所有黑色的部分（逻辑值为 0）仍为黑色，只有两张素材图像在相同位置的像素均为白色的部分才成为白色。图（b）、图（c）、图（d）分别为两张素材图像进行逻辑或（or）、逻辑非（not）和逻辑异或（xor）的运算结果。

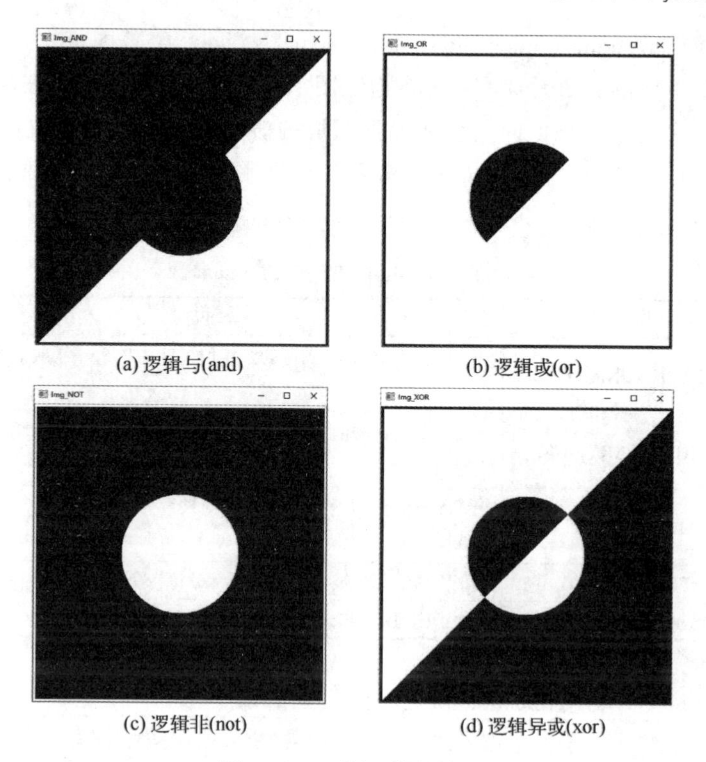

(a) 逻辑与(and)　(b) 逻辑或(or)

(c) 逻辑非(not)　(d) 逻辑异或(xor)

图12-11　逻辑运算的结果

12.5　图像的阈值操作

这一节介绍图像和视频分析中的一个重要概念，即图像阈值。在二维数字图像中，每个像素点都对应了不同的像素值，我们可以对像素值在特定范围内的部分进行操作，划分这个特定范围的值就被称为图像阈值。

在将原始的彩色图像灰度化处理后，通过其像素值与背景在灰度特性上的差异将图像划分出不同的灰度等级，然后指定一个合理的阈值，通过二值化处理分割出我们需要的部分。而图像的二值化，就是将图像上的每个像素点的灰度值设置为0或255（只有这两个值），最终整个图像呈现出只有黑（灰度值为0）和白（灰度值为255）的视觉效果。

常见的阈值处理方法包括全局阈值和自适应阈值。全局阈值相对比较简单，当图像中的某个像素的灰度值高于设定的阈值时，我们给这个像素的灰度值重新赋值为白色的255（或黑色的0），而将低于阈值的像素的灰度值全部设置为黑色的0（或白色的255）。

通过 cv2.threshold（img，threshold，maxval，type）函数即可实现上述功能。这里的四个参数的含义分别是：img 为原图像，threshold 是阈值，maxval 指当灰度值大于（或小于）阈值时将该灰度值赋成的值（结合下面的参数 type），参数 type 是二值化的方式。对于 type 的选择可以根据实际需求而定，通常有下面的几种方法，如表 12-1 所示。例 12-9 为 threshold 函数的使用代码。

表 12-1　threshold 方法中的 type 参数

方法	说明
cv2.THRESH_BINARY	二值化阈值。大于阈值的像素值被置为 255，小于阈值的像素值被置为 0
cv2.THRESH_BINARY_INV	反向二值化阈值。大于阈值的像素值被置为 0，小于阈值的像素值被置为 255
cv2.THRESH_TRUNC	截断阈值化。大于阈值的像素值被置为 threshold，小于阈值的像素值保持原样
cv2.THRESH_TOZERO	小于阈值部分被置为 0，大于部分保持不变
cv2.THRESH_TOZERO_INV	大于阈值部分被置为 0，小于部分保持不变

例 12-9：利用 threshold 函数将图像二值化。

```
import cv2
import numpy as np

img = cv2.imread(r'C:\example\bookpage.jpg')
grayscaled = cv2.cvtColor(img,cv2.COLOR_BGR2GRAY)
retval, threshold = cv2. threshold (grayscaled, 10, 255, cv2.
THRESH_BINARY)

cv2.imshow('original',img)

cv2.imshow('threshold',threshold)
cv2.imwrite('threshold1.jpg',threshold)
cv2.waitKey(0)
cv2.destroyAllWindows()
```

图 12-12 是输入的彩色原图 bookpage.jpg，首先通过 cvtColor 方法将彩色图变为灰度图，然后使用 threshold 方法进行图像的二值化。在 threshold 方法中将阈值设置为 10，经阈值化处理后的输出结果如图 12-13 所示。可以看到，在通过阈值化处理后原本无法看清的文字逐渐变得清晰起来。阈值 10 是经过多次人为调整后得到的，但是从图 12-13 可以看到仅仅通过这种设定固定阈值的方法还是很难

达到理想的效果。

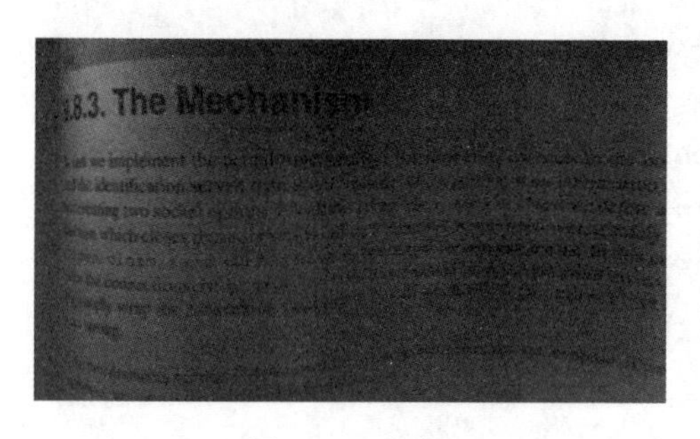
9.8.3. The Mechanism

图12-12　原图

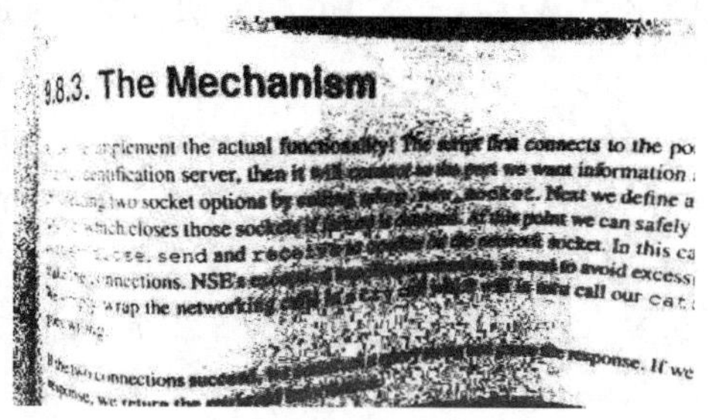
9.8.3. The Mechanism

图12-13　使用threshold方法进行阈值化处理的结果

通常情况下，一幅图像中的不同区域会有不同的亮度，特别是拍摄的照片更是如此。如果整幅图都采用同一个阈值去做二值化处理往往顾此失彼，会产生如图12-13所示的效果。那么在同一幅图像上能否根据图像像素亮度的不同而采用不同的阈值呢？这就是自适应阈值处理。

通过自适应阈值处理，程序会对图像上的每一个小区域自适应地设置阈值。此时每个像素处的二值化阈值不是固定不变的，而是由其周围邻域像素的亮度分布来决定。在亮度较高的图像区域内将提高二值化的阈值，而在亮度低的图像区域内则会相应地降低二值化阈值。这样就可以降低或者剔除掉光照等亮度因素引起的干扰了。

通过adaptiveThreshold方法可以实现自适应阈值处理，该方法提供了ADAPTIVE_THRESH_MEAN_C（均值法，阈值取自相邻区域的平均值）和ADAPTIVE_THRESH_GAUSSIAN_C（高斯加权法，采用相邻区域的高斯加权和）两种计算阈值的方式。例12-10为使用adaptiveThreshold方法的代码，结果如图12-14（均值法）和图12-15（高斯加权法）所示，效果均优于图12-13所示的threshold方法。

例12-10：使用adaptiveThreshold方法进行图像的自适应阈值二值化处理。

```
import cv2
import numpy as np

img = cv2.imread(r'C:\example\bookpage.jpg')
grayscaled = cv2.cvtColor(img,cv2.COLOR_BGR2GRAY)
th1 = cv2.adaptiveThreshold(grayscaled, 255, cv2.ADAPTIVE_THRESH_
MEAN_C, cv2.THRESH_BINARY, 115, 1)
```

```
th2 = cv2.adaptiveThreshold(grayscaled, 255, cv2.ADAPTIVE_THRESH_
GAUSSIAN_C, cv2.THRESH_BINARY, 115, 1)

cv2.imshow('Adaptive threshold',th1)
cv2.imshow('Adaptive threshold',th2)
cv2.imwrite('Ad_th_MEAN.jpg',th1)
cv2.imwrite('Ad_th_GAUSSIAN.jpg',th2)
cv2.waitKey(0)
cv2.destroyAllWindows()
```

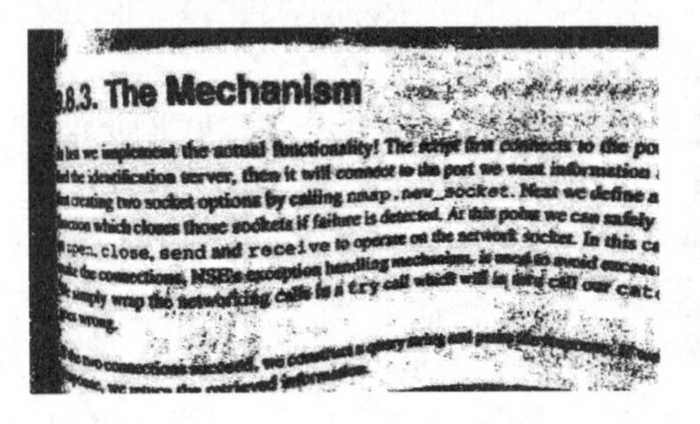

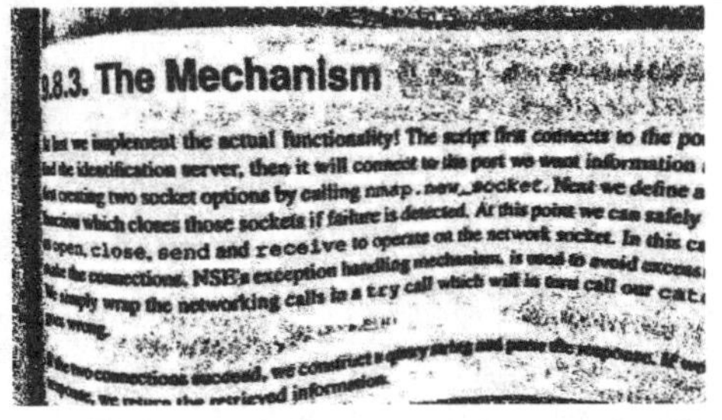

图12-14 均值法二值化的结果　　图12-15 高斯加权法二值化的结果

图12-14所示为自适应均值法计算阈值的结果，图12-15所示为高斯加权法计算阈值的结果。可见对于光照不均匀的图像，这两种自适应阈值处理方法比图12-13所示的全局阈值处理方法具有更好的效果。

12.6 图像的模糊平滑处理

本节学习如何去除图像中的噪点，这种图像处理方法叫作平滑或模糊化。这种方法实际上就是在尽量保存原图像信息的条件下，将噪点所处的像素点的像素值修改为和周边像素点相近的像素值，以此过滤掉图像内部的噪点。假设图12-16（a）是图像中的一个3×3的像素区域，而中央像素的像素值20明显与周边相邻区域的像素值150是不同的，可以认定为是一个噪点。

所谓的平滑或模糊化处理就是将图像中的某个区域内的像素值变得均衡起来，以此达到去除噪点的目的。如图12-16（b）所示，将中央像素的像素值由20改为150，就与周边相邻像素的像素值一致了，从而达到了去除噪点的目的。

150	150	150
150	20	150
150	150	150

(a) 中央像素是一个噪点

150	150	150
150	150	150
150	150	150

(b) 去除噪点后的结果

图12-16　去除图像中的噪点

常用的平滑方法主要有均值滤波、方框滤波、高斯滤波、中值滤波、双边滤波，以及2D卷积滤波等。

12.6.1　均值滤波

均值滤波是指用当前像素点周围 $N \times N$ 个像素值的均值来代替当前像素值。使用该方法将遍历处理图像内的每一个像素点，从而完成整幅图像的均值滤波。在OpenCV中使用cv2.blur方法实现均值滤波，该函数语法如下：

```
dst = cv2.blur(src,ksize,anchor,borderType)
```

参数说明：

· dst：返回值，表示进行均值滤波后得到的处理结果；

· src：待处理的图像；

· ksize：表示滤波核的大小，代表在均值处理中其领域图像的高度和宽度，图12-16所示的ksize为（3，3）；

· anchor：可选参数，表示锚点，其默认值为（–1，–1），表示计算均值的点是位于滤波核的中心点位置，一般保持默认即可；

· borderType：可选参数，该值决定了处理边界的方式，一般保持默认即可。

例12-11：利用blur方法进行均值滤波。

```
import cv2
img=cv2.imread(r"C:\example\Dog.jpg")
dst = cv2.blur(img,(5,5))  # 均值滤波,ksize =(5,5)
cv2.imshow("origin",img)
cv2.imshow("mean_blur",dst)
cv2.imwrite('mean_blur.jpg',dst)

cv2.waitKey()
```

```
cv2.destroyAllWindows()
```

图12-17（a）为输入的原图Dog.jpg，图12-17（b）是利用blur方法进行均值滤波的结果。可见均值滤波处理将会弱化图像中的细节特征。

(a) 原图

(b) 均值滤波的结果

图12-17　均值滤波的效果

12.6.2　方框滤波

不同于均值滤波，方框滤波不只是计算像素的均值。在方框滤波中可以自由选择是否对均值滤波的结果进行归一化，即可以自由选择滤波结果是邻域像素值之和的平均值还是邻域像素值之和。

在OpenCV中使用cv2.boxFilter方法实现方框滤波，函数语法如下：

```
dst = cv2.boxFilter(src,ddepth,ksize,anchor,normalize,borderType)
```

在这里出现了几个在均值滤波blur中没有的新参数：

· ddepth：处理结果图像的图像深度，一般默认为-1，表示与原图相同。

· normalize：表示在滤波时是否进行归一化。该参数为逻辑值，默认为1，表示在滤波时选择归一化，此时要用邻域像素值的和除以面积，与均值滤波效果相同。若该值为0则不进行归一化，直接使用邻域像素值的和，因此滤波得到的值很可能超过像素值的最大值255，从而被截断为255（显示为纯白色）。

例12-12：利用boxFilter方法进行方框滤波。

```
import numpy as np
import cv2
img=cv2.imread(r"C:\example\Dog.jpg")

dst_nor0 = cv2.boxFilter(img,-1,(5,5),normalize=0) #不进行归一化
```

```
dst_nor1 = cv2.boxFilter(img,-1,(5,5),normalize=1) #进行归一化

# 使用hstack进行图像拼接。按照顺序将三张图img、dst_nor0和dst_nor1拼
接成一张图
imgs = np.hstack([img,dst_nor0, dst_nor1])
cv2.imshow('boxFilter',imgs)

cv2.imwrite('boxFilter_nor0.jpg',dst_nor0)
cv2.imwrite('boxFilter_nor1.jpg',dst_nor1)
cv2.waitKey()
cv2.destroyAllWindows()
```

结果如图12-18所示。其中图12-18（a）是通过hstack函数进行图像拼接的结果，图12-18（b）是方框滤波不进行归一化的结果，图12-18（c）是方框滤波进行归一化后的结果。

(a) 从左至右分别为原图、不进行归一化和进行归一化的方框滤波结果

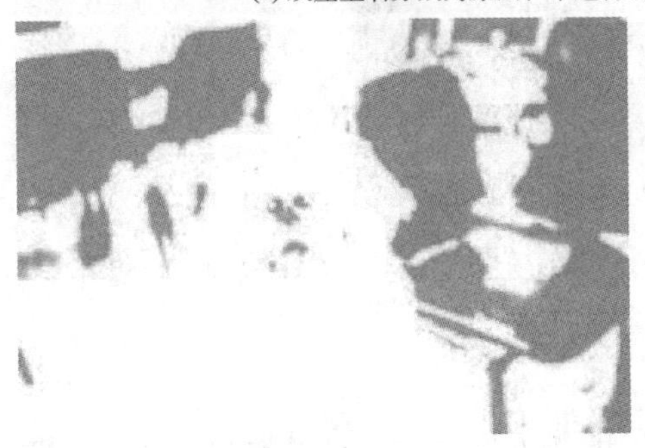

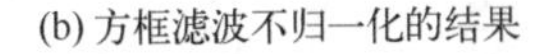

(b) 方框滤波不归一化的结果

(c) 方框滤波归一化的结果

图12-18　方框滤波的效果

12.6.3　高斯滤波

在均值滤波和方框滤波中，相邻区域每一个像素值的权重都是一致的。为了实现更好的滤波效果，高斯滤波对相邻的像素值根据其距离中心的距离分别赋予不同的权重，离中心点越近，其权重越大。高斯滤波函数的语法如下：

```
dst = cv2.GaussianBlur(src,ksize,sigmaX,sigmaY,borderType)
```

其中，sigmaX和sigmaY分别是在图像处理时卷积核在水平方向和垂直方向的标准差（控制的是权重比例）。通常来说，sigmaX是必选参数，而sigmaY为可选参数，在实际使用时可以将其均设置为0。

例12-13：利用GaussianBlur方法进行高斯滤波。

```
import cv2
img=cv2.imread(r"C:\example\Dog.jpg")

dst = cv2.GaussianBlur(img,(5,5),0,0)
cv2.imshow("origin",img)
cv2.imshow("cv2.GaussianBlur",dst)
cv2.imwrite("GaussianBlur.jpg",dst)
cv2.waitKey()
cv2.destroyAllWindows()
```

高斯滤波的结果如图12-19所示。

图12-19　高斯滤波的结果

12.6.4　中值滤波

中值滤波是指提取当前像素点及其周围邻近像素点（一共有奇数个）的像素值并将这些像素值排序，然后将位于中间位置的像素值作为当前像素点的像素值。该方法的函数原型如下：

```
dst = cv2.medianBlur(img, ksize)
```

例12-14：利用medianBlur方法进行中值滤波。

```
import cv2
```

```
img=cv2.imread(r"C:\example\Dog.jpg")
dst = cv2.medianBlur(img,3)
cv2.imshow("origin",img)
cv2.imshow("cv2.medianBlur",dst)
cv2.imwrite("medianBlur.jpg",dst)
cv2.waitKey()
cv2.destroyAllWindows()
```

中值滤波的结果如图12-20所示。

图12-20　中值滤波的结果

12.6.5　双边滤波

双边滤波是综合考虑空间信息和色彩信息的滤波方式，在滤波过程中能够有效地保护图像的边缘信息。双边滤波在计算某一个像素点的新值时，不仅考虑距离信息（距离越远则权重越小），还考虑色彩信息（色彩差别越大则权重越小）。双边滤波综合考虑距离和色彩的权重，既能够有效地去除噪声，又能够较好地保护边缘信息。

在双边滤波中，对于与当前像素点色彩相近的像素点（颜色距离很近）会给予较大的权重值，而与当前色彩差别较大的像素点（颜色距离很远）会被给予较小的权重值（极端情况下权重可能为0，直接忽略该点的作用）。这样就保护了边缘信息。该方法的函数原型如下：

```
dst = cv2.bilateralFilter(img,d,sigmaColor,sigmaSpace,borderType )
```

其中，参数d是在滤波时选取的空间距离参数，表示以当前像素点为中心点的直径，sigmaColor是滤波处理时选取的颜色差值范围，该值决定了周围哪些像素点能够参与滤波；sigmaSpace是坐标空间中的sigma值，它的值越大说明有越多的点能够参与到滤波计算中来。

例12-15：利用bilateralFilter方法进行双边滤波。

```
import cv2
img=cv2.imread(r"C:\example\Dog.jpg")

dst = cv2.bilateralFilter(img,25,100,100)
cv2.imshow("origin",img)
cv2.imshow("cv2.bilateralFilter",dst)
cv2.imwrite("bilateralFilter.jpg",dst)
cv2.waitKey()
cv2.destroyAllWindows()
```

双边滤波的结果如图12-21所示。

图12-21　双边滤波的结果

12.6.6　2D卷积（自定义卷积核）滤波

前面的几种滤波方式所使用的卷积核都具有一定的灵活性，一般都能够方便地设置卷积核的大小和数值。但是我们有时希望根据特殊目的而使用特定的卷积核实现卷积操作，就需要用到cv2.filter2D函数。该函数允许自行设计卷积核来实现图像的卷积操作，函数原型如下：

```
dst = cv2.filter2D(img,ddepth,kernel,anchor,delta,borderType)
```

其中，参数delta是一个可选的修正值，如果对其进行设置，那么输出的结果会在滤波处理的基础上再加上这个修正值后得到最终的结果。例12-16是通过自定义卷积核来实现均值滤波的代码，执行结果如图12-22所示。

例12-16：利用filter2D方法实现自定义卷积核滤波。

```
import cv2
import numpy as np
import matplotlib.pyplot as plt

img=cv2.imread(r"C:\example\Dog.jpg")

kernel = np.ones((3,3),np.float32)/9  # 自定义的卷积核
dst = cv2.filter2D(img,-1,kernel)

cv2.imshow("origin",img)
cv2.imshow("cv2.filter2D",dst)
cv2.imwrite("filter2D.jpg",dst)
cv2.waitKey()
cv2.destroyAllWindows()
```

图12-22　自定义卷积核的滤波结果

自定义卷积核滤波的功能非常强大。下面给出几个不同的卷积核，用其替换掉例12-16中卷积核kernel的定义后看看会输出什么样的结果。

卷积核1：

$$\begin{matrix} 0 & 1.5 & 0 \\ 1.5 & -6 & 1.5 \\ 0 & 1.5 & 0 \end{matrix}$$

卷积核2：

$$\begin{matrix} 0 & -1 & 0 \\ -1 & 5 & -1 \\ 0 & -1 & 0 \end{matrix}$$

卷积核3：

$$\begin{matrix} -2 & -1 & 0 \\ -1 & 1 & 1 \\ 0 & 1 & 2 \end{matrix}$$

卷积核4：

–1	–2	1
0	0	0
1	2	1

为了进一步表现出本节的几种滤波方法的效果，例12-17将对原始的图像Dog.jpg进行椒盐噪声处理并保存为新图像Dog_noise.jpg。读者可以执行例12-17并用噪声处理后的新图像Dog_noise.jpg代替本节中各例子代码中的Dog.jpg，观察结果。

例12-17：给图像添加椒盐噪声。

```
import cv2
import numpy as np
import random

#生成噪点图
def sp_noise(image, prob):
    # 添加椒盐噪声
    # prob:噪声比例
    output = np.zeros(image.shape, np.uint8)
    thres = 1 - prob
    for i in range(image.shape[0]):
        for j in range(image.shape[1]):
            rdn = random.random()
            if rdn < prob:
                output[i][j] = 0
            elif rdn > thres:
                output[i][j] = 255
            else:
                output[i][j] = image[i][j]
    return output
img=cv2.imread(r"C:\example\Dog.jpg")
img_sp = sp_noise(img, 0.01)

cv2.imshow("椒盐噪声图像",img_sp)
cv2.imwrite(r"C:\example\Dog_noise.jpg",img_sp)
cv2.waitKey()
cv2.destroyAllWindows()
```

12.7 图像的形态学操作

形态学最初是生物学中研究动物和植物结构的一个分支，在被引入图像处理后，图像形态学就指以形态为基础对图像进行分析的技术。图像形态学操作的核心思想是从图像中提取用于表达或描绘图像形状的信息。

图像形态学主要是对二值图像进行操作，用来连接相邻的元素或分离成独立的元素，也可以对灰度图像进行处理。图像形态学的操作主要有腐蚀、膨胀、开运算、闭运算、梯度运算、顶帽运算、黑帽运算等。其中腐蚀和膨胀是基本操作，其他操作都是在腐蚀和膨胀的基础上衍生而来的。这些操作在视觉检测和图像理解等领域有着重要的应用。

12.7.1 图像腐蚀

图像腐蚀是指在图像中对物体的边缘加以腐蚀。具体的操作是通过一个结构元（也叫作卷积核）沿着图像滑动，如果卷积核对应的原图的所有像素值为1，那么中心元素就保持原来的值，否则变为0。OpenCV中提供腐蚀操作的函数为cv2.erode（img，kernel_size，iterations），其中img是输入的图像，kernel_size是卷积核的大小，iterations是重复运行的次数。

例12-18：利用erode实现图像腐蚀。

```
import cv2
import numpy as np
import matplotlib.pyplot as plt

img = cv2.imread(r'C:\example\Morphology_BlackBG.jpg')
kernel = np.ones((5,5), np.uint8)
img_erode = cv2.erode(img, kernel,100)

fig, axes = plt.subplots(1,2, figsize=(10,5), dpi=100)
axes[0].imshow(img)
axes[0].set_title('原图', fontproperties='SimHei', fontsize=20)
axes[1].imshow(img_erode)
axes[1].set_title('腐蚀', fontproperties='SimHei', fontsize=20)
plt.show()
```

输出结果如图12-23所示。具有黑色背景的白色物体在经过腐蚀操作之后，白色的短线条已经不见了，同时白色区域也变小了。

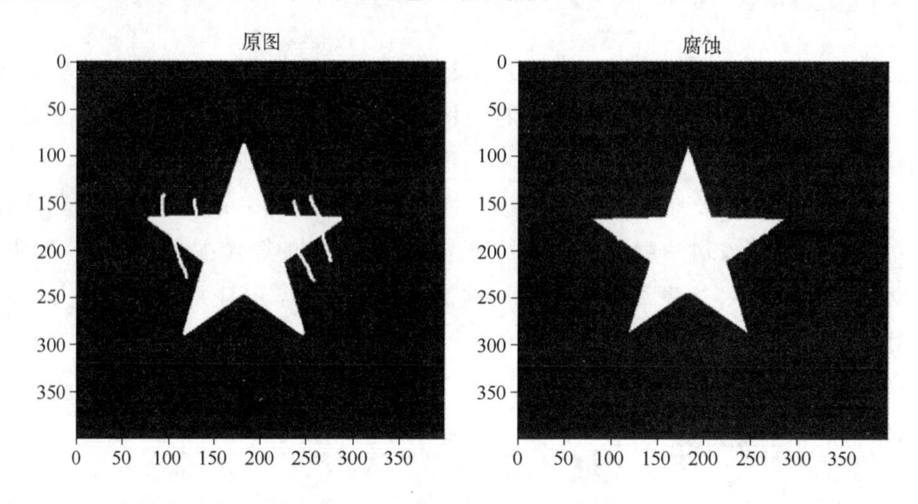

图12-23 图像腐蚀的结果（黑色背景）

如果将例12-18中的原始图像Morphology_BlackBG.jpg（黑色背景白色物体）换为白色背景黑色物体的Morphology_WhiteBG.jpg，执行结果如图12-24所示。在图12-24中，五角星周边的短线条不仅没有消失，反而变得更粗了。这是为什么呢？

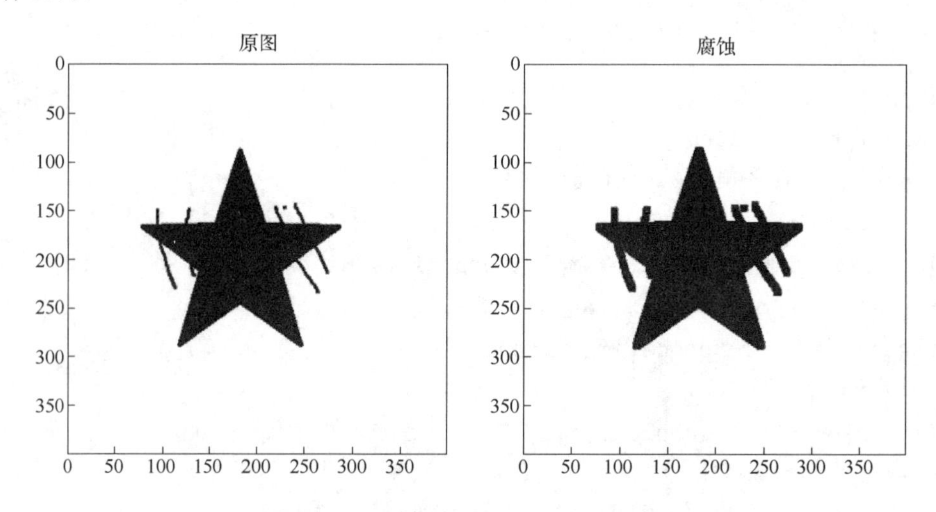

图12-24 图像腐蚀的结果（白色背景）

实际上腐蚀和下面将要介绍的膨胀都是对白色部分（高亮部分）而言的，不是针对黑色部分。因此图像的膨胀处理就是对图像中的高亮部分进行膨胀，输出的图像拥有比原图更大的高亮区域。而腐蚀就是原图中的高亮部分被腐蚀，输出的图像拥有比原图更小的高亮区域。

对于大多数的图像，一般相对于背景而言物体本身的颜色（灰度）更深一些，所以二值化之后物体会成为黑色，而背景则成为白色。此时将物体用黑色（灰度值0）表示，而背景用白色（灰度值255）表示。当然这种设定只是一种处理上的习惯，它与形态学算法本身无关。

12.7.2　图像膨胀

膨胀和腐蚀是完全相反的操作。膨胀能对图像的边界进行扩展，就是将图像的轮廓加以膨胀。实现的原理与腐蚀操作一样，通过一个卷积核对图像的每个像素做遍历处理。不同之处在于生成的像素值不是所有像素中的最小值，而是最大值。

图像膨胀操作会将图像外围的突出点连接起来并向外延伸，通过函数cv2.dilate（image，kernel，iterations）来实现。其中参数image表示要操作的图像，kernel是膨胀的核函数，iterations是迭代次数。迭代次数越多则膨胀的效果越明显。

例12-19：利用dilate实现图像膨胀。

```
import cv2
import numpy as np
import matplotlib.pyplot as plt

img = cv2.imread(r'C:\example\Morphology_BlackBG.jpg')
kernal = np.ones((3,3),np.uint8)
dilate = cv2.dilate(img,kernal,10)

fig, axes = plt.subplots(1,2, figsize=(10,5), dpi=100)
axes[0].imshow(img)
axes[0].set_title('原图', fontproperties='SimHei', fontsize=20)
axes[1].imshow(dilate)
axes[1].set_title('膨胀', fontproperties='SimHei', fontsize=20)
plt.show()
```

输出结果如图12-25所示。

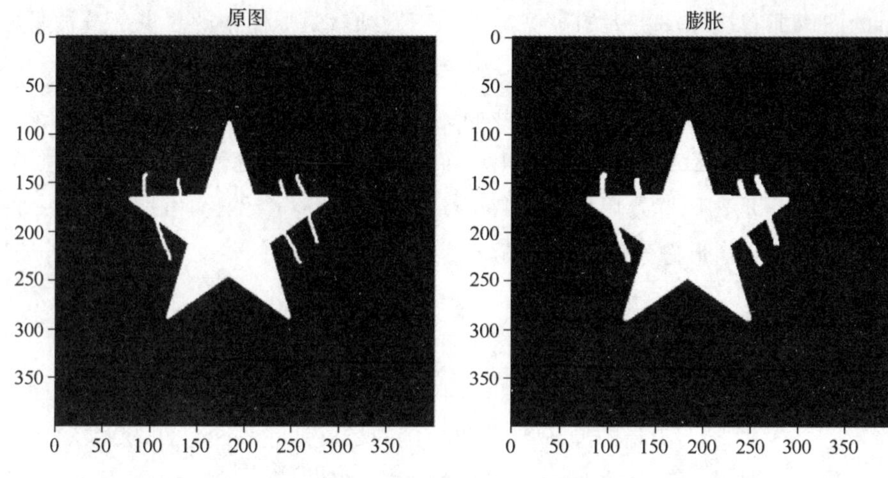

图12-25　图像膨胀的结果

12.7.3　组合形态学操作

将图像腐蚀和膨胀的操作进行组合就可以实现开运算、闭运算、梯度、顶帽、黑帽等运算。在OpenCV中提供了cv2.morphologyEx（img，op，kernel）方法来实现上述运算，其中参数op的取值如表12-2所示。

表12-2　在cv2.morphologyEx函数中参数op的常用取值

形态学操作	op位取值
开运算	cv2.MORPH_OPEN
闭运算	cv2.MORPH_CLOSE
梯度运算	cv2.MORPH_GRADIENT
顶帽运算	cv2.MORPH_TOPHAT
黑帽运算	cv2.MORPH_BLACKHAT

（1）开运算与闭运算

开运算是一种组合形态学操作，先对图像进行腐蚀，然后再进行膨胀操作。通过这种方法可以去除图像中的一些白噪声。闭运算的处理顺序和开运算相反，即先膨胀后腐蚀。例12-20给出了图像开运算和闭运算的代码，执行结果如图12-26所示。

例12-20：图像的开运算和闭运算。

```
import cv2
import numpy as np
```

```
import matplotlib.pyplot as plt

img = cv2.imread(r'C:\example\ch12-7.jpg')
kernel = np.ones((3,3),np.uint8)
opening = cv2.morphologyEx(img,cv2.MORPH_OPEN,kernel,1000)
closeing = cv2.morphologyEx(img,cv2.MORPH_CLOSE,kernel,1000)

fig, axes = plt.subplots(1,3, figsize=(15,5))
axes[0].imshow(img)
axes[0].set_title('原图', fontproperties='SimHei', fontsize=20)
axes[1].imshow(opening)
axes[1].set_title('开运算', fontproperties='SimHei', fontsize=20)
axes[2].imshow(closeing)
axes[2].set_title('闭运算', fontproperties='SimHei', fontsize=20)
plt.show()
```

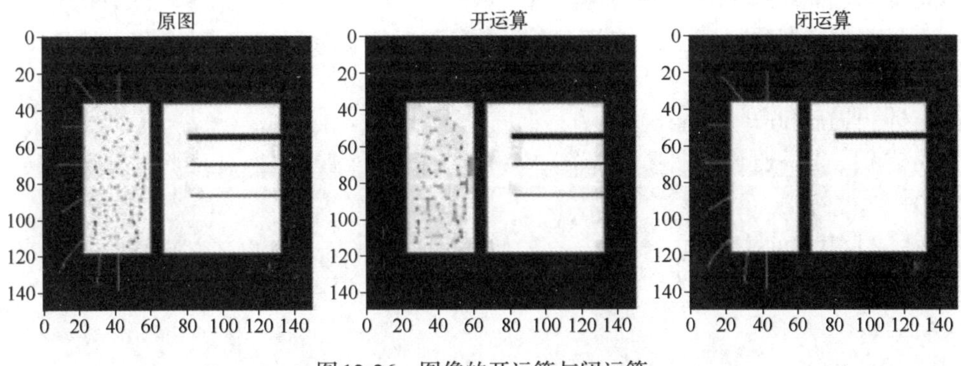

图12-26　图像的开运算与闭运算

从图12-26的输出结果可以看出，开运算对于去除白色噪点以及分开粘连区域具有较好的效果，而闭运算则更适用于去除黑色噪点以及用于连接区域。

（2）梯度运算、顶帽运算和黑帽运算

形态学的梯度运算是将膨胀后的图像减去腐蚀后的图像，因此可以获取原始图像中物体的边缘轮廓。顶帽运算是用原图像减去开运算后的图像，用于凸显暗背景上的亮物体（例如图像中的噪声信息）。黑帽算法是用闭运算后的图像减去原始图像，用于凸显亮背景上的暗物体（例如获取图像内部的小孔或者图像中的小黑点）。例12-21是梯度运算、顶帽运算和黑帽运算的代码，执行结果如图 12-27 所示。

例 12-21：梯度运算、顶帽运算和黑帽运算。

```
import cv2
import numpy as np
import matplotlib.pyplot as plt

img = cv2.imread(r'C:\example\ch12-7.jpg')
kernel = np.ones((3,3),np.uint8)

# 梯度运算、顶帽运算和黑帽运算
gradient = cv2.morphologyEx(img,cv2.MORPH_GRADIENT,kernel,1)
tophat = cv2.morphologyEx(img,cv2.MORPH_TOPHAT,kernel,1000)
blackhat = cv2.morphologyEx(img,cv2.MORPH_BLACKHAT,kernel,1)

fig, axes = plt.subplots(1,3, figsize=(15,5))
axes[0].imshow(gradient)
axes[0].set_title('梯度运算', fontproperties='SimHei', fontsize=
20)
axes[1].imshow(tophat)
axes[1].set_title('顶帽运算', fontproperties='SimHei', fontsize=
20)
axes[2].imshow(blackhat)
axes[2].set_title('黑帽运算', fontproperties='SimHei', fontsize=
20)
plt.show()
```

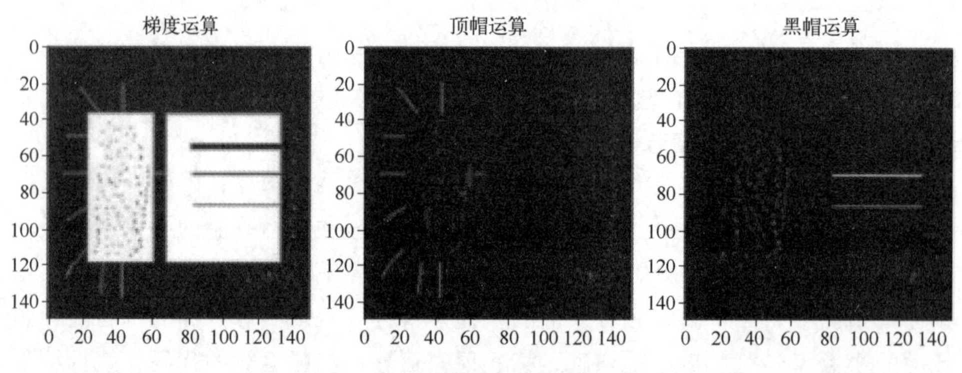

图 12-27　三种形态学变换的结果

12.8 Canny边缘检测

我们知道图像中不同物体的边缘是由两个相邻区域之间的边界像素集合组成，图像边缘的灰度值将发生突变。基于边缘检测的图像分割方法是首先检测出图像中的边缘像素，然后再把这些边缘像素连接在一起组成区域的边界。图像中的边缘可以通过微分算子来确定，而在数字图像处理中微分运算通常被差分计算所代替。

衡量一个边缘检测算法的主要标识指标为以下三项。

① 低错误率：能够标识出尽可能多的实际边缘，同时尽量减少噪声产生的误报。

② 高定位率：标识出的边缘要与图像中的实际边缘尽可能接近。

③ 最小响应：图像中的边缘只能标识一次，并且不能将可能存在的图像噪声标识为边缘。

OpenCV中提供了Canny边缘检测算法，该算法被认为是边缘检测中非常优秀的算法。为了满足上述指标，Canny算法使用了变分法，它是一种寻找满足特定功能函数的方法。Canny边缘检测非常近似于高斯函数的一阶导数，它的步骤如下：

① 消除噪声，通常采用高斯平滑滤波器卷积降噪。

② 计算梯度幅值和方向。梯度方向一般取0、45、90、135中的一个。

③ 非极大值抑制。这是为了排除非边缘像素，仅仅保留一些细线条作为候选边缘。

④ 滞后阈值。它有两个阈值，分别为高阈值和低阈值。若某一像素位置的幅值超过高阈值，则该像素被保留为边缘像素；若某一像素位置的幅值小于低阈值，则该像素不被认为是边缘；若某一像素位置的幅值处于高、低阈值之间，则该像素仅仅在连接到一个高于高阈值的像素时才被保留。

OpenCV提供的Canny算法函数原型如下：

```
Canny(InputArray image, double threshold1,double threshold2,
OutputArray  edges=None,  int  apertureSize=None, bool  L2gradient=
None)
```

各个参数的说明如下：

· image：输入图像（源图像），单通道为8bit。

· threshold1：第一个滞后性阈值。

· threshold2：第二个滞后性阈值。

· edges：输出边缘图，需要一样的尺寸和数据类型。

· apertureSize：应用Sobel算子的孔径大小，默认值为3。

· L2gradient：计算图像梯度幅度值的情况，默认值为False。如果该值为True则使用更精确的L2范数进行计算。

例12-22给出了利用Canny算子实现边缘检测的代码，结果如图12-28所示。我们也可以尝试在函数Canny中输入其他的参数值，并观察、分析得到的不同结果。

例12-22：利用Canny算子实现边缘检测。

```
import cv2
import numpy as np
from matplotlib import pyplot as plt

img = cv2.imread(r'C:\example\Dog.jpg',0)
edges = cv2.Canny(img,100,200)

fig, axes = plt.subplots(1,2, figsize=(10,5), dpi=100)
axes[0].imshow(img,cmap = 'gray')
axes[0].set_title('原图', fontproperties='SimHei', fontsize=20)
axes[1].imshow(edges,cmap = 'gray')
axes[1].set_title('边缘检测', fontproperties='SimHei', fontsize=
20)
plt.show()
```

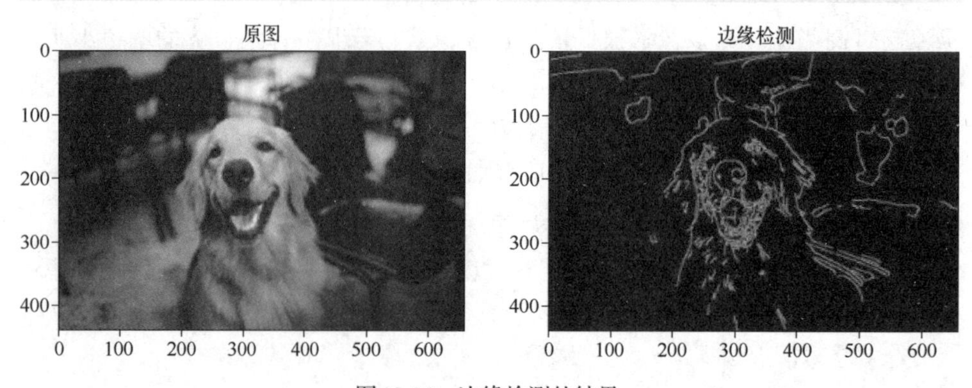

图12-28 边缘检测的结果

例12-23给出了一个通过摄像头实时采集视频并利用Canny算子实现边缘检

测的代码。运行该程序并尝试使用本章介绍的其他图像处理方法。

例12-23：视频边缘检测。

```
import cv2
import numpy as np


def detect_Canny():
    cap=cv2.VideoCapture(0)
    while cap.isOpened():
        rst,frame=cap.read()
        # 缩放图像的大小
        img = cv2.resize(src=frame, dsize=(512, 512))
        # 对图像进行边缘检测,低阈值=30,高阈值=100,可修改数值
        img_canny = cv2.Canny(img, threshold1=30, threshold2=100)
        # 显示检测之后的图像
        cv2.imshow('image', img_canny)
        if cv2.waitKey(1)&0XFF==27:
            break
    cap.release()
    cv2.destroyAllWindows()

# 销毁所有的窗口
cv2.destroyAllWindows()

if __name__ == '__main__':
    detect_Canny()
```

12.9 图像的模板匹配

模板匹配是一种用于查找图像中是否存在与模板相似区域的技术。模板是具有某些特征的小图像，模板匹配的目标就是在图像中找到模板。因此用户必须提供两个输入图像，一个是用于在其中找到模板的源图像，另一个是希望在源图像中找到的模板图像。

模板匹配的原理非常简单，通过在较大图像中搜索和查找模板图像并确定所在位置即可。可以通过OpenCV的cv2.matchTemplate函数实现这一功能，该函

数的返回值包含了最大匹配度以及在源图像中匹配的位置信息。该函数的三个参数分别为源图像img_gray、要匹配的模板template，以及匹配方法method。表12-3给出了method的可选取值。例12-24为模板匹配的代码，执行结果如图12-29所示。

表12-3　模板匹配中可选的匹配方法

名称	说明	备注
cv2.TM_SQDIFF	平方差匹配法	所得结果等于0则表示匹配度最好，结果数值越大则表示匹配度越差
cv2.TM_SQDIFF_NORMED	归一化平方差匹配法	
cv2.TM_CCORR	相关性匹配法	采用模板和图像间的乘法操作。结果数值越大表示匹配度越高，等于0表示最坏的匹配效果
cv2.TM_CCORR_NORMED	归一化相关性匹配法	
cv2.TM_CCOEFF	相关系数匹配法	将模板对其均值的相对值与图像对其均值的相对值进行匹配。结果数值等于1表示完美匹配，等于-1表示最差匹配，等于0表示没有任何相关性（随机序列）
cv2.TM_CCOEFF_NORMED	归一化相关系数匹配法	

在表12-3中，随着从简单的平方差匹配到相关性匹配，再到更复杂的相关系数匹配，我们可获得越来越准确的匹配，但同时也意味着越来越大的计算代价。平方差是越小越好，而相关性是越接近1（越大）越好，所以平方差匹配在使用时和相关性匹配及相关系数匹配是有区别的。

例12-24：模板匹配法。

```
import cv2
import numpy as np
from matplotlib import pyplot as plt

img = cv2.imread(r'C:\example\Dog.jpg',0) # 源图像
template = cv2.imread(r'C:\example\ch12-9_Template.jpg',0) # 模板图像
th, tw = template.shape[::] # 获得模板图像的高度th和宽度tw

rv = cv2.matchTemplate(img,template,cv2.TM_SQDIFF) # 进行模板匹配
minVal, maxVal, minLoc, maxLoc = cv2.minMaxLoc(rv)
topLeft = minLoc
bottomRight = (topLeft[0] + tw, topLeft[1] + th)

# 在源文件中用方框绘制出匹配的模板
```

```
cv2.rectangle(img,topLeft, bottomRight, 255, 2)

fig, axes = plt.subplots(1,2, figsize=(10,5), dpi=100)
axes[0].imshow(template,cmap = 'gray')
axes[0].set_title('模板', fontproperties='SimHei', fontsize=20)
axes[1].imshow(img,cmap = 'gray')
axes[1].set_title('源图像', fontproperties='SimHei', fontsize=20)
plt.show()
```

输出结果如图12-29所示，其中图（a）是模板的灰度图像，图（b）是在源图像中匹配到模板后的灰度图结果。

(a) 模板的灰度图像

(b) 模板匹配的结果

图12-29　源图像中只包含一个模板图像的匹配结果

例12-24中，在读取了源图像和模板图像并获得模板的高度与宽度后，通过cv2.matchTemplate方法获取模板图像与源图像各区域的匹配度，并通过cv2.min-

MaxLoc函数查找匹配所在的位置。定义topLeft为模板匹配位置的左上角坐标，结合模板图像的宽度tw 和高度th就可以确定匹配位置的右下角坐标。最终利用cv.rectangle绘制矩形标注出匹配的区域。

这种方法中模板和原图的方向必须一致。如果模板角度与在源图像中的角度不同（发生了旋转），那么就无法完成匹配任务了。同时在例12-24中，要匹配的对象仅在源图像中出现了一次，此时cv2.minMaxLoc通过最值就可以确定匹配区域的位置信息。如果在源图中出现多个可匹配的对象，那该如何处理呢？

如果存在多个可以匹配的结果，那么我们就希望获得所有的匹配信息。此时就要用到阈值来帮助完成筛选并通过where函数获取位置集合，然后分别将这些匹配信息标注出来。在实际应用中阈值的大小取决于在源图像中检测模板的精度。如果希望完成一些高精度的识别任务，可以将阈值设置得高一些（在例12-25中，阈值threshold被设定为0.9）。下面运行例12-25，并观察、分析结果。

例12-25：使用模板匹配方式，在源图像中标记所有与模板图像匹配的地方。

```
import cv2
import numpy as np
from matplotlib import pyplot as plt

img = cv2.imread(r'C:\example\Dogs.jpg',0)
template = cv2.imread(r'C:\example\ch12-9_Template2.jpg',0)
th, tw = template.shape[::-1]

res = cv2.matchTemplate(img,template,cv2.TM_CCOEFF_NORMED)

# 设置模板匹配度的阈值,大于该阈值的将被保留
threshold = 0.9
loc = np.where( res >= threshold)
for pt in zip(*loc[::-1]):
    cv2.rectangle(img, pt, (pt[0] + tw, pt[1] + th), 255, 1)
```

```
fig, axes = plt.subplots(1,2, figsize=(10,5), dpi=100)
axes[0].imshow(template,cmap = 'gray')
axes[0].set_title('模板', fontproperties='SimHei', fontsize=20)
axes[1].imshow(img,cmap = 'gray')
axes[1].set_title('源图片', fontproperties='SimHei', fontsize=20)
plt.show()
```

输出结果如图12-30所示，其中图（a）是模板的灰度图像，图（b）是在源图像中匹配到2个模板图像后的灰度图结果。

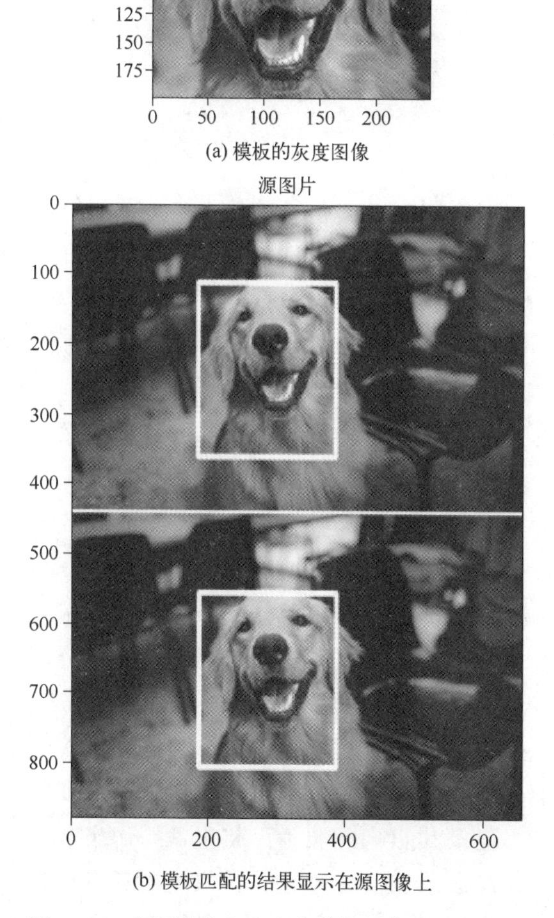

(a) 模板的灰度图像

(b) 模板匹配的结果显示在源图像上

图12-30 源图像中包含多个模板图像的匹配结果

12.10 利用GrabCut提取前景

前景提取属于图像分割。图像分割指的是根据灰度、颜色、纹理和形状等特征把图像划分成若干互不交叠的区域，并使这些特征在同一区域内呈现出相似性，而在不同区域间呈现出明显的差异性。常见的图像分割方法包括基于阈值的分割方法、基于边缘的分割方法和基于区域的分割方法。

基于阈值的图像分割是从图像的灰度特征来计算一个或多个灰度阈值，并将图像中每个像素的灰度值与阈值相比较，根据比较的结果最后将像素分到合适的类别中。该类方法中最为关键的一步就是按照某个准则函数来求解最佳灰度阈值。

基于边缘的图像分割是以图像中两个不同区域的边界为分割依据。所谓边缘是指图像中两个不同区域在边界线上连续的像素点的集合，它反映了图像局部特征的不连续性，体现了灰度、颜色、纹理等图像特性的突变。在通常情况下，基于边缘的分割方法指的是基于灰度值的边缘检测，这是因为处于边缘的灰度值会呈现出阶跃型或屋顶型变化的特性。阶跃型边缘两边像素点的灰度值存在差异，而屋顶型边缘灰度值的差异则位于灰度值上升或下降的转折处。正是基于这种特性，可以使用微分算子进行边缘检测，例如使用一阶导数的极值与二阶导数的过零点来确定边缘，这一算法可以使用图像与模板的卷积来实现。

基于区域的图像分割是将图像按照相似性准则分成不同的区域，主要包括种子区域生长法、区域分裂合并法和分水岭法等几种类型。

种子区域生长法是从一组代表不同生长区域的种子像素开始，接下来将种子像素邻域里符合条件的像素合并到种子像素所代表的生长区域中，并将合并过来的新像素作为同一类种子像素继续合并过程，直到找不到符合条件的新像素为止。该方法的关键是选择合适的初始种子像素以及合理的合并生长准则。

区域分裂合并法是首先将图像任意分成若干个互不相交的区域，然后再按照相关准则对这些区域进行分裂或者合并从而逐步完成分割任务。该方法既适用于灰度图像分割也适用于纹理图像分割。

分水岭法是一种基于拓扑理论的数学形态学的分割方法，基本思想是把图像看作是测地学上的拓扑地貌。图像中每一点像素的灰度值表示该点的海拔高度，每一个局部极小值及其影响区域称为集水盆，而集水盆的边界则形成分水岭。该算法可以模拟成洪水淹没的过程，图像的最低点首先被淹没，然后水逐渐淹没整个山谷。当水位到达一定高度的时候将会溢出，这时在水溢出的地方修建堤坝。重复这个过程直到整个图像上的点全部被淹没，这时所建立的一系列堤坝就成为分开各个盆地的分水岭。分水岭算法对微弱的边缘有着良好的响应，但图像中的噪声会使分水岭算法产生过度分割的可能。

本节介绍的GrabCut是一种基于区域的图像分割方式，属于区域分裂合并法。它使用图像的颜色和纹理特征来分割图像中的物体，通过图割技术将图像分割成由背景和前景区域组成的多个区域。

从要被分割对象的指定边界框开始，使用高斯混合模型估计被分割对象和背景的颜色分布（将图像只分为被分割对象和背景两部分）。简而言之，就是只需确认前景和背景，该算法就可以完成前景和背景的最优分割。它利用图像中纹理（颜色）信息和边界（反差）信息，只要少量的用户交互操作就可以得到较好的分割效果。

GrabCut算法和分水岭法相似，但计算速度比分水岭法要快。GrabCut算法是使用机器学习技术来提取图像中的物体轮廓，而分水岭算法使用分水岭变换技术来提取图像中的物体轮廓。此外，GrabCut算法需要用户提供一些初始信息，而分水岭算法不需要用户提供任何信息。

GrabCut算法首先将前景所在的大致位置使用矩形框进行标注（包括前景和一部分背景），所以该矩形区域内实际上还是一个未确定区域，但是该矩形区域以外的部分就都是确定的背景了。然后根据矩形框外部的确定背景数据来区分矩形框区域内的前景和背景。用高斯混合模型GMM对前景和背景建模，GMM会根据用户的输入学习并创建新的像素分布，对非分类的像素（可能是背景也可能是前景）将根据其与已知分量像素（前景和背景）的关系进行分类。

之后算法会根据像素分布情况生成一幅图，图中的节点就是各个像素点。除了像素点之外，还有两个节点，分别是前景节点和背景节点。所有的前景像素都和前景节点相连，所有的背景像素都和背景节点相连。每个像素连接到前景节点或背景节点的边的权重由像素是前景或背景的概率来决定。同种的每个像素除了与前景节点或背景节点相连外，彼此之间还存在连接，而连接的边的权重值由它们的相似性决定，两个像素的颜色越近则边的权重值越大。

在完成节点连接后，下面就是在这幅连通的图上根据各个边的权重关系进行分割，将不同的点划分为前景节点或背景节点。这一过程不断重复就实现了对前景和背景的分离。

在OpenCV中提供了cv2.grabCut函数来实现前景提取。该函数的语法如下：

```
cv2. grabCut (img, mask, rect, bgdModel, fgdModel, iterCount [, mode])
```

各个参数的意义如下：

· img：输入的8位3通道图像。

· mask：输入/输出一个8位单通道掩码。当模式设置为GC_INIT_WITH_RECT时，该函数会初始化掩码。

· rect：包含分割对象的感兴趣区域。在该区域之外的像素被标记为明显的背景。该参数仅在mode==GC_INIT_WITH_RECT时使用。

· bgdModel：背景模型的临时数组。

· fgdModel：前景模型的临时数组。

· iterCount：在返回结果之前进行的迭代次数。可以使用mode==GC_INIT_WITH_MASK或者mode==GC_EVAL来进一步细化结果。

· mode：操作模式。

例12-26为利用GrabCut提取前景的代码，图12-31为执行结果。在例12-26中，首先创建了一个与加载图像相同形状的mask，随后创建以0填充的前景和背景模型。之所以用数据填充这些模型，是为了产生一个标识出目标对象的矩形框来初始化GrabCut算法。

例12-26：利用GrabCut提取前景。

```
import numpy as np
import cv2
from matplotlib import pyplot as plt

img = cv2.imread(r'C:\example\Dog.jpg')
mask = np.zeros(img.shape[:2],np.uint8) # 与img相同的形状
bgdModel = np.zeros((1,65),np.float64)  # 创建以0填充的背景模型
fgdModel = np.zeros((1,65),np.float64)  # 创建以0填充的前景模型
rect = (100,1,421,378)

# 利用GrabCut函数提取前景
cv2.grabCut(img,mask,rect,bgdModel,fgdModel,5,cv2.GC_INIT_WITH_
RECT)
mask2 = np.where((mask==2)|(mask==0),0,1).astype('uint8')
grabCut_img = img*mask2[:,:,np.newaxis] # 提取出来的前景图像

fig, axes = plt.subplots(1,2, figsize=(10,5), dpi=100)
axes[0].imshow(img)
axes[0].set_title('原图',fontproperties='SimHei', fontsize=20)
```

```
axes[1].imshow(grabCut_img)
axes[1].set_title('前景提取', fontproperties='SimHei', fontsize=
20)
plt.show()
```

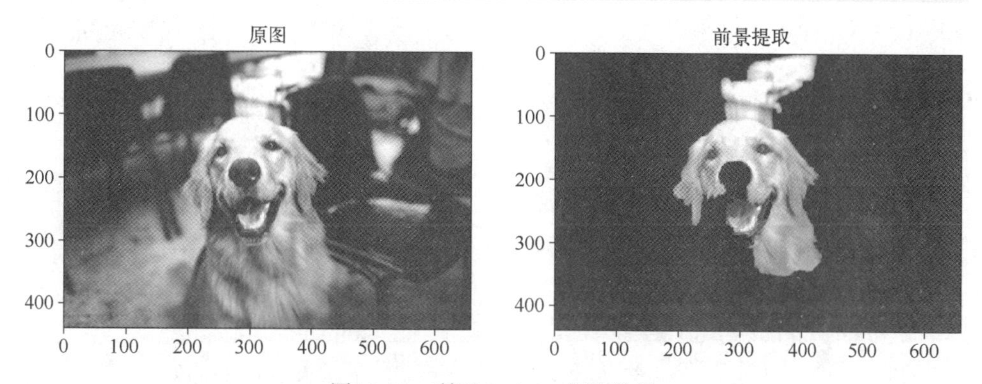

图12-31　利用GrabCut提取前景

在例12-26中，我们使用了一个矩形在源图像中标识前景对象。但这并不是一个好办法，因为矩形之中不可避免地会留有背景的信息。那么能否实现比较自由的手动标注呢？

要完成这一功能就需要了解OpenCV的鼠标交互。我们将在下一节学习这一内容，同时结合本节的例题完成手动标注的前景提取工作。

12.11　OpenCV的鼠标交互

OpenCV的鼠标交互操作主要通过两个函数来实现。第一个函数是cv2.setMouseCallback（windowName，　onMouse　[，　param]）。第二个函数是上面函数setMouseCallback的第二个参数onMouse，称为鼠标回调函数。

在cv2.setMouseCallback（windowName，onMouse［，　param］）中，各参数的意义如下：

· windowName：打开的窗口名称。

· onMouse：定义的鼠标事件函数。对于鼠标回调函数onMouse（event，x，y，flags，param），除了参数param外，其他的参数都是由回调函数自动获取数值。下面是鼠标回调函数onMouse中各参数的意义。

① Event：由回调函数根据鼠标对图像的操作自动获得。内容包含左键点击、左键释放、右键点击等操作。常用的事件如下所示：

EVENT_MOUSEMOVE = 0 鼠标滑动
EVENT_LBUTTONDOWN = 1 左键点击
EVENT_RBUTTONDOWN = 2 右键点击
EVENT_MBUTTONDOWN = 3 中间键点击
EVENT_LBUTTONUP = 4 左键释放
EVENT_RBUTTONUP = 5 右键释放
EVENT_MBUTTONUP = 6 中间键释放
EVENT_LBUTTONDBLCLK = 7 左键双击
EVENT_RBUTTONDBLCLK = 8 右键双击
EVENT_MBUTTONDBLCLK = 9 中间键双击
EVENT_MOUSEWHEEL = 10 滚轮事件
EVENT_MOUSEHWHEEL = 11 滚轮事件

② 参数x，y是由回调函数自动获得，记录了鼠标当前位置的坐标。坐标以图像左上角为原点（0，0），x方向向右为正，y方向向下为正。

③ flags：记录了一些专门的按键操作，典型的flags有下面几种：

EVENT_FLAG_LBUTTON = 1 左键拖拽
EVENT_FLAG_RBUTTON = 2 右键拖拽
EVENT_FLAG_MBUTTON = 4 中间键拖拽
EVENT_FLAG_CTRLKEY = 8 按住Ctrl键不放
EVENT_FLAG_SHIFTKEY = 16 按住Shift键不放
EVENT_FLAG_ALTKEY = 32 按住Alt键不放

④ param则是从函数setMouseCallback里传递过来的参数。该参数在setMouseCallback处是可选参数，所以可以不设置。

下面我们通过例12-27来了解OpenCV中的鼠标交互事件，输出结果如图12-32所示。在这个实例中我们创建了一个回调函数用来监视鼠标按键。当鼠标左键按下之后会在鼠标所在位置生成一个随机颜色的圆，而当鼠标右键按下时将绘制一个颜色随机的矩形框。

例12-27：通过OpenCV的cv2.setMouseCallback函数与鼠标进行交互。

```
import cv2
import numpy as np


def draw_rectangle(event, x, y, flags, param):
```

```
    if event == cv2.EVENT_LBUTTONDOWN:
        pt_color = [int(c) for c in np.random.randint(0, 255, 3)]
        cv2.circle(img1, (x , y ), 10, pt_color, 5)
    elif event == cv2.EVENT_RBUTTONDOWN:
        pt_color = [int(c) for c in np.random.randint(0, 255, 3)]
        cv2.rectangle(img1,(x+10 , y+10 ),(x-10,y-10),pt_color,5)

img = cv2.imread(r'C:\example\Dog.jpg')
img1 = img.copy()
cv2.namedWindow(winname='drawing')
cv2.setMouseCallback('drawing', draw_rectangle)

while True:
    cv2.imshow('drawing', img1)
    if cv2.waitKey(1) & 0xFF == 27:
        break
cv2.destroyAllWindows()
```

图12-32　通过函数cv2.setMouseCallback进行鼠标的交互

下面我们结合上一节的内容，通过例12-28来了解如何用鼠标在图像中完成前景标识这一工作。在这里我们定义了一个鼠标事件的回调函数：当鼠标左键按下的时候记录坐标位置并返回鼠标状态，同时在鼠标左键按下的状态下移动鼠标开始绘制矩形，松开鼠标后矩形绘制结束。在完成矩形框的标识后，就对这个矩形框进行前景提取。输出结果如图12-33所示，从结果可以看到对前景对象的识别效果有了明显的改善。

例12-28：鼠标左键按下后通过滑动在源图像中完成前景标识。

```
import numpy as np
import cv2

# 鼠标事件的回调函数
def on_mouse(event,x,y,flag,param):
      global rect
      global leftButtonDowm
      global leftButtonUp

      # 鼠标左键按下
      if event == cv2.EVENT_LBUTTONDOWN:
           rect[0] = x
           rect[2] = x
           rect[1] = y
           rect[3] = y
           leftButtonDowm = True
           leftButtonUp = False
      # 移动鼠标事件
      if event == cv2.EVENT_MOUSEMOVE:
           if leftButtonDowm and  not leftButtonUp:
                rect[2] = x
                rect[3] = y

      # 鼠标左键松开
      if event == cv2.EVENT_LBUTTONUP:
           if leftButtonDowm and  not leftButtonUp:
               x_min = min(rect[0],rect[2])
               y_min = min(rect[1],rect[3])
               x_max = max(rect[0],rect[2])
               y_max = max(rect[1],rect[3])
               rect[0] = x_min
               rect[1] = y_min
```

```
                rect[2] = x_max
                rect[3] = y_max
                leftButtonDowm = False
                leftButtonUp = True

img = cv2.imread(r'C:\example\Dog.jpg')
mask = np.zeros(img.shape[:2],np.uint8)
bgdModel = np.zeros((1,65),np.float64)
fgdModel = np.zeros((1,65),np.float64)
rect = [0,0,0,0]

leftButtonDowm = False # 鼠标左键按下
leftButtonUp = True    # 鼠标左键松开

cv2.namedWindow('img')
cv2.setMouseCallback('img',on_mouse)
cv2.imshow('img',img)

while cv2.waitKey(2) == -1:
    # 左键按下,开始画矩阵
    if leftButtonDowm and not leftButtonUp:
        img_copy = img.copy()

        # 在img上绘制矩形。线条颜色为green, 线宽为2
        cv2.rectangle(img_copy,(rect[0],rect[1]),(rect[2],rect
[3]),(0,255,0),2)
        cv2.imshow('img',img_copy)

    # 左键松开,矩形画好
    elif not leftButtonDowm and leftButtonUp and rect[2] - rect
[0] ! = 0 and rect[3] - rect[1] ! = 0:

        # 转换为宽度、高度
        rect[2] = rect[2]-rect[0]
        rect[3] = rect[3]-rect[1]
        rect_copy = tuple(rect.copy())
```

```
        rect = [0,0,0,0]
        # 物体分割

        cv2.grabCut(img,mask,rect_copy,bgdModel,fgdModel,5,cv2.
GC_INIT_WITH_RECT)
        mask2 = np.where((mask==2)|(mask==0),0,1).astype('uint8')
        img_show = img*mask2[:,:,np.newaxis]
        cv2.imshow('img',img)  # 显示原图
        cv2.imshow('grabcut',img_show) #显示分割后被提取的前景

cv2.waitKey(0)
cv2.destroyAllWindows()
```

(a) 源图像

(b) 被提取的前景

图 12-33　通过鼠标手动框定的前景提取效果

12.12 角点（特征点）检测

角点又被称为特征点，是图像的重要特征，角点检测就是特征点检测。在现实世界中，角点对应物体的拐角处，例如道路的十字路口、丁字路口等。它是计算机视觉系统中获取图像特征的一种方法，在视频跟踪、三维建模、图像匹配和目标识别等领域，角点检测都存在大量的应用。

角点的通常定义是两条线的交叉点。在实际应用中，大多数所谓的角点检测是寻找特定特征的图像点。这些特征点在图像里有具体的坐标和某些数学特征，比如局部最大或者最小灰度、某些梯度特征等。

角点检测的原理是使用一个固定窗口在图像上进行任意方向上的滑动，然后比较滑动前与滑动后在窗口中的像素灰度变化程度。如果对于任意方向上的

滑动都有较大的灰度变化，那么可以认为该窗口中存在角点。

Harris角点检测是一种直接基于灰度图像的角点提取算法。它的稳定性高，尤其是对拐角型角点检测精度高。但由于采用了高斯滤波，它的运算速度相对较慢，角点信息有丢失和位置偏移的现象，而且角点提取有聚簇现象。在OpenCV中，Harris角点检测是通过函数cv2.cornerHarris进行的，该函数中的参数如下：

- Img：数据类型为float32的输入图像；
- blockSize：角点检测中要考虑的领域大小；
- Ksize：在Sobel求导中使用的窗口大小；
- K：在Harris角点检测方程中的自由参数，取值为［0.04，0.06］。

例12-29是通过函数cv2.cornerHarris实现角点（特征点）检测的代码，执行结果如图12-34所示。

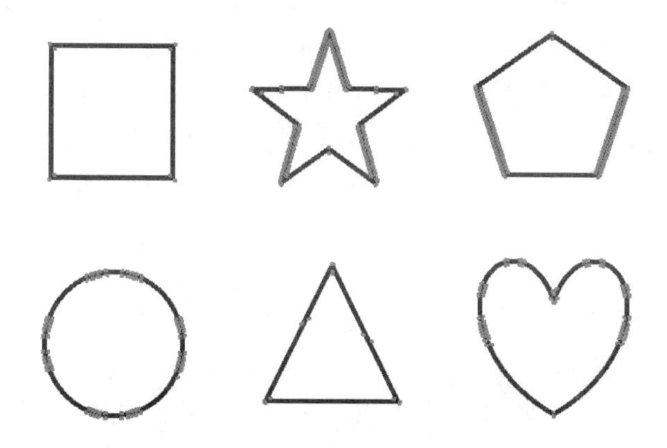

图12-34　角点检测的结果

例12-29：通过函数cv2.cornerHarris实现角点（特征点）的检测。

```
import cv2
import numpy as np

img = cv2.imread(r'C:\example\Corner.jpg')
gray = cv2.cvtColor(img,cv2.COLOR_BGR2GRAY)
gray = np.float32(gray)

dst = cv2.cornerHarris(gray,2,3,0.04)
dst = cv2.dilate(dst,None)
img[dst>0.01*dst.max()]=[0,0,255]
```

```
cv2.imshow('dst',img)
cv2.waitKey(0)
cv2.destroyAllWindows()
```

由图12-34可以看到，通过Harris角点检测能够提取到图像中的一些角点信息，但是仍然有优化的空间。在OpenCV中还提供了基于梯度的角点检测方法Shi-Tomasi和FAST特征点检测方法，读者可自行编程测试。

12.13 利用Haar算法进行人脸检测

在本节我们将学习使用Haar特征的级联检测器算法进行人脸识别，这是一种基于机器学习的方法。该算法是从许多的正负图像中训练级联函数，然后将其用于检测在其他图像中是否存在被检对象，所以这种方法也叫作对象检测。

实际上这种级联分类器就是预先训练好的模型。在OpenCV中提供了很多预训练好的分类器，例如人脸、汽车、微笑、眼睛和车牌检测等，我们可以将这些预训练过的分类器下载到自己的电脑里，然后直接调用这些分类器就可以实现对特定对象的检测。

本节通过实例应用面部和眼部的检测器，用来检测一张图像中是否存在人脸。如果存在人脸，就标注出人脸和眼睛的位置。因此首先需要下载对应的预训练好的人脸和眼睛的XML分类器。

如图12-35所示，在此之前我们还需要确定安装的OpenCV版本：打开命令行后输入“cmd”，回车后进入命令行控制台。然后输入“python”进入Python环境，之后输入“import cv2”导入我们的OpenCV。此时输入“cv2._ _version_ _”即可查询到计算机中当前的OpenCV版本号了（图12-35显示我们的OpenCV版本是4.4.0）。

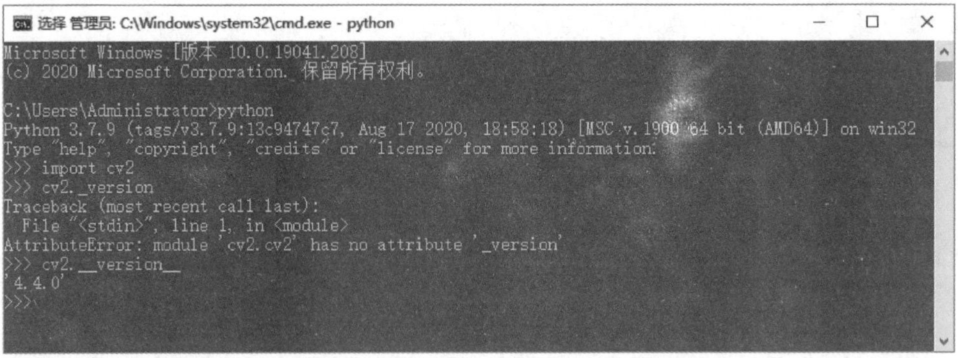

```
选择 管理员: C:\Windows\system32\cmd.exe - python
Microsoft Windows [版本 10.0.19041.208]
(c) 2020 Microsoft Corporation. 保留所有权利。

C:\Users\Administrator>python
Python 3.7.9 (tags/v3.7.9:13c94747c7, Aug 17 2020, 18:58:18) [MSC v.1900 64 bit (AMD64)] on win32
Type "help", "copyright", "credits" or "license" for more information.
>>> import cv2
>>> cv2._version
Traceback (most recent call last):
  File "<stdin>", line 1, in <module>
AttributeError: module 'cv2.cv2' has no attribute '_version'
>>> cv2.__version__
'4.4.0'
>>>
```

图12-35 查看OpenCV版本

在确认了安装的OpenCV版本之后，可以前往OpenCV的官网或者可以使用的镜像网站并搜索到对应的OpenCV版本。如图12-36所示，在进入下载界面后点击Sources链接即可得到一个压缩文件，在这个压缩文件的data/harrcascades目录下即可找到相应的XML分类器。本书已将例题所需的4.4.0版本OpenCV对应的两个分类器文件放到了本章的代码文件夹内。如果读者所用的OpenCV版本不同，那么可自行下载所需的分类器文件。

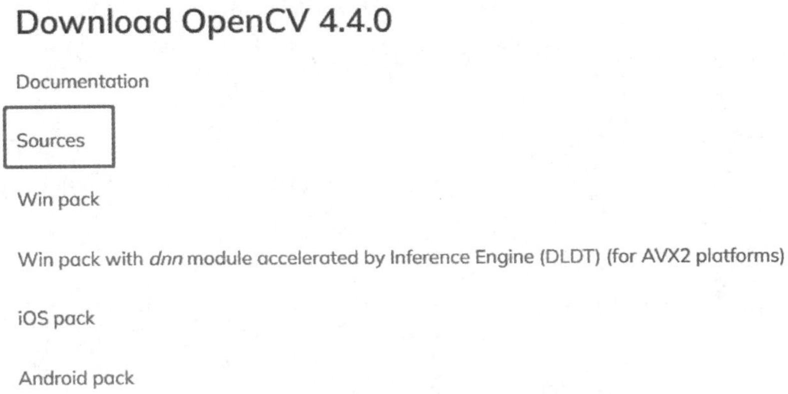

图12-36 从OpenCV官网中下载所需的分类器

例12-30给出了调用人脸和眼睛分类器的代码，执行结果如图12-37所示。在例12-30中，首先分别加载了下载好的人脸和眼睛的分类器，然后通过detectMultiScale先对面部进行检测，在检测到面部之后就绘制一个矩形框将其标注出来。将面部区域进行划分后，在该区域内再进行眼部识别。

例12-30：使用OpenCV的预训练好的分类器进行人脸和眼睛的检测。

```
import cv2
import numpy as np

# 直接读取预训练好的人脸模型haarcascade_frontalface
face_cascade=cv2. CascadeClassifier ('haarcascade_frontalface_de-
fault.xml')

# 直接读取预训练好的眼睛模型haarcascade_eye
eye_cascade=cv2.CascadeClassifier('haarcascade_eye.xml')

img=cv2.imread(r'C:\example\Boy.jpg')
gray=cv2.cvtColor(img,cv2.COLOR_BGR2GRAY)
```

```
# 检测人脸和眼睛并用矩形框标注出来。首先是检测出人脸的位置
faces = face_cascade.detectMultiScale(gray, 1.3, 5)
for (x,y,w,h) in faces:
    img=cv2.rectangle(img,(x,y),(x+w,y+h),(255,0,0),2)
    roi_gray=gray[y:y+h,x:x+w]
    roi_color = img[y:y + h, x:x + w]

    # 在检测出的人脸范围内检测眼睛
    eyes=eye_cascade.detectMultiScale(roi_gray)
    for (ex,ey,ew,eh) in eyes:
        cv2.rectangle(roi_color,(ex,ey),(ex+ew,ey+eh),(0,255,
0),2)

cv2.imshow('img',img)
cv2.waitKey(0)
cv2.destroyAllWindows()
```

图12-37　通过OpenCV的haarcascade方法实现人脸和眼睛识别

例12-30处理的是静态图像，那么能否对视频中的人脸进行检测呢？答案是肯定的，这是因为所有的视频数据在本质上都是由一张张图像构成的。我们只需要在例12-30的基础上导入摄像头的功能即可实现对视频中人脸的检测，代码为例12-31。

例12-31 使用OpenCV的预训练好的分类器视频动态检测人脸和眼睛。

```
import numpy as np
import cv2
face_cascade =
```

```
cv2.CascadeClassifier('haarcascade_frontalface_default.xml')
eye_cascade = cv2.CascadeClassifier('haarcascade_eye.xml')

cap = cv2.VideoCapture(0)
while 1:
    ret, img = cap.read()
    gray = cv2.cvtColor(img, cv2.COLOR_BGR2GRAY)
    faces = face_cascade.detectMultiScale(gray, 1.3, 5)
    for (x,y,w,h) in faces:
        cv2.rectangle(img,(x,y),(x+w,y+h),(255,0,0),2)
        roi_gray = gray[y:y+h, x:x+w]
        roi_color = img[y:y+h, x:x+w]
        eyes = eye_cascade.detectMultiScale(roi_gray)
        for (ex,ey,ew,eh) in eyes:
            cv2.rectangle(roi_color,(ex,ey),(ex+ew,ey+eh),(0,
255,0),2)

    cv2.imshow('img',img)
    k = cv2.waitKey(30) & 0xff
    if k == 27:
        break
cap.release()
cv2.destroyAllWindows()
```

第13章

Python网络爬虫

如果通过某项技术能够将需要的信息收集起来，那么这个技术将会在我们社会生活的各个方面得到大量应用，在各领域都能够借助这个技术获取更精准有效的信息并加以利用。

这就是本章要学习的内容，也就是网络爬虫技术。或许在第一次听到这个名字的时候都会有些疑惑，很难联想到这个词会和数据有什么关系。相信通过本章的学习，我们就会了解到这项技术的强大之处。

13.1 网络爬虫

13.1.1 什么是网络爬虫

在大数据时代，信息的采集是一项重要的工作。如果单纯靠人力进行信息采集，不仅低效烦琐，而且搜集的成本也会提高。网络爬虫也叫网络机器人，它可以代替人们自动地在互联网中进行数据的采集与整理。但是无论是叫网络爬虫还是网络机器人，它都不是一个硬件设备（被叫作爬虫或者机器人只是用来形象地描述它的功能）。网络爬虫可以是一段程序或者是一个编辑好的文件，利用它就能够自动收集网络上有用的信息。

网络爬虫对数据信息进行自动采集的应用是非常广泛的。例如，应用于搜索引擎中，对站点进行爬取收录；应用于数据分析与挖掘中，对数据进行采集；应用于金融分析中，对金融数据进行采集。除此之外，还可以将网络爬虫应用于舆情监测与分析、目标客户数据的收集等各个领域。简而言之，爬虫技术可以帮助我们把网站上的信息快速提取并保存下来。

网络爬虫按照系统结构和实现技术，大致可以分为以下几种类型：通用网络爬虫、聚焦网络爬虫、增量式网络爬虫、深层网络爬虫。

通用网络爬虫又称全网爬虫。它的爬行范围和数量比较庞大，因此对速度和存储空间要求比较高，但对于爬行页面的顺序要求相对较低。同时由于待刷新的页面太多，通常采用并行工作方式，但需要较长时间才能刷新一次页面。为提高工作效率，通用网络爬虫会采取一定的爬行策略，例如深度优先策略、广度优先策略。

聚焦网络爬虫又称主题网络爬虫。它是根据预定义的主题来进行相关页面的爬取。与通用网络爬虫相比，它的爬取范围更为精准，会直接爬取与主题相关的页面，因此节省了硬件和网络资源。

增量式网络爬虫是指对已下载网页采取增量式更新和只爬行新产生的或者已经发生变化的网页的爬虫。它能够在一定程度上保证所爬行的页面是尽可能新的页面。

我们知道，Web页面按存在方式可以分为表层网页和深层网页。深层网页是指大多数内容不能通过静态获取，需要用户提交关键词才能获取到的隐藏在搜索表单后面的内容。**深层网络爬虫**包含六个基本功能模块，分别是爬行控制器、解析器、表单分析器、表单处理器、响应分析器、LVS 控制器，还有两个爬虫内部数据结构（URL列表和LVS表）。其中LVS（label value set）表示标签/数值集合，用来表示填充表单的数据源。

13.1.2 网络爬虫的工作

网络爬虫的工作可以总结为获取网页、提取信息、保存数据和自动执行这四个部分。

首先要做的工作就是获取网页，也就是获取网页的源代码。源代码里包含了网页的有用信息，所以只要把源代码获取下来就可以从中提取需要的信息了。在Python中提供了丰富的库来实现这些功能，如urllib、requests等。我们可以用这些库来实现HTTP的请求操作。请求和响应都可以用类库提供的数据结构来表示，在得到响应之后只需要对数据进行解析（得到网页的源代码），我们就可以用程序来实现获取网页的过程了。

在获取网页的源代码后，接下来就是分析网页的源代码并从中提取我们需要的数据信息。提取信息可以帮助我们从杂乱的数据中整理分析出需要的部分，这样可以大大减少后续数据处理的难度。数据提取的最通用方法是采用正则表达式提取，这种方法简明且高效。但是正则表达式在构建的时候相对比较复杂，对新用户也不友好。此时我们可以借助Beautiful Soup、pyquery、lxml等库。这些库针对网页节点属性、CSS 选择器或XPath来提取网页信息，对于大多数网页结构而言都可以取得不错的效果。通过这些库我们可以高效快速地从中提取网页信息，如节点的属性、文本值等。

在提取信息后，我们会将提取到的数据保存到某处以便后续使用。保存的形式多种多样，例如，可以简单地保存为TXT文本或JSON文本，也可以保存到数据库（例如MySQL和MongoDB等），还可保存到远程服务器（例如借助SFTP进行操作等）。

最后就是让爬虫程序自动地去爬取我们关注的信息。这个过程也可以通过人工来完成，但是如果需要访问大量的网页，人工处理的效率远远不能满足我们的任务需求。对此我们通常考虑利用自动化程序让这个过程自动完成，这也是爬虫能够得到广泛应用的一个重要原因。

13.1.3 什么是网页

网页是展现信息的窗口，最简单的网页是包含HTML标签的纯文本文件。从本质上来说网页就是其源代码视觉化后的产物，在我们的浏览器中可以查看这些网页的源码。以图13-1中所展示的国家统计局信息网为例，我们在浏览器中打开网页后通过Ctrl+U快捷键即可查看该网页的源码，如图13-2所示。

图13-1 国家统计局网页展示

那么网页是由哪些部分构成的呢？一般来说网页都是由HTML（超文本标记语言）、CSS（层叠样式表）和JScript（活动脚本语言）这三部分组成。HTML

是整个网页的结构，相当于整个网站的框架。带“<”“>”符号的都是HTML的标签，并且标签都是成对出现的。CSS表示样式，例如图13-2中出现的<type="text/css">表示在后面引用了定义外观的CSS。JScript则描述了网站中的各种功能，交互的内容和各种特效都在JScript中。

```
 9 <meta charset="utf-8">
10 <script id="allmobilize" charset="utf-8" src="http://a.yunshipei.com/3cf4bf099041a90552a48c9d178339b6/allmobilize.min.js"></script>
11 <meta http-equiv="Cache-Control" content="no-siteapp" />
12 <link rel="alternate" media="handheld" href="#" />
13
14 <link rel="shortcut icon" href="/images/favourite.ico">
15 <link rel="stylesheet" type="text/css" href="/css/base.css">
16 <link rel="stylesheet" type="text/css" href="/css/index.css">
17 <link rel="stylesheet" type="text/css" href="/js/nav/nav.css">
18 <link rel="stylesheet" type="text/css" href="/js/player/css/player.css" />
19 <link rel="stylesheet" type="text/css" href="/js/pClock/css/roller.css" />
20 <link rel="stylesheet" type="text/css" href="/js/tips/css/tips.css" />
21 <link rel="stylesheet" type="text/css" href="/css/tab.css" />
22 <link rel="stylesheet" type="text/css" href="/js/calendar/css/calendar.css" />
23 <title>国家数据</title>
24 <script type="text/javascript">var ctx="";</script>
25 <script type="text/javascript" src="/js/jquery.min.js"></script>
26 <script type="text/javascript" src="/js/nav/nav.js"></script>
27 <script type="text/javascript" src="/js/player/js/player.js"></script>
28 <script type="text/javascript" src="/js/pClock/js/roller.js"></script>
29 <script type="text/javascript" src="/js/pClock/js/pClock.js"></script>
30 <script type="text/javascript" src="/js/calendar/js/calendar.js"></script>
31 <script type="text/javascript" src="/js/tips/js/jquery.zclip.min.js"></script>
32 <script type="text/javascript" src="/js/ckplayer/ckplayer.js"></script>
33 <script type="text/javascript">
34 $(function() {
35     //三经普flash
36     setTimeout(function(){
37         $(".sanjingpuflash").animate({"height":0},1500);
38     },18000);
39
```

图13-2 国家统计局网页源码

下面编写一个HTML文件，通过这个实例更好地理解网页是如何构成的。先在Windows附件的记事本中输入例13-1的内容，完成后将文件命名为13-1.html（注意文件的扩展名一定是html）。双击该文件即可看到一个小网页了，如图13-3所示。

例13-1：编写一个HTML文件。

```
<h1>标题</h1>
<h2>Python边学边练习-标题</h2>
<h3>Python爬虫-副标题</h3>

<p>段落</p>
<p style="background-color:red;">Python边学边练习</p>
<p style="background-color:green;">Python爬虫</p>
</body>
<button type="button" onclick="alert('Python爬虫！')">这是一个按钮
</button>
```

图13-3　网页实例

13.1.4　什么是URL

URL（uniform resource locator）是指统一资源定位器。它是计算机网络中的术语，就是网页地址的意思。每一个网页都有只属于自己的URL地址（简称为网址），它具有全球唯一性。URL是以“http：//”或“https：//”开头的。所以只要看到一个链接是“http：//”或者“https：//”开头的，那么它就是一个URL（网址不一定都是用字母表示的，有时候它是纯数字表示的）。

一般来说，https开头的URL要比http开头的更安全，因为https开头的URL在传输信息时采用了加密技术（可以留意一下，当我们在访问一些网站的支付界面时，这些网页在浏览器的地址栏里显示的URL通常是以https开头的）。

虽然说URL是一个网址，但URL本身也包含了大量的信息。我们以下面的URL为例，进行说明。

http：//www.stats.gov.cn/tjzs/spdb/tjxcycb/201009/t20100920_57067.html

可以将这个URL拆分为两部分。第一部分是网页被搜索到的主路径http：//www.stats.gov.cn/，这也是URL的基干部分。它后面的部分是用以描述网页内资源路径的特殊站点信息，以及最后以“.html”结尾的文件名称。

某些网站会使用查询参数对用户搜索时提交的值进行编码，我们可以将它们视为发送到数据库以检索特定记录的查询字符串，这部分一般出现在URL的末尾。例如我们在国家统计局网页（http：//www.stats.gov.cn/）里的搜索栏中输入“Beijing Tianjing”，就可以看到网址栏变成了下面的样子：

https：//data.stats.gov.cn/search.htm？ s=Beijing%20Tianjing

此时在URL中的查询参数是“？ s=Beijing%20Tianjing”。查询参数通常由三部分组成，第一部分是用于标识查询参数的问号“？”，第二部分是我们输入的待查询数据。如果输入了多个查询参数，就由第三部分的分隔符“&”将这些查询参数分开。

13.1.5 robots协议

既然希望利用网络爬虫去获取网页信息，那么就需要提前确定好获取信息的规则（协议）。这个规则被保存在robots.txt文件中，也被称为robots协议。robots.txt是目前几乎所有主流搜索引擎共同遵守的一项互联网准则，让网站管理者可以掌控自己的网站在搜索引擎上展示哪些内容。

实质上，robots协议就是两种指令，分别是Allow指令（允许抓取）和Disallow指令（禁止抓取），因此robots.txt协议文件其实就是给搜索引擎准备的。例如，百度的爬虫引擎要查看某一个网站，首先就会检查该网站的robots协议，然后根据协议的指导进行爬取工作。所以一般网站都需要配置合适的robots协议，尤其是网站的某些页面或内容不想被搜索引擎抓取到的时候。如果网站没有配置robots协议，那就相当于默认全站的内容都是可抓取的。

想要查询一个网站的robots.txt，我们只需要在该网站的网址后面加上“/robots.txt”即可（也有些网站是禁止我们查看robots.txt文件的，或者不存在该文件）。例如，通过“https：//www.baidu.com/robots.txt”打开百度的robots.txt后可以看到如下信息：

```
User-agent：Baiduspider
Disallow：/baidu
Disallow：/s?
Disallow：/ulink?
Disallow：/link?
Disallow：/home/news/data/
Disallow：/bh
User-agent：Googlebot
Disallow：/baidu
Disallow：/s?
Disallow：/shifen/
Disallow：/homepage/
Disallow：/cpro
Disallow：/ulink?
Disallow：/link?
```

Disallow：/home/news/data/

Disallow：/bh

User-agent：MSNBot

Disallow：/baidu

Disallow：/s?

Disallow：/shifen/

Disallow：/homepage/

Disallow：/cpro

Disallow：/ulink?

Disallow：/link?

Disallow：/home/news/data/

Disallow：/bh

......

User-agent： *

Disallow： /

在上面的协议中规定了爬虫的权限，同时针对不同的搜索引擎规定了不同的权限。下面来看具体内容：

· User-agent：Baiduspider

对Baiduspider搜索引擎的爬取工作进行限制。

· Disallow：/baidu

不允许爬取网站的baidu目录中的内容。

· User-agent：*

星号“*”是通配符，指代所有的爬虫搜索引擎。

robots协议是国际互联网界通行的道德规范，虽然没有写入法律，但是每一个爬虫都应该遵守这项协议。除此之外，我们使用爬虫的时候也要注意一些规则，例如，避免过于快速频繁地对网页进行爬虫操作，这是因为高频次的访问会对网页服务器造成巨大的压力，严重时会造成出现瘫痪无法访问的情况，如果造成严重后果甚至会被追究法律责任。所以在使用爬虫技术时，提前了解权限信息是非常有必要的。

13.2 从网页获取数据

13.2.1 有的网页直接提供下载

网络爬虫可以根据不同需求来爬取大量公开数据，通过对数据进行分析又可以获取到更有价值的信息。例如，在电商领域，我们可以抓取商品信息数据、商品的评论数据、区域库存价格数据、电商舆情数据等信息；对于金融行业，我们关注的内容是公开的客户信息、投融资信息、金融舆情信息、市场数据、公开的财务报表、股票、基金、利率等；在网络舆情方面，我们可以获取综合论坛、新闻门户、知识问答、自媒体网站、社交平台等网络媒体上的相关舆情数据。

有一些网站本身就提供了数据下载的接口，这种情况下就不需要使用网络爬虫了。

13.2.2　Python爬虫的工作流程

当网页不提供数据下载的直接接口时，就需要使用Python爬虫来获取数据了。基本流程包括发送请求、获取响应数据、解析数据、保存数据这四个部分。

首先通过Python提供的库向目标网页发送请求（request），通常包含请求URL、请求头、请求体等内容。请求URL就是目标网页的网址［网页中的所有资源（例如文档、图片、音频、视频等）都可以通过这个URL来定位］。请求头就是User-agent，在请求头中如果没有User-agent客户端配置，那么在访问的时候就可能被服务器当成是非法用户而拒绝访问。

如果请求（request）的内容确实存在于目标站点的服务器上，那么服务器将对我们的请求返回响应（response）。响应的内容包含响应状态、response header和网页源代码。这些数据就包含了该网页内我们需要的HTML、Json字符串、图片、视频等内容。

在获取HTML数据之后，我们需要对数据进行解析。解析的工作可以通过在后面介绍的正则表达式以及依托第三方库Beautiful Soup来完成。

最后就是将解析的数据保存到本地或者数据库中。数据形式可以有很多种，包括文本、音频等。

Python官方为我们提供了urllib库用于爬取数据。urllib库属于Python的标准库模块，无须单独安装。它主要有以下几个模块：

- urllib.request：打开和读取URL；
- urllib.error：包含urllib.request抛出的异常；
- urllib.parse：解析URL；
- urllib.robotparser：解析robots.txt文件。

urllib.request可以模拟浏览器的一个请求发起过程，我们使用urlopen方法来打开一个URL，语法格式如下：

```
urllib.request.urlopen(url, data=None, [timeout,]*, cafile=None,
```

```
capath=None, context=None)
```

各个参数的意义如下：

- url：URL地址；
- data：发送到服务器的其他数据对象，默认值为None；
- timeout：设置访问超时时间；
- cafile：CA证书；
- capath：CA证书的路径；
- context：ssl.SSLContext类型，用来指定SSL设置。

下面通过例13-2来打开一个网页并保存内容。首先通过urlopen打开了一个网页，然后通过read读取了整个网页的内容，最后将网页内容保存成了一个保存在本地的文件。

例13-2：打开一个网页并把内容保存成文件。

```
import urllib.request
#发送请求
response=urllib.request.urlopen('http://www.baidu.com/')
print(response)

html = response.read() #提取响应内容
print(html) #打印响应内容

#保存数据
f = open("urllib_test.html", "wb")
f.write(html)
f.close()
```

13.2.3 利用Requests库

Python提供了很多用于爬虫的库，尽管在Python的标准库中urllib库已经包含了使用的大多数功能，但是它的API并不是非常友好，特别是在处理网页验证和Cookies时需要专门编写Opener和Handler来处理。

Requests库是在urllib库的基础上开发而来的。与urllib库相比，Requests库更加方便、快捷，因此在编写爬虫程序时Requests库使用较多。不同于urllib库，Requests库需要自行安装，在Python命令行状态下输入下面的指令即可安装该库：

```
pip install requests
```

表13-1给出了Requests库中常用的几个函数。本节详细介绍其中的get和

post这两个函数。

表13-1 Requests库的常用函数

函数名称	说明
get	获取HTML网页的主要方法,对应HTTP的GET方法
head	获取HTML网页头信息的方法,对应HTTP的HEAD
post	向HTML网页提交POST请求的方法,对应HTTP的POST
put	向HTML网页提交PUT请求的方法,对应HTTP的PUT
patch	向HTML网页提交局部修改请求,对应HTTP的PATCH
delete	向HTML网页提交删除请求,对应HTTP的DELETE

get和post这两个函数分别用于实现GET和POST这两个方法。GET方法是利用程序使用HTTP协议中的GET请求方式对目标网站发起请求。同样的还有POST、PUT等请求方式，但GET方法是最常用的。GET方法通过requests.get实现，语法如下：

```
res = requests.get(url,headers=headers,params,timeout)
```

各参数的意义为：

- url：URL地址；
- headers：请求头信息；
- params：请求时携带的查询字符串参数；
- timeout：请求超时时间，超时将会抛出异常。

例13-3：获取某个网页的一些信息。

```
import requests

#发送一个get请求并得到响应(不带参数)
response = requests.get('https://www.baidu.com')

print(type(response))  #1、查看响应对象的类型
print(response.status_code)  #2、查看响应状态码
print(response.headers)  #3、查看响应头
print(response.text)  #4、查看响应的内容
print(response.cookies)  #5、查看cookies
```

例13-3的输出结果如下：

```
<class 'requests.models.Response'>
200
```

```
{'Cache-Control'： 'private， no-cache， no-store， proxy-revalidate， no-transform'， 'Connection'： 'keep-alive'， 'Content-Encoding'： 'gzip'， 'Content-Type'： 'text/html'， 'Date'： 'Thu， 10 Nov 2022 12：09：17 GMT'， 'Last-Modified'： 'Mon， 23 Jan 2017 13：24：33 GMT'， 'Pragma'： 'no-cache'， 'Server'： 'bfe/1.0.8.18'， 'Set-Cookie'： 'BDORZ=27315； max-age=86400； domain=.baidu.com； path=/'， 'Transfer-Encoding'： 'chunked'}
<！ DOCTYPE html>
<！ --STATUS OK--><html> <head><meta http-equiv=content-type content=text/html； charset=utf-8><meta http-equiv=X-UA-Compatible content=IE=Edge>
……（中间内容省略）
<img src=//www.baidu.com/img/gs.gif> </p> </div> </div> </div> </body> </html>
<RequestsCookieJar［<Cookie BDORZ=27315 for .baidu.com/>］>
```

例13-3调用了get方法实现与urlopen相同的操作，结果返回一个响应对象，然后分别输出响应对象的类型、状态码、响应头、响应体的内容、Cookies。通过运行结果可知，响应对象的类型是requests.models.Response（输出结果的第一行），Cookies的类型是RequestCookieJar（输出结果的最后一行）。如果要发送其他类型的请求则直接调用其对应的方法即可。常见的Response对象的属性有以下几种：

· status_code：HTTP返回状态。200#成功，404#失败。

· text：HTTP响应内容的字符串形式。

· encoding：从HTTP header中分析出的响应内容编码形式。

· apparent_encoding：备选编码方式。

· content：HTTP响应内容的二进制形式。

如果想要获取带有查询字符串参数的响应对象，那么新建一个字典对象并将其作为get方法的params参数即可。

到目前为止的工作还不是一个完整的请求，这是因为服务器在接收到例13-3的程序发出的请求信息时，它可以明确地从request headers中看到是谁在用程序发起请求接收响应，而服务器有可能会拒绝。如果出现拒绝访问的情况，我们可以利用get方法的headers参数自定义请求头信息。

需要注意的是，不同的网站对于请求头中的字段信息有着不同的要求。对于网页的headers信息，可以在浏览器中通过快捷键F12打开检查界面，然后在开发者工具中的Network下找到请求网址的headers信息，将其保存下来作为自定义参数，如图13-4所示，例13-4为其代码。

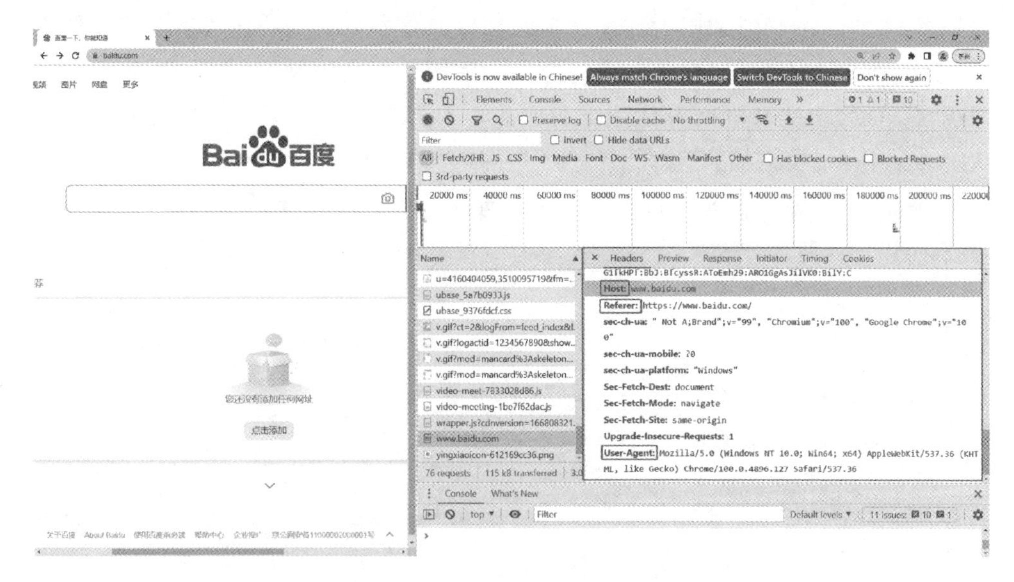

图13-4　查询网页的headers信息

例13-4：自定义headers参数。

```
import requests
# 自定义headers
headers = {"Host": "www.baidu.com",
        "Referer": "https://www.baidu.com",
        "User-Agent": "Mozilla/5.0 (Windows NT 10.0; Win64; x64)
AppleWebKit/537.36 (KHTML, like Gecko) Chrome/100.0.4896.127 Sa-
fari/537.36"
        }

response=requests.get('https://www.baidu.com',headers=headers)
print(response)
```

post请求方式的使用和get方式并没有很大的区别，本质的区别在于post方法传递参数的方式并不像get方式那样通过在URL中拼接字段来发送给服务器，post方法采取了一种更为安全的操作方式，它通过Form表单的方式来向服务器传递查询条件。我们同样可以通过浏览器的F12快捷键打开开发者工具或者通过fiddler抓包工具来看到formdata这个字段并从中获取form表单中的字段信息，很多登录操作就是基于此。

在此我们以某翻译网站为例，打开翻译网站后通过快捷键F12打开检查界面（见图13-5）。按照图13-5中数字所示的顺序，首先在网页的输入栏中输入任意文字后点击“翻译”按钮，随后点击检查界面的“Network”选项，选择“Fetch/XHR”。此时可以看到随着我们的输入会产生一个活动。然后分别点击“Headers”和“Payload”菜单栏。在“Headers”中保存了该网页的URL，如图13-6所示。在Payload中我们可以看到该网页完整的Form表单，如图13-7所示。我们可以将这两部分数据保存下来。

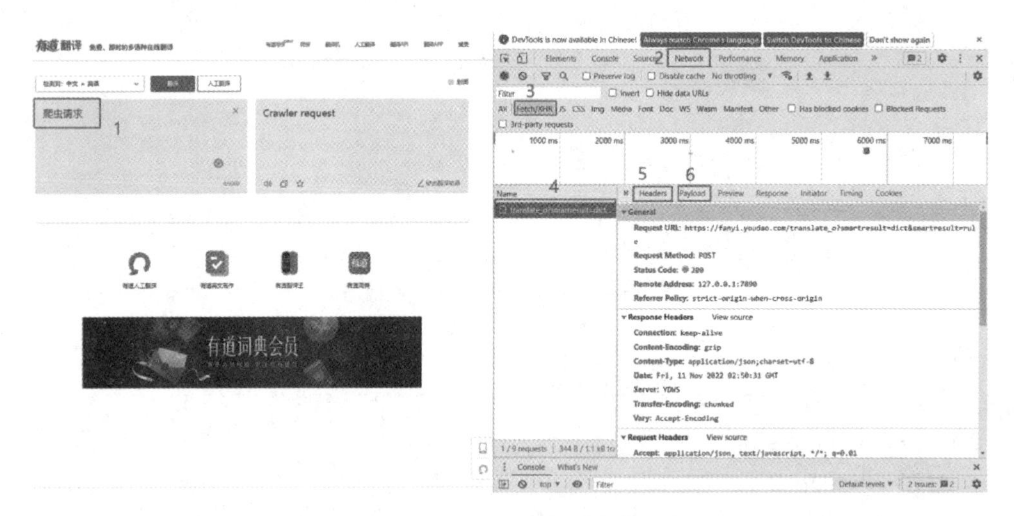

图13-5　某翻译网站的元素查看流程

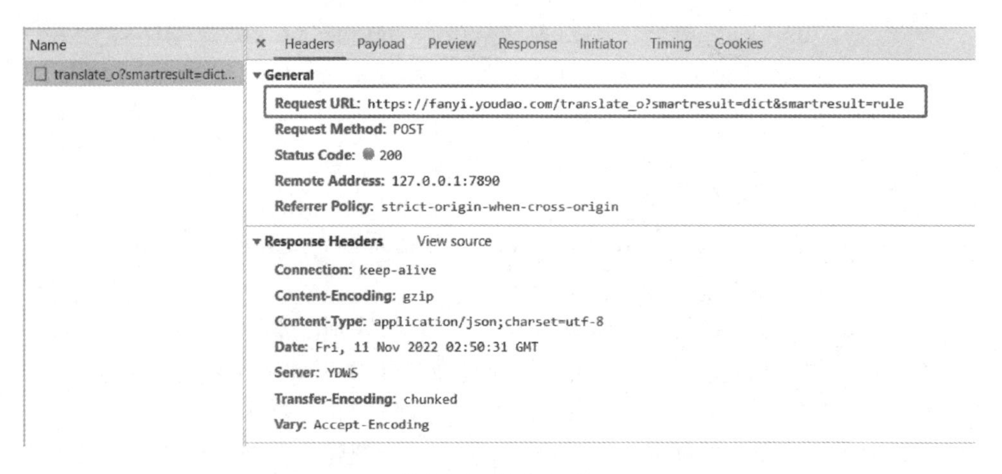

图13-6　查看URL

图13-7 查看Form Data

至此我们就得到了该网站的URL以及post请求的Form内容，我们将其保存起来，如下所示。

Translate_URL：

https：//fanyi.youdao.com/translate_o？smartresult=dict&smartresult=rule

Form表单：

i：爬虫请求

from：AUTO

to：AUTO

smartresult：dict

client：fanyideskweb

salt：16681350315681

sign：f55b0077f8583d7156747336f0dc7fa3

lts：1668135031568

bv：ac3968199d18b7367b2479d1f4938ac2

doctype：json

version：2.1

keyfrom：fanyi.web

action：FY_BY_REALTIME

接下来我们查看“Preview”选项，如图13-8所示。在这里可以查看返回的

json格式数据，其中就包括翻译的结果。经过json模块解码后，我们可以将这些数据当作字典处理。

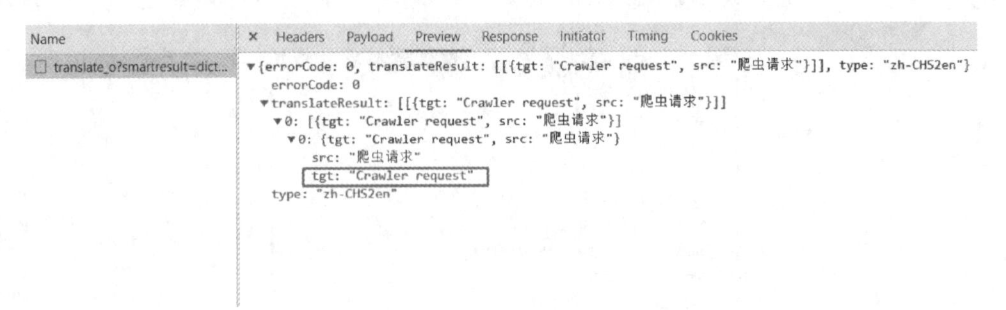

图13-8 查看Preview选项

在完成了上述工作之后，运行并试着理解例13-5所示的代码。当执行例13-5时，需要从键盘输入一个词组或短语，然后程序会自动完成翻译的工作。

例13-5：利用Python自动完成词组的翻译工作。

```
import json
import requests
# 1.从控制台输入待翻译文本
content=input("请输入要翻译的内容:")
# 2.设置请求URL
url="https://fanyi.youdao.com/translate? smartresult=dict&smartre-
sult=rule"
# 3.建立post表单
post_form={
"i": content,
"from": "AUTO",
"to": "AUTO",
"smartresult": "dict",
"client": "fanyideskweb",
"salt": "16681350315681",
"sign": "f55b0077f8583d7156747336f0dc7fa3",
"lts": "1668135031568",
"bv": "ac3968199d18b7367b2479d1f4938ac2",
```

```
"doctype": "json",
"version": "2.1",
"keyfrom": "fanyi.web",
"action": "FY_BY_REALTlME",
}
# 4.提交post请求
response=requests.post(url, data = post_form)
# 5.返回响应数据并解码
trans_json = response.text
trans_dict=json.loads(trans_json)
trans_content=trans_dict["translateResult"][0][0]["tgt"]
# 6.输出翻译结果
print("翻译结果:%s" % trans_content)
```

运行例13-5，通过键盘输入“网络爬虫”后会自动给出其英文翻译，运行结果如下：

请输入要翻译的内容：网络爬虫

翻译结果：Web crawler

13.3 通过Beautiful Soup进行数据解析

在使用爬虫获取响应的数据后进一步提取出我们需要的某些特定数据，这就是数据解析，例如提取出一段文字或一张图片。常见的数据解析方法包括使用正则表达式、Beautiful Soup数据解析和xpath方法等。由于正则表达式构建较为复杂，我们在本节介绍更加方便的Beautiful Soup方法。

Beautiful Soup最主要的功能是从网页抓取数据，它可以自动地将输入文档转换为Unicode编码，将输出文档转换为utf-8编码。Beautiful Soup支持Python标准库中的HTML解析器以及一些第三方的解析器，如果我们不安装它，则Python会使用默认的解析器，但是Python默认的解析器执行速度较慢，所以我们一般都会使用第三方的解析器。

如上所述，Beautiful Soup是Python的一个网页解析库，而lxml解析器能够从Beautiful Soup获取的数据中进一步解析和提取XML和HTML数据。目前Beautiful Soup的最新版本是4.x，由于以前的版本已经不再开发，所以我们选择安装Beautiful Soup4版本。安装Beautiful Soup和lxml的指令如下：

```
pip install beautifulsoup4
pip install lxml
```

13.3.1 Beautiful Soup的使用方法

通过Beautiful Soup实现数据解析的步骤分为三步。首先导入Beautiful Soup类，随后传入两个初始化参数（HTML代码和HTML解析器），最后获取Beautiful Soup的实例对象并通过操作对象来获取解析结果和提取数据。例13-6是通过Beautiful Soup解析对象的代码。

例13-6：通过Beautiful Soup解析对象。

```
Web =
<html><head><title>webcpp</title></head>
<body>
<p><b>Python入门边学边练</b></p>
<p>欢迎来到本站点
<a href="https://www.webcpp.com/" id="link1">主页</a>
<a href="https://news.webcpp.com/" id="link2">新闻</a>
<a href="https://video.dotcpp.com/" id="link3">视频</a></p>
from bs4 import BeautifulSoup
soup = BeautifulSoup(Web, "html.parser")
print(soup.prettify())
```

输出结果：

<html>
<head>
<title>
webcpp
</title>
</head>
<body>
<p>
<b>
Python入门边学边练
</b>

```
    </p>
    <p>
     欢迎来到本站点
     <a href="https：//www.webcpp.com/" id="link1">
      主页
     </a>
     <a href="https：//news.webcpp.com/" id="link2">
      新闻
     </a>
     <a href="https：//video.dotcpp.com/" id="link3">
      视频
     </a>
    </p>
  </body>
</html>
```

在上面的代码中我们构建了一个要被解析的对象Web，而html.parser是解析时所用的解析器。此处的解析器也可以是“lxml”或者“html5lib”，解析的结果都是一样的。

13.3.2 Beautiful Soup选择器

Beautiful Soup选择器的主要功能是从对象中查找并定位元素，以及获取数据。Beautiful Soup的方法选择器和CSS选择器主要用于查找和定位元素，而节点选择器主要用于获取数据。

节点选择器就是使用tag对象获取节点内的文本数据。tag对象和HTML以及XML源文档中的tag相同，都是标签的意思。直接调用节点的名称就可以选择节点元素，一般格式为soup.tag（soup是Beautiful Soup的对象）。例13-7给出了节点选择器的使用代码，用例13-7的全部代码替换掉例13-6的最后三行代码即可。

例13-7：节点选择器的使用。

```
# 用下面全部代码替换掉例13-6的最后三行代码
from bs4 import BeautifulSoup
soup = BeautifulSoup(Web, 'lxml')

# 输出title标签
```

```
print(soup.title)
# 输出soup.title的类型
print(type(soup.title))
# 输出a标签
print(soup.a)
# 输出soup.a的类型
print(type(soup.a))
# 输出标签名
print(soup.a.name)
# 输出所有属性
print(soup.a.attrs)
# 输出其中一个属性
print(soup.a.attrs['href'])
# 输出元素标签中间的文本内容
print(soup.a.string)
```

输出结果：

```
<title>webcpp</title>
<class 'bs4.element.Tag'>
<a href="https://www.webcpp.com/" id="link1">主页</a>
<class 'bs4.element.Tag'>
a
{'href': 'https://www.webcpp.com/', 'id': 'link1'}
https://www.webcpp.com/
主页
```

从输出结果可以看到，通过这种方法获取的对象都是bs4.element.Tag类型。同时可以看到，在输出soup.a对象时只输出了一个节点信息。这是由于tag在获取节点信息时只能获取到第一个匹配的节点，其他的相同节点会被忽略。

其实在获取到对象信息后，我们还可以根据需要进一步提取数据。除此之外还可以通过嵌套选择以及关联选择定位到自己想要的数据。嵌套选择是指获取到某一节点元素后，如果该节点还嵌套有其他子节点信息，那么我们就可以继续调用该方法获取内部的元素信息。而关联选择通常用于无法直接选取节点元素的情况，此时需要先选中某一节点元素，然后以该元素为基准选择它的父节点、子节点、兄弟节点等。常见的关联选择方法如表13-2所示。

表13-2 关联选择方法

节点类型	语法格式	说明
子节点	soup.tag.contents	获取子节点返回列表
	soup.tag.children	获取子节点返回生成器
子孙节点	soup.p.descendants	获取所有子孙节点
父节点	soup.tag.parent	获取上一级节点
祖先节点	soup.tag.parents	获取上上级节点
兄弟节点	soup.tag.next_sibling	获取后面一个节点
	soup.tag.next_siblings	获取后面所有的节点
	soup.tag.previous_sibling	获取前面一个节点
	soup.tag.previous_siblings	获取前面的所有节点

13.3.3 方法选择器

前面介绍了通过标签和属性来选择节点对象，这种方法的好处是直观和便于理解。但是如果页面比较复杂并且包含的内容过多时，采用这样的方法定位元素就比较困难。例如在例13-6的输出结果中，由于HTML文档中存在多个<a>标签，我们想要定位到后面的<a>标签就不是很方便。所以在这里引入了方法选择器，通常利用find和findall方法来通过参数化操作实现更加精准的数据定位。

（1）findall方法

findall方法用于搜索当前节点下所有符合条件的节点，如果没有指定当前节点就会进行全文搜索。findall方法的语法如下：

```
find_all(name, attrs, recursive, text, **kwargs)
```

参数说明：

· name：查找所有该名字的节点（tag对象）。在使用的时候可以接收字符串、正则表达式、列表、布尔值。当传入一个字符串参数（即标签名tag）后，Beautiful Soup就会查找与该字符串完全匹配的内容。当传入正则表达式，Beautiful Soup会通过正则表达式的match函数来匹配内容。如果是传入列表参数，Beautiful Soup会将其与列表中的任一元素匹配并返回结果。如果传入的是一个布尔值并且其值为真（True），那么就可以匹配任何值。

· attrs：查询含有接收的属性值的标签，形式为字典类型。

· recursive：决定是否获取子孙节点。形式为布尔值，默认为True。

· text：查询含有接收的文本的标签，形式为字符串。

· kwargs：接收常用的属性参数，如id和class，形式为变量赋值的形式。

例13-8是使用findall方法选择器的代码。注意：在例13-8中插入了一些矩形框，里面显示的是上一行语句在执行后得到的结果（这些矩形框里面的内容不是代码）。

例13-8：使用findall方法选择器。

```
from bs4 import BeautifulSoup
import re #引入正则表达式

Web =
<html><head><title>webcpp</title></head>
<body>
<p><b>Python入门边学边练</b></p>
<p>欢迎来到本站点
<a class="brother" href="https://www.webcpp.com/" id="link1">主页<
/a>,
<a class="sister" href="https://news.webcpp.com/" id="link2">新闻<
/a>
<a class="sister" href="https://video.dotcpp.com/" id="link3">视频
</a></p>

soup = BeautifulSoup(Web, 'lxml')

#(1)寻找所有的head标签
print(soup.find_all('head'))
```

（1）的输出：

[<head><title>webcpp</title></head>]

```
#(2)使用正则表达式匹配标签
for tag in soup.find_all(re.compile('^b')):
print(tag.name)
```

（2）的输出：

body

b

```
#(3)使用列表选择包含head和b的所有标签
print(soup.find_all(['head', 'b']))
```

（3）的输出：

[<head><title>webcpp</title></head>， <b>Python入门边学边练</b>]

```
#(4)使用True选择文件中的所有标签
for tag in soup.find_all(True):
    print(tag.name)
```

（4）的输出：

html
head
title
body
p
b
p
a
a
a

```
#(5)获取id为link1的标签
print(soup.find_all(attrs={id: 'link1'}))
```

（5）的输出：

[<a class="brother" href="https：//www.webcpp.com/" id="link1">主页</a>]

```
#(6)获取id为link2的标签
print(soup.find_all(id='link2'))
```

（6）的输出：

[<a class="sister" href="https：//news.webcpp.com/" id="link2">新闻</a>]

```
#(7)获取类型为brother的标签
print(soup.find_all(class_='brother'))
```

（7）的输出：

[<a class="brother" href="https：//www.webcpp.com/" id="link1">主页</a>]

```
#(8)获取文本中包含“主页”的内容
print(soup.find_all(text='主页'))
```

（8）的输出：

['主页']

```
#(9)通过过滤tag获取文本中包含"主页"的标签
print(soup.find_all('a', text='主页'))
```

（9）的输出：

[<a class="brother" href="https://www.webcpp.com/" id="link1">主页</a>]

```
#(10)获取前两个a标签
print(soup.find_all('a', limit=2))
```

（10）的输出：

[<a class="brother" href="https://www.webcpp.com/" id="link1">主页</a>, <a class="sister" href="https://news.webcpp.com/" id="link2">新闻</a>]

```
#(11)获取所有的title
print(soup.find_all('title'))
```

（11）的输出：

[<title>webcpp</title>]

```
#(12)获取所有的title但不获取子节点
print(soup.find_all('title', recursive=False))
```

（12）的输出：

[]

（2）其他的方法选择器

findall方法是返回所有符合条件的元素列表，而find方法只返回符合条件的第一个元素。两者的参数基本一致，但是在find方法中没有limit参数。

除了find方法和findall方法，在Beautiful Soup中还存在其他的方法。这些查找方法的参数基本一致，但是搜索范围有所不同。一些常用的方法选择器如表13-3所示。

表13-3 常用的方法选择器

方法名称	说明
find	获取符合条件的第一个元素
findall	获取符合条件的所有元素
find_parents	获取所有符合条件的祖先节点
find_parent	获取符合条件的第一个父节点
find_next_siblings	获取后面所有符合条件的兄弟节点
find_next_sibling	获取后面符合条件的第一个兄弟节点
find_previous_siblings	获取前面所有符合条件的兄弟节点
find_previous_sibling	获取前面符合条件的第一个兄弟节点

续表

方法名称	说明
find_all_next	获取后面所有符合条件的节点
find_next	获取后面符合条件的第一个节点
find_all_previous	获取前面所有符合条件的节点
find_previous	获取前面符合条件的第一个节点

13.3.4　CSS选择器

CSS是用于在屏幕上渲染HTML和XML的，是在相应的元素中应用样式来进行渲染。那么如何选择元素呢？

本节我们就来学习CSS选择器。它与前面讲到的节点选择器和方法选择器一样，在本质上都是一种元素搜索的方法。对于CSS选择器，只需要调用select方法就可以找到元素的位置。CSS选择器包括ID选择器、类选择器和标签选择器。

例13-9给出了使用select方法定位元素的代码。注意：在例13-9中插入了一些矩形框，里面显示的是上一行语句在执行后得到的结果（这些矩形框里面的内容不是代码）。

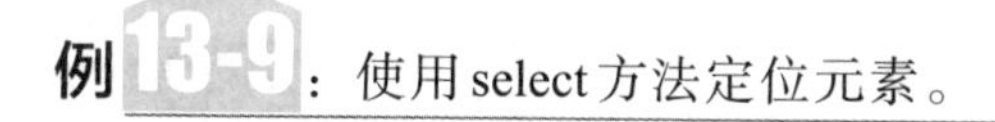
例13-9：使用select方法定位元素。

```
html_doc =
<html><head><title>"Python入门边学边练"</title></head>
<body>
<p class="title"><b>Hello Python</b></p>
<p class="normal">CSS选择器</p>
<a href="https://www.webcpp.com/" id="link1">id选择</a>
<a href="https://www.webcpp.com/" id="link2">类选择</a>
<a href="https://www.webcpp.com/" id="link3">标签选择</a>
<p class="superior">高级选择器</p>
<a href="https://www.webcpp.com/" id="link4">组合选择</a>
<p class="content">内容:
<a href="https://www.webcpp.com/" id="link5">嵌套选择</a>
<a href="https://www.webcpp.com/" id="link6">内容获取</a>
</p>

from bs4 import BeautifulSoup
```

```
soup = BeautifulSoup(html_doc, 'html.parser')

#(1)根据元素标签查找
print(soup.select('title'))
```

（1）的输出：

[<title>"Python入门边学边练"</title>]

```
#(2)根据属性选择器查找
print(soup.select('a[href]'))
```

（2）的输出：

[<a href="https://www.webcpp.com/" id="link1">id选择</a>, <a href="https://www.webcpp.com/" id="link2">

类选择</a>, <a href="https://www.webcpp.com/" id="link3">标签选择</a>, <a href="https://www.webcpp.com/" id="link4">组合选择</a>, <a href="https://www.webcpp.com/" id="link5">嵌套选择</a>, <a href="https://www.webcpp.com/" id="link6">内容获取</a>]

```
#(3)根据类查找
print(soup.select('.superior'))
```

（3）的输出：

[<p class="superior">高级选择器</p>]

```
#(4)后代节点查找
print(soup.select('html head title'))
```

（4）的输出：

[<title>"Python入门边学边练"</title>]

```
#(5)查找兄弟节点
print(soup.select('p + a'))
```

（5）的输出：

[<a href="https://www.webcpp.com/" id="link1">id选择</a>, <a href="https://www.webcpp.com/" id="link4">

组合选择</a>]

```
#(6)根据id选择p标签的兄弟节点
print(soup.select('p ~ #link3'))
```

（6）的输出：

[<a href="https://www.webcpp.com/" id="link3">标签选择</a>]

```
#(7)利用nth-of-type(n)选择器,用于匹配同类型中的第n个同级兄弟元素
print(soup.select('p ~ a:nth-of-type(1)'))
```

（7）的输出：

[<a href="https://www.webcpp.com/" id="link1">id选择</a>]

```
#(8)查找子节点
print(soup.select('p > a'))
print(soup.select('.content > #link5'))
```

（8）的输出：

[<a href="https://www.webcpp.com/" id="link5">嵌套选择</a>, <a href="https://www.webcpp.com/" id="link6">内容获取</a>]

[<a href="https://www.webcpp.com/" id="link5">嵌套选择</a>]

13.4 爬虫的实战

前面已经学习了如何向网站发起请求并且获取数据，同时针对数据进行解析。在本节将利用前面学到的知识来完成一个爬虫的实战项目。该项目是通过爬虫获取如图13-9所示的在某网站里排名前250的电影基本信息，包括电影排名、电影名、电影评分、电影推荐语、导演及演员信息，以及影片主页链接。

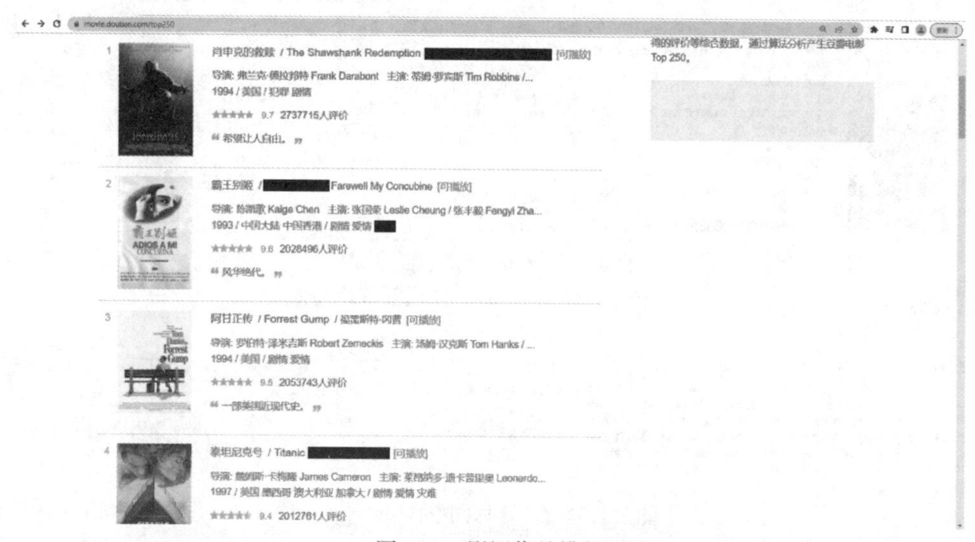

图13-9　影视作品排行网站

首先，要找到爬取的目标网站。在本例中目标网站就是一些电影排行榜网站，我们爬取公开数据即可。在这里还是要再次提醒大家：一定要遵守爬虫规

则，不要非法爬取数据。

在确定目标网页后，需要分析出URL的规律并提取出有效的URL。这一步非常重要，试想当只需要访问一个页面的数据时，我们可以手动输入一个指定的URL去请求数据。但是如果需要的数据在成百上千个页面上呢？这时候找到URL的规律并生成有效的URL就十分关键了。看一个实际的目标网页的URL：

首页：https：//movie.douban.com/top250

第2页：https：//movie.douban.com/top250？ start=25&filter=

第3页：https：//movie.douban.com/top250？ start=50&filter=

第4页：https：//movie.douban.com/top250？ start=75&filter=

从上面的URL中不难看出，除了第一页（首页）有所不同外，后面页面的URL结构都相同，唯一不同之处在于给start的赋值内容。因为每一个页面显示25条信息，所以不难看出start的值是以25为单位逐页递增。

那么首页的URL是否也适用于上面这个规律呢？我们不妨在网页地址栏中修改URL为https：//movie.douban.com/top250？ start=0&filter=，也就是将URL中的start赋值为0，就会发现同样跳转到了首页。至此对URL的分析就完成了。

想要实现数据请求，我们还需要做一项工作，那就是分析网页的源码。参考本章前面章节的内容找到访问头，如图13-10所示。

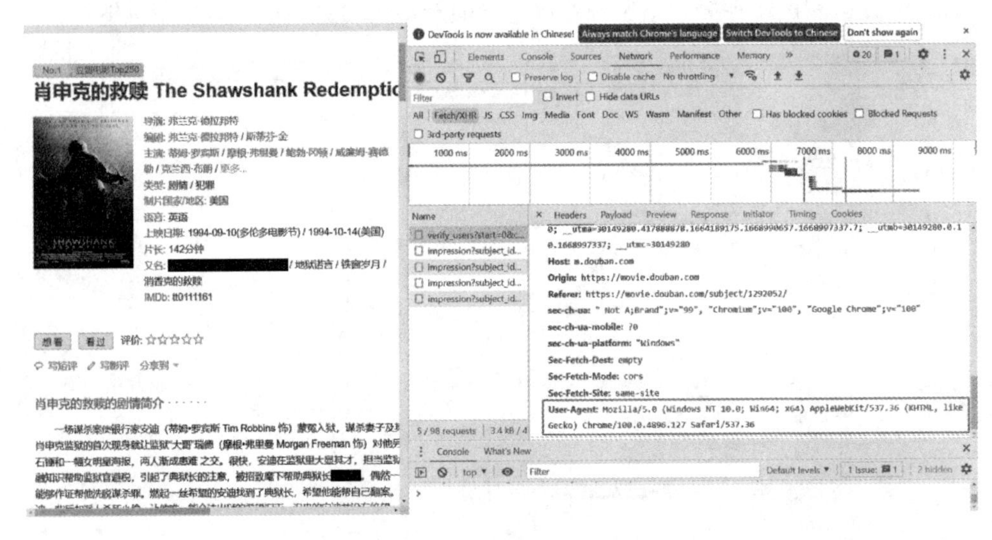

图13-10　查询网页中的User-Agent

获取到相应的访问头之后，我们就可以来通过代码访问该网页并请求数据了。在这里使用一个for循环实现对目标页面的遍历，例13-10为其代码。

例13-10：通过for循环遍历目标页面。

```
# 导入库文件
import requests

# 请求头
headers = {'User-Agent': 'Mozilla/5.0 (Windows NT 10.0; Win64;
x64) AppleWebKit/537.36 (KHTML, like Gecko)
Chrome/100.0.4896.127 Safari/537.36'}

for i in range(10):

    # 生成请求URL
    URL =
'https://movie.douban.com/top250? start='+str(i*25)+'+filter='
    # 向目标网页发送请求,请求方式为GET
    response = requests.get(URL,headers=headers)
    # 查看响应状态码,目标页面URL
    print(response.status_code)
    print(response.url)
```

执行例13-10所示代码的输出结果为：

```
200
https://movie.douban.com/top250?start=0+filter=
200
https://movie.douban.com/top250?start=25+filter=
200
https://movie.douban.com/top250?start=50+filter=
200
https://movie.douban.com/top250?start=75+filter=
200
https://movie.douban.com/top250?start=100+filter=
200
https://movie.douban.com/top250?start=125+filter=
200
```

https://movie.douban.com/top250?start=150+filter=

200

https://movie.douban.com/top250?start=175+filter=

200

https://movie.douban.com/top250?start=200+filter=

200

https://movie.douban.com/top250? start=225+filter=

在这里返回的是响应状态码200和目标网页的URL，可以看到确实成功地访问了目标页面。下一步就可以着手提取数据了。

想要提取数据就需要先找到数据的位置。我们可以在网页检查界面直接通过定位工具来查看感兴趣的数据和网页的数据结构，如图13-11和图13-12所示。

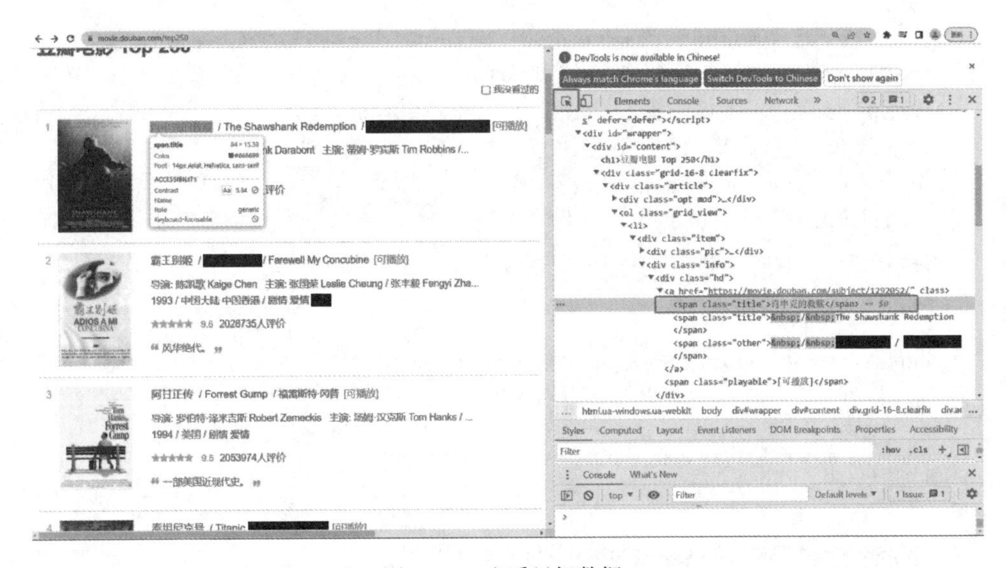

图13-11 查看目标数据

通过查看原网页，如图13-12的第一行代码所示，我们发现感兴趣的数据都在标签<ol class="grid_view">中，那么就可以用上一节介绍的Beautiful Soup来解析数据了。首先查找到类为grid_view的ol，然后在ol中查找所有的li，此时我们会得到一个可遍历的ResultSet，通过遍历li就可以获取所有的数据了。现在分析下面的这一段代码（它并不完整，在这里以理解为主。在本节的最后将给出完整的代码）：

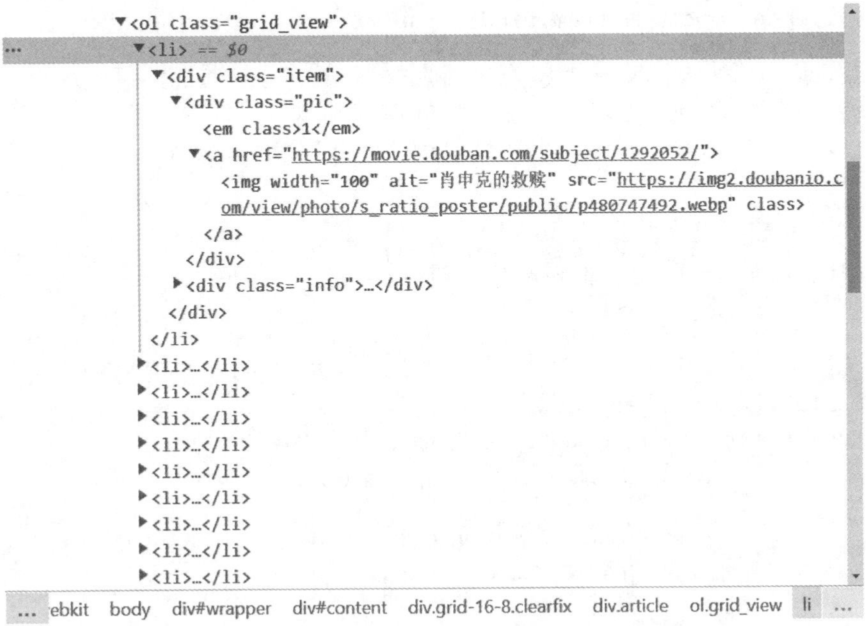

```
▼<ol class="grid_view">
... ▼<li> == $0
      ▼<div class="item">
        ▼<div class="pic">
            <em class>1</em>
          ▼<a href="https://movie.douban.com/subject/1292052/">
              <img width="100" alt="肖申克的救赎" src="https://img2.doubanio.c
              om/view/photo/s_ratio_poster/public/p480747492.webp" class>
            </a>
          </div>
        ▶<div class="info">…</div>
        </div>
      </li>
    ▶<li>…</li>
    ▶<li>…</li>
    ▶<li>…</li>
    ▶<li>…</li>
    ▶<li>…</li>
    ▶<li>…</li>
    ▶<li>…</li>
    ▶<li>…</li>
    ▶<li>…</li>
... ebkit  body  div#wrapper  div#content  div.grid-16-8.clearfix  div.article  ol.grid_view  li  ...
```

图13-12　定位数据位置

```
bs = BeautifulSoup(response.text,'lxml')

#查找类为grid_view的ol
grid_view = bs.find('ol',class_='grid_view')

#查找ol中所有的li
all_li=grid_view.findAll('li')

# 遍历所有的li
for item in all_li:
    # 获取影片排名序号
    film_index = item.find('em').text

    # 获取影片名
    film_title = item.find('span',class_ = 'title').text

    # 获取电影评分
    film_grade = item.find('span',class_ = 'rating_num').text

    # 获取影片推荐语
```

```
    film_recommend = item.find('span',class_ = 'inq').text

    # 获取影片类型
    film_classify = item.select("div.bd p")[0].get_text()

    # 获取影片链接地址
    film_address = item.find('a')['href']

    print(film_index,film_title,film_grade,film_recommend,
film_classify,film_address)
```

将上面这段代码放到完整的程序后将获得如下的输出结果：

1 肖申克的救赎 9.7 希望让人自由。

导演：弗兰克·德拉邦特 Frank Darabont

主演：蒂姆·罗宾斯 Tim Robbins /...

1994/美国/犯罪 剧情

https：//movie.douban.com/subject/1292052/

可以看到已经获得了希望的数据，接下来就是将这些数据保存下来。保存数据的方式有很多种，我们可以选择保存为json、CSV、Excel、mysql等形式。在这里我们使用Excel来保存数据（在Python中操作Excel的内容可参阅本书第9章）。

那么如何将爬虫获取的数据保存到Excel文件中呢？首先要新建一个空列表用于存放爬虫获取的数据，然后在爬虫遍历li标签时将数据保存到数组当中，等到遍历完成之后再将数据写入Excel文件即可。例13-11是结合了上面这段代码和例13-10的完整内容。

例13-11：使用网络爬虫的完整例子。

```
# 导入库文件
import requests
from bs4 import BeautifulSoup
import openpyxl

# 请求头
headers = {'User-Agent': 'Mozilla/5.0 (Windows NT 10.0; Win64;
x64) AppleWebKit/537.36 (KHTML, like Gecko)
Chrome/100.0.4896.127 Safari/537.36'}
```

```
#创建一个列表
data = [['电影排名','电影名','电影评分','电影推荐语','导演及演员信息','影片主页链接']]

for i in range(10):

    # 生成请求URL
    URL = 'https://movie.douban.com/top250? start='+str(i*25)
    # 向目标网页发送请求，请求方式为GET
    response = requests.get(URL,headers=headers)

    # 初始化BeautifulSoup解析网页数据
    bs = BeautifulSoup(response.text,'lxml')

    # 查找class为grid_view的ol
    grid_view = bs.find('ol',class_='grid_view')

    # 查找ol下所有的li
    all_li=grid_view.findAll('li')

    # 遍历所有的li
    for item in all_li:
        # 获取影片排名序号
        film_index = item.find('em').text

        # 获取影片名
        film_title = item.find('span',class_ = 'title').text

        # 获取电影评分
        film_grade = item.find('span',class_ = 'rating_num').text

        # 获取影片推荐语
        film_recommend = item.find('span',class_ = 'inq')

        # 获取影片类型
        film_classify = item.select("div.bd p")[0].get_text()
```

```
        # 获取影片链接地址
        film_address = item.find('a')['href']

        # 将数据保存到列表中，没有数据则用空格填充
         data.append([film_index,film_title,film_grade,film_recom-
mend.text if film_recommend! =None else ' ',film_classify,film_ad-
dress])

# 创建一个Excel文件，注意不要遗漏括号
wb = openpyxl.Workbook()
# 创建工作表
sheet = wb.active
# 重命名表头
sheet.title = 'Python爬虫实战练习'

# 遍历列表中的数据，将数据保存到工作表中
for item in data:
    sheet.append(item)

# 保存文件
wb.save('Top250_Film_list.xlsx')
```

运行上述完整代码后会在工程文件夹的根目录中生成一个新文件Top250_Film_list.xlsx，打开该文件就可以看到如图13-13所示的数据了。

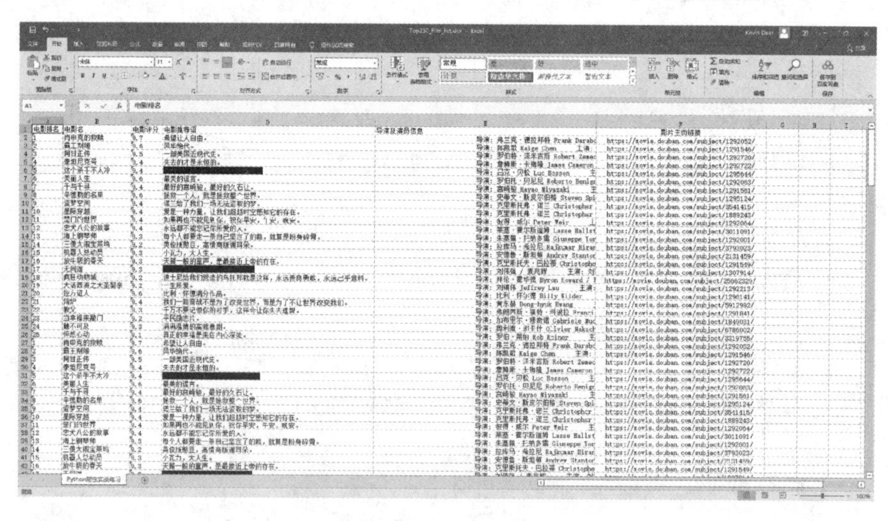

图13-13　通过网络爬虫获取数据并保存到Excel中

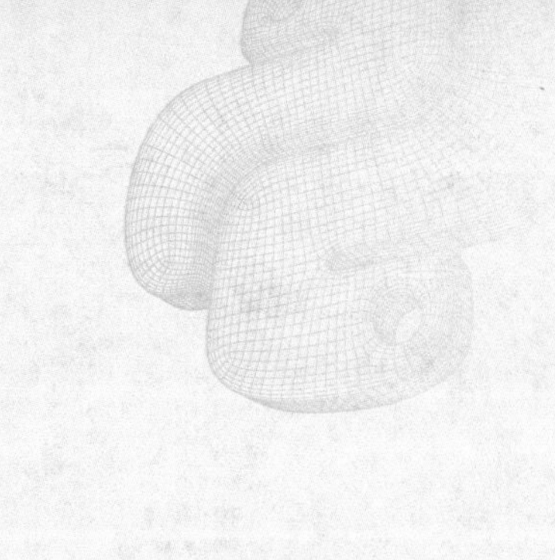

第14章

Python的GUI编程

14.1 GUI与GUI编程

图形用户界面（graphical user interface，简称 GUI）也可以叫作图形用户接口，是计算机图形学技术的一种。GUI一般由窗口、下拉菜单和对话框等图形化的部件组成。用户通过点击菜单栏、按钮或者弹出对话框的形式来实现与计算机的交互。

在前面章节的学习中，所接触到的程序基本都是以命令行来实现交互的，也就是需要逐行编写并输入代码，而GUI提供了另一种交互方式。现在对于常用的各种软件，用户只需要通过鼠标点击就能进入对应的文件夹查看数据或者执行某个命令，它本质上也是一种GUI。

如图14-1所示的Windows文件管理器，我们可以点击某个硬盘驱动器或者内部的某个文件夹的图标就能够看到里面包含的子文件夹和文件，而不需要从键盘输入文件夹的路径。

GUI编程，顾名思义就是编写一个可交互的软件界面。Python有大量用于开发GUI的框架，比如PyQt、Tkinter和PysimpleGUI等。这些开发工具为我们提供了大量的API接口以及组件，让我们可以像搭积木一样来编写所需要的软件界面。

本章节要学习的是Tkinter。作为一款Python GUI工具，Tkinter拥有良好的跨平台性，支持Windows、Linux和Mac平台。它最大的特点就是编码效率高，能够快速实现一些简易的界面程序开发，非常适合初学者。

由于Tkinter是Python官方推荐的GUI工具包，它属于Python自带的标准库模块，所以不需要安装额外的库就可以直接调用。我们在Python中输入“Python-m tkinter”查看自己的Tkinter版本。输入指令后会弹出Tkinter的版本信息窗口，如图14-2所示。

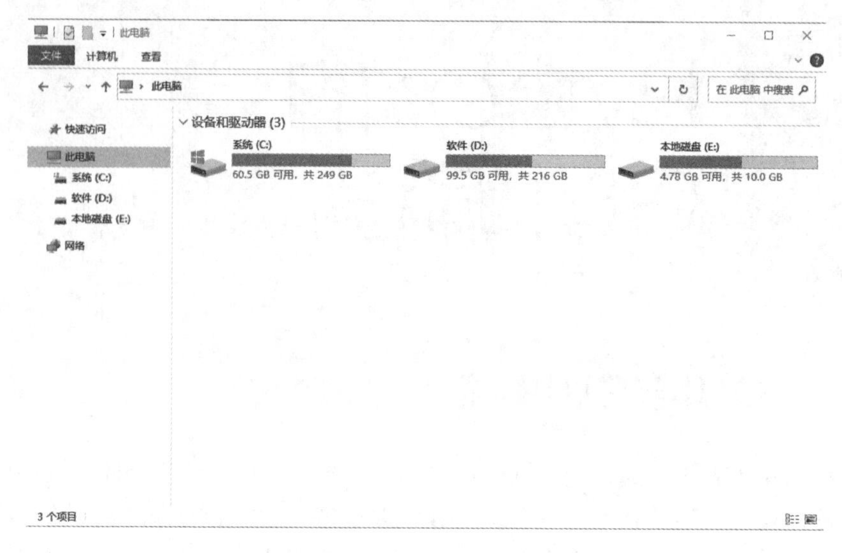

图 14-1　Windows 文件管理器

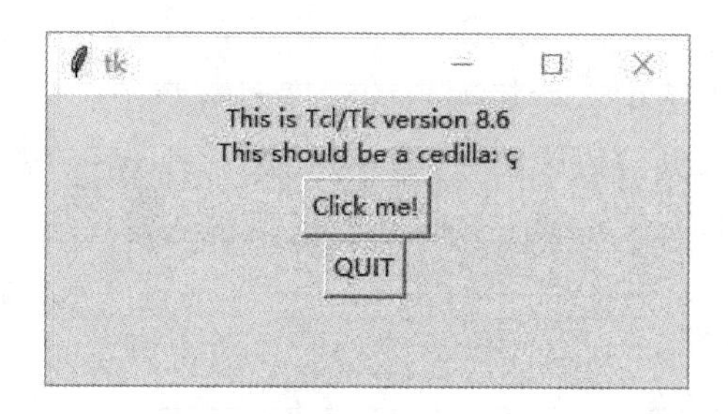

图 14-2　查看 Tkinter 的版本

14.2　导入 Tkinter 创建第一个界面程序

本节介绍 GUI 程序的设计。在这里会用到一些具体的组件，我们会在后续内容中具体介绍。首先需要创建一个窗口，导入 Tkinter 库调用 Tk 方法创建窗口，例 14-1 是其代码。

例 14-1（一部分）：导入 Tkinter 库调用 Tk 创建窗口。

```
# 导入tkinter库
import tkinter as tk

# 调用tk()创建一个窗口
root_window =tk.Tk()
```

运行这两行代码会发现程序结束后并没有出现我们想要的窗口。这是由于代码执行完成之后就自动结束进程了，我们创建的窗口只是出现了一瞬间就被关闭了。那么能否用一个循环让这个窗口一直显示呢？

在Tkinter中提供的mainloop方法可以实现这个功能。我们将下面的代码放到例14-1（一部分）的最后并执行程序。

```
# 开启主循环,让窗口处于显示状态
root_window.mainloop()
```

期望的窗口终于出现了，如图14-3所示。

图14-3 创建了一个空白的窗口

现在给这个窗口起一个标题。同时发现每次运行代码时，窗口总是出现在屏幕左上方而且窗口非常小。在这里我们调用geometry方法来设置窗口的长宽以及窗口在屏幕中出现的位置。例14-1的完整代码如下所示，程序的执行结果如图14-4所示。

例14-1（完整代码）：导入Tkinter库调用Tk创建窗口。

```
# 导入tkinter库
import tkinter as tk

# 调用tk()创建一个窗口
root_window =tk.Tk()

# 设置窗口名
root_window.title('Python边学边练习')

# 设置窗口大小及窗口位置。注意不是乘号*而是小写的字母x
# 400x300表示长400宽300,后面的700和300确定窗口的位置。
root_window.geometry("400x200+700+300")
```

```
# 开启主循环，让窗口处于显示状态
root_window.mainloop()
```

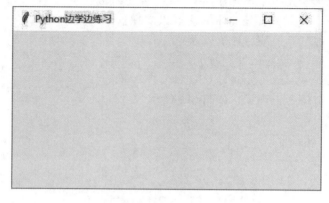

图 14-4　设置窗口标题及大小和位置

此时窗口内什么都没有。下面来创建一个按钮，并且给按钮添加事件来实现交互功能。创建一个按钮组件需要调用Button方法，同样可以为按钮起一个名字，并将它通过窗口布局管理器放到界面上。代码如下所示，执行结果如图14-5所示。

```
# 创建按钮组件
btn = tk.Button(root_window)
# 设置按钮名称
btn["text"] = "点一下试试"
# 设置按键位置
btn.pack()
```

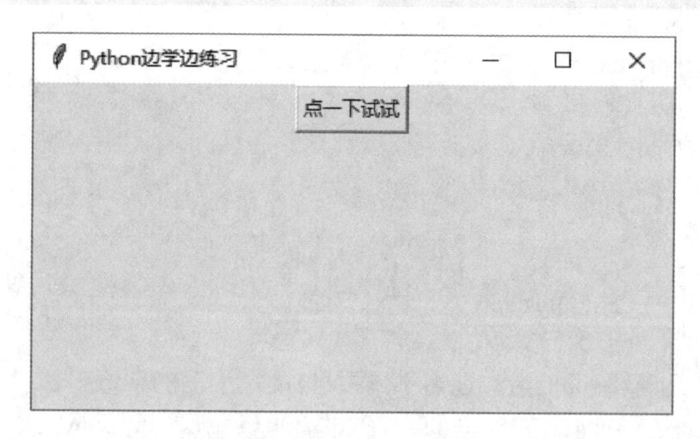

图 14-5　添加按钮组件

创建按钮组件之后，还需要给它创建一个弹窗事件。当点击按钮时就会触发这个弹窗事件。至此完成了全部的代码，如例14-2所示，执行结果如图14-6所示。

例14-2：导入Tkinter库调用Tk创建窗口（完整）。

```
# 导入tkinter库
import tkinter as tk
# 调用tk()创建一个窗口
root_window =tk.Tk()

# 设置窗口名
root_window.title('Python边学边练习')
# 设置窗口大小及窗口位置,注意不是乘号*而是小写的字母x
# 400x300表示长400宽300,后面的700和300确定窗口的位置。
root_window.geometry("400x200+700+300")

# 创建按钮组件
btn = tk.Button(root_window)
# 设置按钮名称
btn["text"] = "点一下试试"
# 设置按键位置
btn.pack()

# 创建弹窗事件
from tkinter import messagebox
def test(e):
    messagebox.showinfo("弹窗","点击成功！")
# 绑定按钮和弹窗事件
btn.bind("<Button-1>",test)

# 开启主循环,让窗口处于显示状态
root_window.mainloop()
```

回顾上面的内容，可以总结出通过Tkinter实现界面程序开发的基本流程，主要步骤包括创建窗口、添加组件并编写相应的响应事件函数、利用主循环显示窗口这三部分，其中最主要的部分就是向窗口中添加组件并编写响应事件函数。

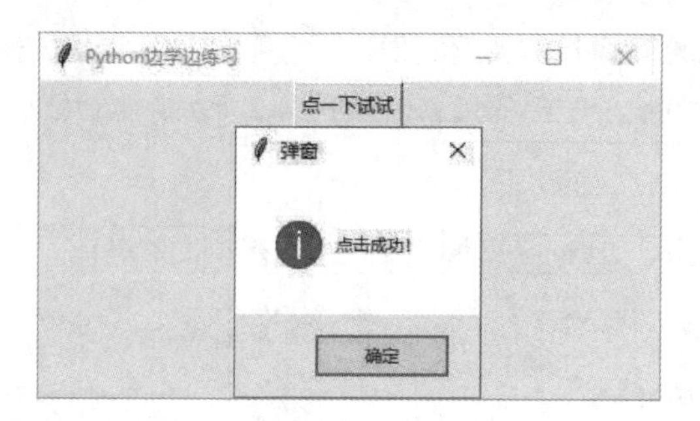

图 14-6　添加按钮响应事件

14.3 窗口布局管理器

利用窗口的布局管理器可以比较自由地设置窗口。Tkinter 提供了三种布局管理器，分别是 pack、grid 和 place。

（1）pack 方法

pack 方法可以按照组件的添加顺序进行排列，但是灵活性比较差，一般很少使用。pack 方法的常用参数如表 14-1 所示，例 14-3 给出了测试代码，执行结果如图 14-7 所示。图 14-8 是拉伸图 14-7 所示窗口后的效果。

表 14-1　pack 方法的常用参数

参数	说明
anchor	组件在窗口中的对齐方式。有 9 个方位参数值，分别为东 E、南 S、西 W、北 N、东北 NE、东南 SE、西北 NW、西南 SW，以及中央 CENTER
expand	定义是否可扩展窗口，参数值为 True（扩展）或者 False（不扩展），默认为 False。若设置为 True 则组件的位置始终位于窗口的中央
fill	参数值为 X/Y/BOTH/NONE，表示允许组件在水平方向、垂直方向或同时在两个方向上进行拉伸，或者不进行拉伸（取值 NONE 时）。当 fill=X 时，组件会占满水平方向上的所有剩余空间
ipadx，ipady	需要与 fill 参数值共同使用，表示组件内容和组件边框的距离（内边距）。例如文本内容和组件边框的距离，单位可以是像素（p）、厘米（c）或者英寸（i）
padx，pady	用于控制组件之间的上下、左右的距离（外边距），单位可以是像素（p）、厘米（c）或者英寸（i）
side	用来确定组件放置在窗口的哪个位置上，参数值可以是 'top' 'bottom' 'left' 'right'。注意，单词小写时需要使用字符串格式，若为大写单词则不必使用字符串格式

例 14-3：利用 pack 方法布局窗口。

```
import tkinter as tk
```

```
root_pack = tk.Tk()

# 位置在正上方
label1 = tk.Label(bg='red', text='label1')
label1.pack(fill=tk.X, side=tk.TOP)

# 位置在正下方
label2 = tk.Label(bg='blue', text='label2')
label2.pack(fill=tk.X, side=tk.BOTTOM)

# 位置在正左侧
label3 = tk.Label(bg='yellow', text='label3')
label3.pack(fill=tk.Y, side=tk.LEFT)

# 位置在正右侧
label3 = tk.Label(bg='green', text='label4')
label3.pack(fill=tk.Y, side=tk.RIGHT)

# 进入程序循环
root_pack.mainloop()
```

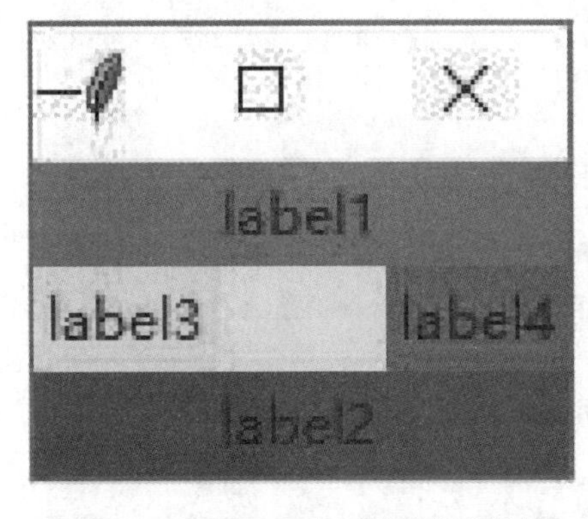

图14-7　使用pack布局管理器的结果

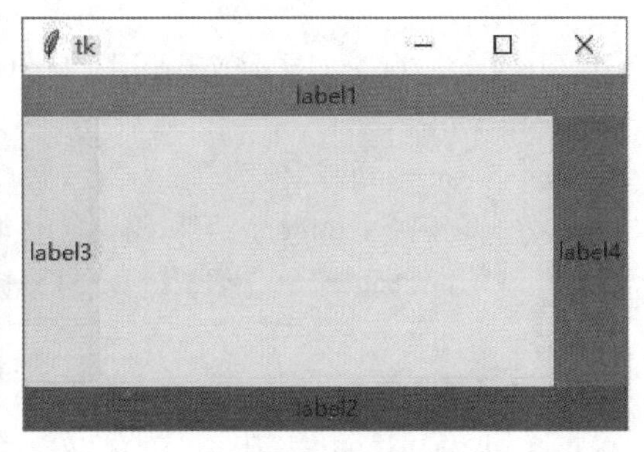

图14-8　使用pack布局管理器的结果（界面拉伸后）

（2）grid方法

grid方法是将窗口划分为网格的形式，它按照行列来对组件进行排列，使用起来方便灵活。grid方法的常用参数如表14-2所示，例14-4给出了测试代码，执行结果如图14-9所示。图14-10是拉伸图14-9所示窗口后的效果。

表14-2 grid方法的常用参数

参数	说明
column	组件位于表格中的第几列。窗体最左边为起始列，默认为第0列
columnsapn	组件实例所跨的列数，默认为1列。通过该参数可以合并一行中的多个邻近单元格
ipadx，ipady	用于控制内边距。在单元格内部的左右、上下方向上填充指定大小的空间
padx，pady	用于控制外边距。在单元格外部的左右、上下方向上填充指定大小的空间
row	组件位于表格中的第几行。窗体最上面为起始行，默认为第0行
rowspan	组件实例所跨的行数，默认为1行。通过该参数可以合并一列中的多个邻近单元格
sticky	该属性用来设置组件位于单元格的哪个方位上。参数值和表14-1中的anchor相同，若不设置该参数则组件在单元格内居中

例14-4：利用grid方法布局窗口。

```
import tkinter as tk
root_grid = tk.Tk()
text = []

# 将文本描述放入一个列表中
for i in range(1, 10):
    text.append('数字按键-%d' % i)

# 创建9个button。为显示效果使用了button组件
for i in range(3):
    for j in range(3):
        # 创建9个Button组件，将窗体编排成3X3的表格
        tk.Button(root_grid, text=text[j+i*3]).grid(row=i, column=j)

# 进入程序循环
root_grid.mainloop()
```

(3) place方法

place方法可以指定组件的大小以及在界面中的位置，是这三种方法中最为灵活的一种。place方法的常用参数如表14-3所示，例14-5给出了测试代码，执行结果如图14-11所示。图14-12是拉伸图14-11所示窗口后的效果。

图14-9　使用grid布局管理器的结果

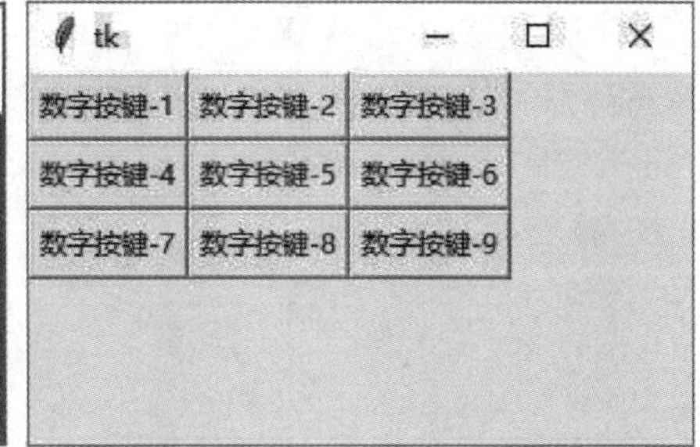

图14-10　使用grid布局管理器的结果（界面拉伸后）

表14-3　place方法的常用参数

参数	说明
anchor	定义组件在窗体内的方位。参数值与表14-1中的anchor一样，可以是N/NE/E/SE/S/SW/W/NW 或 CENTER，默认值是NW
bordermode	定义组件的坐标是否要考虑边界的宽度。参数值为OUTSIDE（排除边界）或INSIDE（包含边界），默认值为INSIDE
x，y	定义组件在根窗体中水平和垂直方向上的起始绝对位置
relx，rely	定义组件相对于根窗体（或其他组件）在水平和垂直方向上的相对位置（即位移比例），取值范围在0.0~1.0之间。可以设置in_ 参数项，是指相对于某个其他组件的位置
height，width	组件自身的高度和宽度（单位为像素）

例14-5：利用place方法布局窗口。

```
import tkinter as tk
root_place = tk.Tk()

# 位置在距离窗体左上角的(10,15)坐标处
label1 = tk.Label(bg='red', text='label1')
label1.place(x=10, y=15)

# 位置在距离窗体左上角的(30,45)坐标处
label2 = tk.Label(bg='blue', text='label2')
label2.place(x=30, y=45)

# 位置在距离窗体左上角的(50,75)坐标处
label3 = tk.Label(bg='yellow', text='label3')
```

```
label3.place(x=50, y=75)

# 进入程序循环
root_place.mainloop()
```

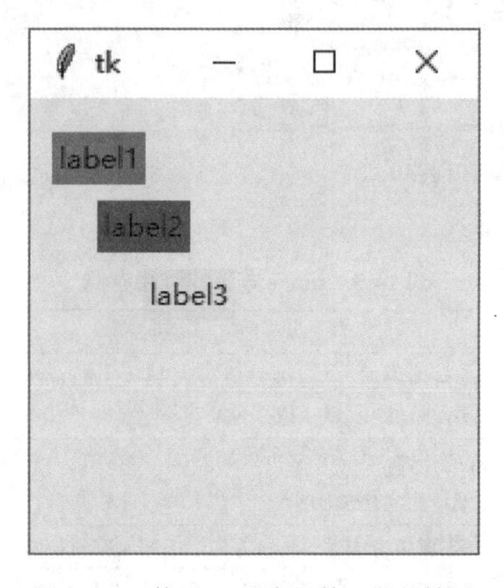

图14-11　使用place布局管理器的结果

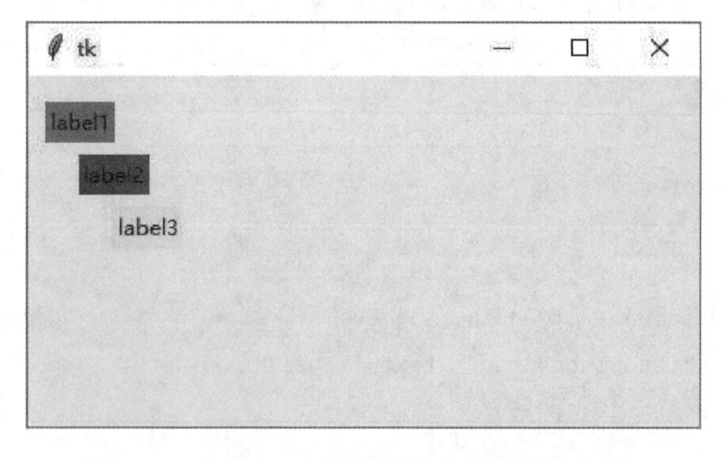

图14-12　使用place布局管理器的结果（界面拉伸后）

14.4　Tkinter的常用组件和属性

对于一个GUI程序而言，可以将其理解为众多功能组件的集合，学会使用这些组件是GUI编程中最重要的部分。Tkinter为开发者提供了各种功能组件，在表14-4中整理了Tkinter中的几个基础组件和容器控件。

表14-4 Tkinter的几个基础组件和容器控件

组件	名称	说明
Label	标签	可显示单行文本或图片
Message	信息	显示多行文本，不可编辑
Entry	文本输入框	接收单行文本输入
Text	多行文本框	接收或显示多行文本
Button	按钮	点击触发相应事件
Radiobutton	单选按钮	从多个选项中选择一项
Checkbutton	复选框	从多个选项中选择多项
Listbox	列表框	以列表的形式显示文本
Scale	进度条	定义一个线性"滑块"用来控制范围。可以设定起始值和结束值，并显示当前位置的精确值
Tk	主窗口	创建主窗口并弹出主窗口对话框。每个界面程序都必须有且只有一个主窗口。关闭主窗口时子窗口都会被关闭
Toplevel	子窗口	创建一个独立于主窗口之外的子窗口。位于主窗口的上一层，可作为其他控件的容器。关闭子窗口时不影响主窗口
Messagebox	消息框	定义与用户交互的消息对话框
Menu	菜单	菜单组件(下拉菜单和弹出菜单)
Menubutton	菜单按钮	用于显示菜单项
OptionMenu	选项菜单	下拉菜单
Scrollbar	滚动条	默认垂直方向，鼠标拖动改变数值

表14-4中的这些组件各自对应着不同的功能，可以通过参数设置来配置这些组件。虽然这些组件各不相同，但是有一部分属性是可以通用的，如表14-5所示。

表14-5 Tkinter组件的通用属性

属性	说明
anchor	定义控件或者文字信息在窗口内的位置
height	用于设置控件的高度。文本控件以字符的数目为高度(px)，其他控件则以像素为单位
width	用于设置控件的宽度。使用方法与height相同
text	定义控件的标题文字
command	用于执行事件函数，例如单击按钮时执行特定的动作。可以执行用户自定义的函数
font	若控件支持设置标题文字，就可以使用此属性来定义，它是一个数组格式的参数(包括字体、大小、字体样式)

续表

属性	说明
bg	bg是background的缩写，用来定义控件的背景颜色。参数值可以是颜色的十六进制数值或者颜色的英文单词
fg	fg是foreground 的缩写，用来定义控件的前景颜色，也就是字体的颜色
bitmap	显示在控件内的位图文件
borderwidth	定于控件的边框宽度，单位是像素
cursor	定义鼠标指针的类型，是当鼠标指针移动到控件上时显示的样子。参数值有cross-hair（十字光标）、watch（待加载圆圈）、plus（加号）、arrow（箭头）等
image	显示在控件内的图片文件
justify	定义多行文字的排列方式，此属性可以是LEFT/CENTER/RIGHT
padx/pady	定义控件内的文字或者图片与控件边框之间的水平/垂直距离
relief	定义控件的边框样式。参数值可以为FLAT（平的）/ RAISED（凸起的）/ SUNKEN（凹陷的）/ GROOVE（沟槽桩边缘）/RIDGE（脊状边缘）
state	控制控件是否处于可用状态，参数值可以为NORMAL/DISABLED，默认为NORMAL（正常的）

根据Tkinter组件的功能大致将其分为内容组件、按钮组件、菜单组件、窗口组件，以及其他功能组件。内容组件包括Label、Message、Entry这些用于展示或输入数据内容的组件。按钮组件包括Button、Radiobutton、Checkbutton等按钮类组件。菜单组件与窗口组件包括Menu、Menubutton、OptionMenu、Messagebox和Toplevel等，主要用于创建菜单栏和弹窗以及子界面。

14.5 Tkinter的内容组件

14.5.1 Label标签显示文本和图片

Label标签用于显示文字或者图片。如果创建标签控件的时候没有指明大小，控件会根据要显示的内容自动计算大小。标签控件可以显示多行文本，也可同时显示文字和图片。需要注意的是tkinter.PhotoImage仅支持GIF和PGM/PPM 的图片文件格式，想要读取其他格式的图片需要借助三方库。在例14-6中我们用到的是PIL库，执行结果如图14-13所示。

例14-6：使用Label标签显示简单的文本和图片。

```
import tkinter as tk
from PIL import Image, ImageTk
```

```
root=tk.Tk()

# label单行文本显示
label1 = tk.Label(root,text='Python边学边练习')
label1.grid(row=1,column=0)

# label多行文本显示,手动分行
label2 = tk.Label(root,
             text='第一行\n第二行\n第三行')
label2.grid(row=2,column=0)

# label多行文本显示,自动分行
label3 = tk.Label(root,
             text='对于较长的文本信息,我们
             可以使用wraplength来实现自动换行',
             wraplength=200)
label3.grid(row=3,column=0)

# 载入图像
image = Image.open("Cat.jpg")
Img = ImageTk.PhotoImage(image)

# label显示图像
label4 = tk.Label(root,image=Img)
label4.grid(row=6,column=0)

# label显示图像同时配上文字说明
label5 = tk.Label(root,image=Img,text='这是一只猫',compound='cen-
ter',font = ('微软雅黑',30),fg='red')
label5.grid(row=6,column=1)

root.mainloop()
```

14.5.2　Message组件显示文本信息

Message信息组件是Label组件的变体，用于显示多行文本消息。Message组件能够自动换行并调整文本的尺寸。Message组件通常用于显示简单的文本消息，如果希望使用多种字体来显示文本，那么可以使用后面将要介绍的Text组件。例14-7为使用Message组件的代码，执行结果如图14-14所示。

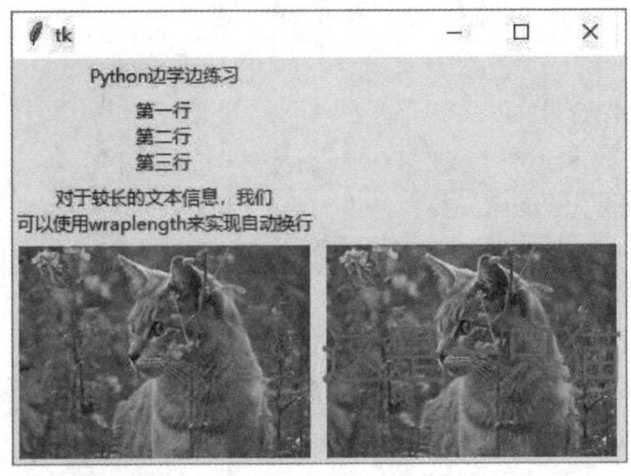

图 14-13　使用Label组件的效果

例14-7：使用Message组件显示文本信息。

```
import tkinter as tk
root = tk.Tk()
root.geometry('250x200')
# Message组件需要设置width
Message1 = tk.Message(root, text="Python边学边练习", width=100)
Message1.pack()

Message2 = tk.Message(root, text="Python边学边练习之Message组件文
本展示自动换行", width=50)
Message2.pack()

root.mainloop()
```

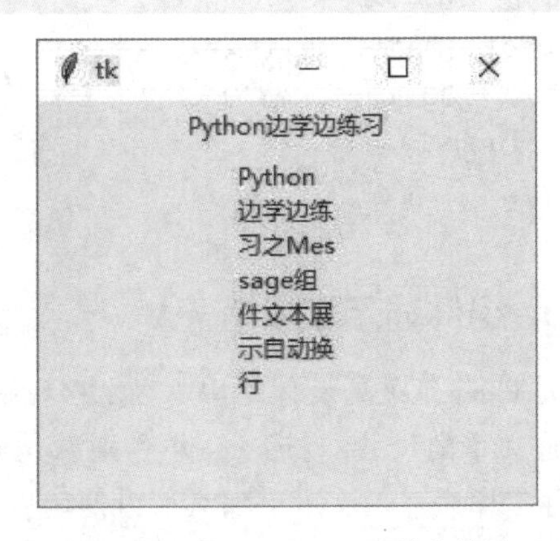

图 14-14　使用Message组件的效果

14.5.3 Entry组件实现信息交互

Entry组件是Tkinter GUI 编程中的基础控件之一，它的作用就是允许用户输入内容，从而实现GUI程序与用户的交互。例如当用户登录软件时需要输入用户名和密码，此时就要使用Entry控件。

用户在文本框内输入的值也称为动态字符串，使用StringVar对象（字符串）来设置。与它同类的方法还有布尔值BooleanVar、浮点型DoubleVar、整型IntVar方法，它们分别代表不同的数据类型。这些方法并不属于Python的内置方法，而是Tkinter特有的方法。

在界面编程的过程中，有时需要“动态跟踪”一些变量值的变化，从而保证变量值的变化能够及时地反映到显示界面上。但是Python内置的数据类型是无法实现这一目的的，因此使用了Tcl内置的对象。把通过这些方法创建的数据类型称为“动态类型”，例如StringVar创建的字符串被称为“动态字符串”。

例14-8给出了动态数据类型和Entry组件的使用方法，执行结果如图14-15所示。

例14-8：使用Entry组件实现信息交互。

```
import tkinter as tk
import time

root = tk.Tk()
root.geometry('300x90+100+100')

# 定义窗口宽度高度是否固定。0不固定,1固定
root.resizable(1,1)
root.title('Entry实例')

label1 = tk.Label(root,text="时间(动态数据):")
label1.grid(row=0,column=0)

# 获取时间
def gettime():
    # 获取当前时间
    dstr.set(time.strftime("%H:%M:%S"))
    # 每隔 1s 调用一次 gettime函数来获取时间
    root.after(1000, gettime)

# 生成动态字符串
dstr = tk.StringVar()
```

```
# 利用 textvariable 来实现文本变化
lb = tk.Label(root,textvariable=dstr,fg='blue',font=("微软雅黑",
12))
lb.grid(row=0,column=1)

# 调用生成时间的函数
gettime()

# 新建文本标签
label2 = tk.Label(root,text="账号:")
label3 = tk.Label(root,text="密码:")

# grid控件布局管理器,以行、列的形式对控件进行布局,将在后面介绍
label2.grid(row=1)
label3.grid(row=2)

# 为上面的文本标签创建两个输入框控件
entry1 = tk.Entry(root)
entry2 = tk.Entry(root)

# 对控件进行布局管理,放在文本标签的后面
entry1.grid(row=1, column=1)
entry2.grid(row=2, column=1)

# 显示窗口
root.mainloop()
```

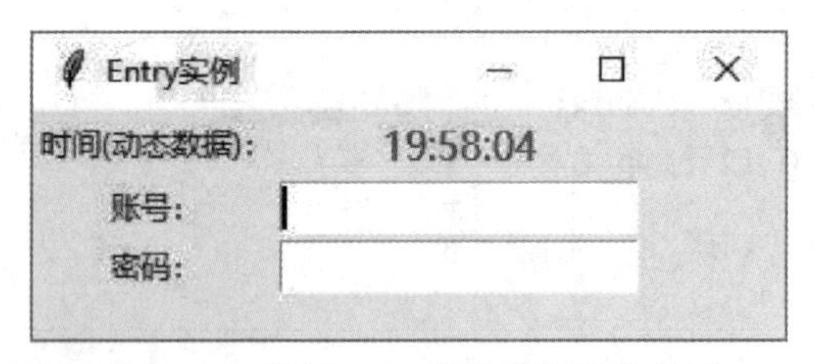

图14-15　使用Entry组件实现信息交互

14.5.4　Text组件灵活处理文本

Text组件用于灵活地显示和处理多行文本。在Tkinter的所有组件中，Text组件显得异常强大和灵活，它适用于多种任务。通过Text组件显示的文本包含纯文本或格式化文本（使用不同字体，嵌入图片，显示链接，甚至是带CSS格式的HTML等），所以Text组件也被用作简单的文本编辑器和网页浏览器。

例14-9是使用Text组件的代码，执行结果如图14-16所示。

例14-9：使用Text组件处理文本。

```
import tkinter as tk
root = tk.Tk()
root.title("Text实例")
root.geometry('400x300')

# 创建一个文本控件
# width是一行可见的字符数,height是显示的行数
text = tk.Text(root, width=50, height=20, undo=True, autosepara-
tors=False)
text.grid()

# INSERT是在光标处插入,如果是END就表示在末尾处插入
text.insert(tk.INSERT, 'Python边学边练习')

# 调用edit_undo和edit_redo来定义撤销与恢复的方法
def backout():
    text.edit_undo()
def regain():
    text.edit_redo()

# 定义撤销和恢复按钮
button1=tk.Button(root,text = '撤销',command = backout)
button1.grid(row=3, column=0, sticky="w", padx=10, pady=5)
button2=tk.Button(root,text = '恢复',command = regain)
button2.grid(row=3, column=0, sticky="e", padx=10, pady=5)

root.mainloop()
```

Text组件支持三种类型的结构，即索引Index、标签Tag和标记Mark，每一种结构都有相应的方法。索引Index用于指定字符在文本中的真实位置。标签Tag用来给一定范围内的文字起一个标签名，通过该标签名就能操控某一范围内的文字，例如修改文本的字体、尺寸和颜色。除此之外，该标签还可以和事件函数绑定在一起使用，需要注意的是Tag的名字是由字符串组成的，但不能是空白字符串。标记Mark通常被用来当作书签，它可以帮助用户快速找到内容的指定位置，并且跟随相应的字符一起移动。

Mark有两种类型的标记，分别是INSERT和CURRENT。INSERT可指定当前

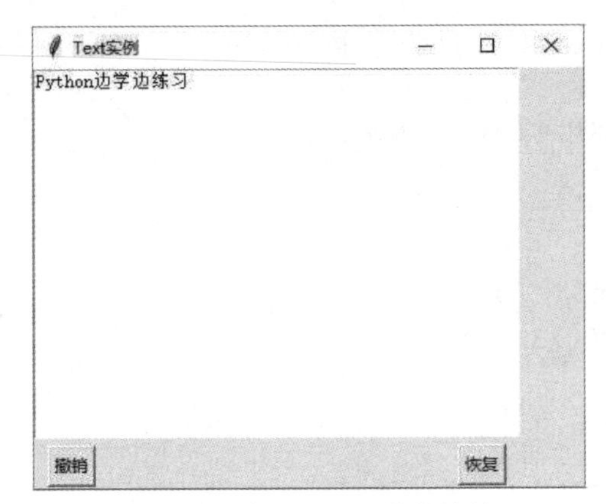

图 14-16　使用Text组件的效果

插入光标的位置，Tkinter会在该位置绘制一个闪烁的光标，而CURRENT用于指定当前光标所处坐标最邻近的位置。Mark标记是Tkinter中预定义的标记，因此不能被删除。我们还可以通过user-define marks（用户自定义标记）的方式来自定义Mark。

例14-10是灵活使用Text组件及其支持的索引Index、标签Tag和标记Mark这三种结构的代码，执行结果如图14-17所示。

例14-10：灵活使用Text组件及其支持的三种结构。

```
import tkinter as tk

root = tk.Tk()
root.title("Text组件")
root.geometry('400x200')

text =tk.Text(root, width=35, heigh=15)
text.pack()

# 在文本域中插入文字
text.insert(tk.INSERT, 'Python边学边练习')

# 继续向后插入文字
text.insert("insert", ",Index索引")

# 获取文本框内的字符,使用get方法
print(text.get("1.3", "1.end"))

# 跳下一行
text.insert (tk.INSERT, "\n\n")
```

```
# 在Text控件内插入一段文字。INSERT是插在光标处,END是插在末尾。
text.insert (tk.INSERT, "Python边学边练习Tag结构\n\n")

# 在Text控件内插入一个按钮
button = tk.Button(text, text="关闭窗口",command=root.quit)

text.window_create (tk.END, window=button)
# 填充水平和垂直方向,这里设置expand为True。否则不能垂直方向延展
text .pack (fill=tk.Y,expand=True)

# 在第一行文字的第0到第6个字符处插入标签,标签名称为"name"
text.tag_add("name", "1.0", "1.6")

# 将插入的按钮设置其标签名为"button"
text.tag_add ("button", button)

# 使用tag_config来改变标签"name"的前景与背景颜色并加下划线。
# 通过标签控制字符的样式。
text.tag_config("name", font=('微软雅黑',18,'bold'),background=
"yellow", foreground= "red")

#设置标签"button"的居中排列
text. tag_config("button", justify="center")

# 设置标记。代码中的"2.end"表示第2行最后一个字符。
# 也可以使用数字来表示,例如1.5表示第一行第五个字符
text.mark_set("name", "2.end")

# 在标记之后插入相应的文字
text.insert("name", ",Python边学边练习Mark结构")

# 显示窗口
root.mainloop()
```

图14-17　使用Text组件及其支持的三种结构的效果

14.6 Tkinter的按钮组件

14.6.1 单击按钮并触发事件的例子

按钮（Button）是为响应鼠标单击事件触发运行程序所设的，因此它的command属性是最重要的。通常将单击按钮后要触发执行的程序预先自定义为函数的形式，而当真正单击按钮后调用该函数时使用的表达式为“command = 函数名”。要注意函数名后不要加括号，也不能传递参数。

例14-11是在单击按钮后执行触发事件的代码，图14-18是添加了按钮组件后的效果，图14-19是在按钮被按下后触发事件而显示出来的结果。

例14-11：执行单击按钮后的触发事件。

```
import tkinter as tk

# 创建窗口
root =tk.Tk()
root.geometry('200x50')
root.title('按钮')

# 自定义函数:当按钮被按下后在终端输出的反馈信息
def callback():
   print ("监测到按钮按下! ")

# 使用按钮控件调用函数
b = tk.Button(root, text="按钮", command=callback).pack()

# 显示窗口
tk.mainloop()
```

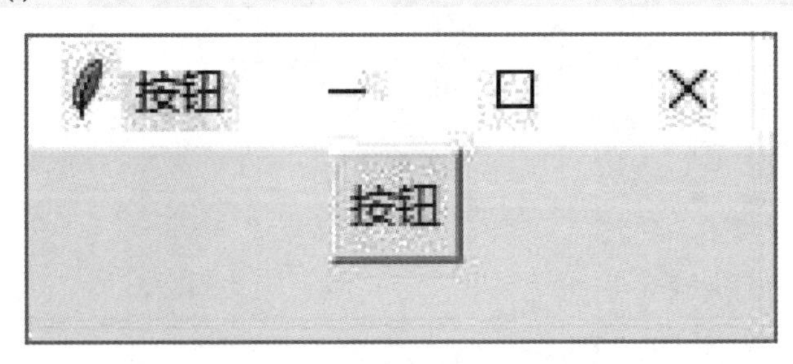

图14-18 添加按钮组件的效果

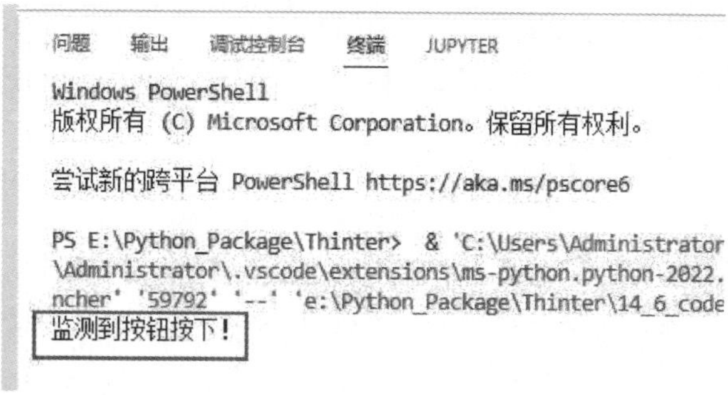

```
问题　输出　调试控制台　终端　JUPYTER
Windows PowerShell
版权所有 (C) Microsoft Corporation。保留所有权利。

尝试新的跨平台 PowerShell https://aka.ms/pscore6

PS E:\Python_Package\Thinter> & 'C:\Users\Administrator
\Administrator\.vscode\extensions\ms-python.python-2022.
ncher' '59792' '--' 'e:\Python_Package\Thinter\14_6_code
监测到按钮按下！
```

图14-19　单击按钮后执行触发事件回调函数的输出结果

14.6.2　单选按钮

单选按钮（Radiobutton）是为响应互相排斥的若干单选项所设，该控件除具有共有属性外，还具有显示文本（text）、返回变量（variable）、返回值（value）和响应函数名（command）等重要的属性。

单选按钮的响应函数名“command=函数名”的用法与Button相同，函数名最后也不要加括号。返回变量variable=var通常应预先声明变量的类型为var=tkinter.IntVar（）或者var=tkinter.StringVar（），在所调用的函数中方可用var.get（）取得被选中实例的value值。

例14-12为单选按钮的使用代码，执行结果如图14-20所示。

例14-12：单选按钮的使用。

```
import tkinter as tk

# 自定义函数用于显示选择结果
def Mysel():
    dic = {0: 'A', 1: 'B', 2: 'C'}
    s = "你的选项是 " + dic.get(var.get())
    label.config(text=s)

root = tk.Tk()
label = tk.Label(root)
label.pack()

# 获取选项结果
var = tk.IntVar()


# 单选按钮选项
```

```
Radiobutton1 = tk.Radiobutton(root, text='A', variable=var, value=
0, command=Mysel)
Radiobutton1.pack()
Radiobutton2 = tk.Radiobutton(root, text='B', variable=var, value=
1, command=Mysel)
Radiobutton2.pack()
Radiobutton3 = tk.Radiobutton(root, text='C', variable=var, value=
2, command=Mysel)
Radiobutton3.pack()

root.mainloop()
```

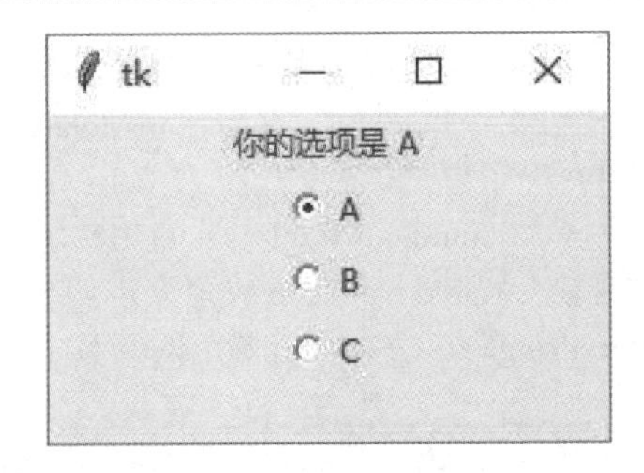

图14-20　使用单选按钮的效果

14.6.3　复选框组件

复选框（Checkbutton）是为返回多个选项值的交互控件，通常并不直接触发函数的执行。该控件除具有共同属性外，还具有显示文本（text）、返回变量（variable）、选中返回值（onvalue）和未选中默认返回值（offvalue）等重要的属性。

复选框组件的返回变量variable=var通常需要预先逐项声明变量的类型var=IntVar（）（默认）或者var=StringVar（），在所调用的函数中方可分别用var.get（）方法取得被选中实例的onvalue或offvalue值。复选框实例通常还可分别利用select、deselect和toggle方法对其进行选中、清除选中和反选操作。

例14-13为复选框的使用代码，执行结果如图14-21所示。

例14-13：复选框的使用。

```
import tkinter as tk


root = tk.Tk()
root.title("复选框组件")
root.geometry('300x180')
```

```
# 多选按键的响应事件
def run():
    dic = {0: '', 1: '高数', 2: '英语', 3: '体育', 4: '化学'}
     Checknum = {CheckVar1.get(), CheckVar2.get(), CheckVar3.get
(), CheckVar4.get()}
    s = ''
    for i in Checknum:
        s += dic.get(i)
    if s == '':
        s = "警告! 未选择任何课程"
    else:
        s = "已选课程:" + s
    label2.config(text=s)

# 全选按钮的响应事件
def all():
    ch1.select()
    ch2.select()
    ch3.select()
    ch4.select()

# 反选按钮的响应事件
def invert():
    ch1.toggle()
    ch2.toggle()
    ch3.toggle()
    ch4.toggle()

# 清除选择按钮的响应事件
def cancel():
    ch1.deselect()
    ch2.deselect()
    ch3.deselect()
    ch4.deselect()

label1 = tk.Label(root, text="选课系统")
label1.grid(row=0,column=1)

# 动态数值获取
```

```
CheckVar1 = tk.IntVar()
CheckVar2 = tk.IntVar()
CheckVar3 = tk.IntVar()
CheckVar4 = tk.IntVar()

# Checkbutton按键设置
ch1 = tk.Checkbutton(root, text="高数", variable=CheckVar1, on-
value=1, offvalue=0)
ch2 = tk.Checkbutton(root, text="英语", variable=CheckVar2, on-
value=2, offvalue=0)
ch3 = tk.Checkbutton(root, text="体育", variable=CheckVar3, on-
value=3, offvalue=0)
ch4 = tk.Checkbutton(root, text="化学", variable=CheckVar4, on-
value=4, offvalue=0)

# Checkbutton按键布局
ch1.grid(row=1,column=0)
ch2.grid(row=1,column=2)
ch3.grid(row=2,column=0)
ch4.grid(row=2,column=2)

# 反选按钮-Button
btninvert = tk.Button(root, text="反选", command=invert)
btninvert.grid(row=3,column=0)

# 全选按钮-Button
btnall = tk.Button(root, text="全选", command=all)
btnall.grid(row=3,column=1)

# 重选按钮-Button
btncancel = tk.Button(root, text="重选", command=cancel)
btncancel.grid(row=3,column=2)

# 提交按钮-Button
btn = tk.Button(root, text="提交", command=run)
btn.grid(row=4,column=1)

# 插入标签显示选课结果,使用config更新文本数据
label2 = tk.Label(root, text='尚未选择课程')
```

```
label2.grid(row=5,column=2)

# 主界面显示
root.mainloop()
```

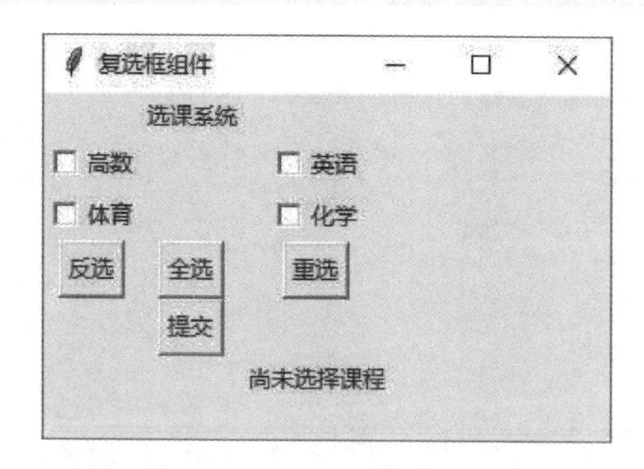

图14-21　使用复选框组件的效果

14.6.4　列表框与组合栏

列表框（Listbox）和组合框（Combobox）是 Tkinter 中的两个控件。由于非常相似，本节将它们放在一起介绍。

列表框（Listbox）可供用户单选或多选所列条目以形成人机交互。列表框控件在执行自定义函数时通常使用“实例名.curselection（）”或者“selected”来获取选中项的位置索引。由于列表框实质上就是将Python的列表类型数据可视化呈现出来，所以在程序实现时也可直接操作相关列表数据，然后再通过列表框展示出来，而不必拘泥于可视化控件的方法。

例14-14为列表框的使用代码，执行结果如图14-22所示。

例14-14：列表框的使用。

```
import tkinter as tk

# 回调函数:初始化,插入列表中所有内容到列表栏
def ini():
    Lstbox1.delete(0, tk.END)
    list_items = ["数学", "英语", "语文", "体育", "计算机"]
    for item in list_items:
        Lstbox1.insert(tk.END, item)

# 回调函数:清空列表栏
def clear():
```

```
    Lstbox1.delete(0, tk.END)

# 回调函数:新增栏目
def ins():
    if entry.get() != '':
        if Lstbox1.curselection() == ():
            Lstbox1.insert(Lstbox1.size(), entry.get())
        else:
            Lstbox1.insert(Lstbox1.curselection(), entry.get())

# 回调函数:修改栏目
def updt():
    if entry.get() != '' and Lstbox1.curselection() != ():
        selected = Lstbox1.curselection()[0]
        Lstbox1.delete(selected)
        Lstbox1.insert(selected, entry.get())

# 回调函数:删除栏目
def delt():
    if Lstbox1.curselection() != ():
        Lstbox1.delete(Lstbox1.curselection())

root = tk.Tk()
root.title('列表框组件')
root.geometry('320x240')
frame1 = tk.Frame(root, relief=tk.RAISED)
frame1.place(relx=0.0)
frame2 = tk.Frame(root, relief=tk.GROOVE)
frame2.place(relx=0.5)

# 创建列表栏
Lstbox1 = tk.Listbox(frame1)
Lstbox1.pack()

# 文本输入
entry = tk.Entry(frame2)
entry.pack()
```

```
# 功能按钮
Button1 = tk.Button(frame2, text="初始化", command=ini)
Button1.pack(fill=tk.X)
Button2 = tk.Button(frame2, text="新增", command=ins)
Button2.pack(fill=tk.X)
Button3 = tk.Button(frame2, text="插入", command=ins)
Button3.pack(fill=tk.X)
Button4 = tk.Button(frame2, text="修改", command=updt)
Button4.pack(fill=tk.X)
Button5 = tk.Button(frame2, text="删除", command=delt)
Button5.pack(fill=tk.X)
Button6 = tk.Button(frame2, text="清空", command=clear)
Button6.pack(fill=tk.X)
root.mainloop()
```

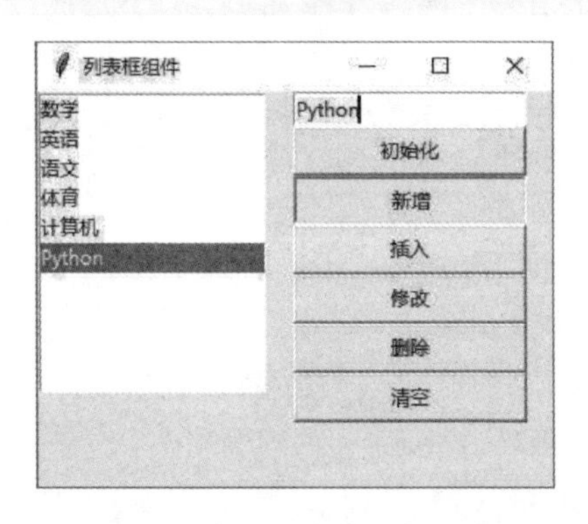

图14-22　使用列表框组件的效果

组合框（Combobox）实质上是带文本框的下拉列表框，其功能也是将Python的列表类型数据可视化地呈现出来并提供用户单选或多选所列条目以形成人机交互。在图形化界面设计时，由于其具有灵活性，因此组合框往往比列表框更受欢迎。

但组合框控件并不包含在Tkinter的子模块ttk中。如果要使用该控件，应先用from tkinter import ttk语句引用ttk子模块，然后再创建组合框实例。需要绑定变量var=tkinter.StringVar（）并设置实例属性textvariable=var，values=［列表...］。

使用组合框控件有两种方法，分别是获得所选中的选项值get和获得所选中的选项索引current。若不使用按钮，也可让组合框控件实例绑定某个事件，通过触发自定义函数来执行该事件。自定义函数应以event作为参数来获取所选中项目的索引。通常被绑定的事件是组合框中某选项被选中（注意，事件的代码是用两个小于号和两个大于号作为界定符的）。

例14-15为组合框的使用代码，执行结果如图14-23所示。

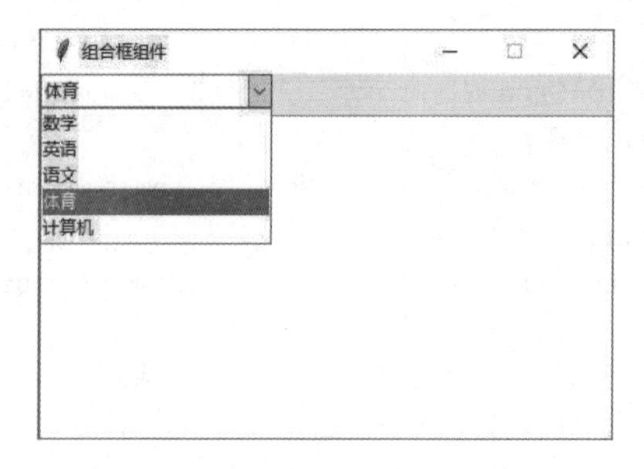

图14-23　使用组合框组件的效果

例14-15：组合框的使用。

```
import tkinter as tk
# 导入ttk模块,下拉菜单控件位于ttk子模块中
from tkinter import ttk

# 创建窗口
root = tk.Tk()
root.title("组合框组件")
root.geometry('400x250')
root.resizable(0,0)

# 创建下拉菜单
cbox = ttk.Combobox(root)

# 使用grid来控制控件的位置
cbox.grid(row = 1, sticky="NW")

# 设置下拉菜单中的值
cbox['value'] = ("数学", "英语", "语文", "体育", "计算机")

#通过current设置下拉菜单选项的默认值
cbox.current(3)

# 编写回调函数,绑定执行事件,向文本插入选中文本
def func(event):
    text.insert('insert',cbox.get()+"\n")

# 绑定下拉菜单事件
```

```
cbox.bind("<<ComboboxSelected>>",func)
text = tk.Text(root)
text.grid(pady = 5)

root.mainloop()
```

14.7　Tkinter的菜单组件

菜单（Menu）能够可视化地为一系列命令进行分组，从而方便用户找到和触发并执行这些命令。Tkinter的Menu控件提供了三种类型的菜单，分别是top-leve、pull-down和pop-up。常用的方法有add_cascade（添加一个菜单分组）、add_command（添加一条菜单命令）和add_separator（添加一条分隔线）。

topleve主目录菜单也被称为“顶级菜单”，下拉菜单等其他子菜单都是建立在“顶级菜单”的基础之上。下拉菜单是主菜单的重要组成部分，也是用户选择相关命令的重要交互界面。下拉菜单的创建方式也非常简单，但是有一点需要注意，下拉菜单是建立在主菜单的基础之上的，而并非是在主窗口上。这一点千万要注意，否则创建下拉菜单时会失败。

利用Menu控件也可以创建快捷菜单。将需要鼠标右击弹出的控件实例绑定为鼠标右击响应事件<Button-3>，并指向一个捕获event参数的自定义函数。在该自定义函数中将鼠标的触发位置event.x_root和event.y_root以post方法传回菜单。

下面我们来编写一个类似记事本的实例，包括几个菜单栏，具体功能用简单的弹窗信息替代。例14-16是该实例的代码，执行结果如图14-24所示。图14-25显示的是下拉菜单的效果，图14-26是点击鼠标右键时弹出的快捷菜单。

例14-16：Tkinter的菜单组件的使用。

```
import tkinter as tk
import tkinter.messagebox

#创建主窗口
root = tk.Tk()
root.title("主页菜单栏")
root.geometry('350x250')

# 绑定一个执行函数,当点击菜单项的时候会显示一个消息对话框
def menuCommand1():
```

```
    tkinter.messagebox.showinfo("弹窗","主菜单栏创建完成！")
def menuCommand2():
    tkinter.messagebox.showinfo("弹窗","下拉单栏创建完成！")
def menuCommand3():
    tkinter.messagebox.showinfo("弹窗","弹出菜单创建完成！")

# 创建一个主目录菜单,也被称为顶级菜单
main_menu = tk.Menu(root)
filemenu = tk.Menu(main_menu, tearoff=False)

#在主目录菜单上新增"文件(F)"选项并通过menu参数与下拉菜单绑定
main_menu.add_cascade (label="文件(F)",menu=filemenu)
#新增主菜单栏的各选项,使用 add_command() 实现
main_menu.add_command(label="编辑(E)",command=menuCommand1)
main_menu.add_command(label="格式(O)",command=menuCommand1)
main_menu.add_command(label="查看(V)",command=menuCommand1)
main_menu.add_command(label="帮助(H)",command=menuCommand1)

#新增"文件(F)"菜单的下拉菜单项并使用accelerator设置菜单项的快捷键
filemenu.add_command(label="新建", command=menuCommand2, accelera-
tor="Ctrl+N")
filemenu.add_command(label="打开", command=menuCommand2, accelera-
tor="Ctrl+O")
filemenu.add_command(label="保存", command=menuCommand2, accelera-
tor="Ctrl+S")
# 添加一条分割线
filemenu.add_separator()
filemenu.add_command(label="退出",command=root. quit)
# 绑定键盘事件,按下键盘上的相应的键时都会触发执行函数
root.bind("<Control-n>", menuCommand1)
root.bind("<Control-N>", menuCommand1)
root.bind("<Control-o>", menuCommand1)
root.bind("<Control-O>", menuCommand1)
root.bind("<Control-s>", menuCommand1)
root.bind("<Control-S>", menuCommand1)

# 创建点击鼠标右键时的弹出菜单
```

```
menu = tk.Menu(root, tearoff=False)
menu.add_command(label="新建", command=menuCommand3)
menu.add_command(label="复制", command=menuCommand3)
menu.add_command(label="粘贴", command=menuCommand3)
menu.add_command(label="剪切", command=menuCommand3)

# 定义事件函数
def command(event):
    # 使用post在指定的位置显示弹出菜单
    menu.post(event.x_root, event.y_root)

# 绑定鼠标右键,这是鼠标绑定事件
# <Button-3>表示点击鼠标的右键,1 表示左键,2表示点击中间的滑轮
root.bind("<Button-3>", command)

#显示菜单
root.config(menu=main_menu)
root.mainloop()
```

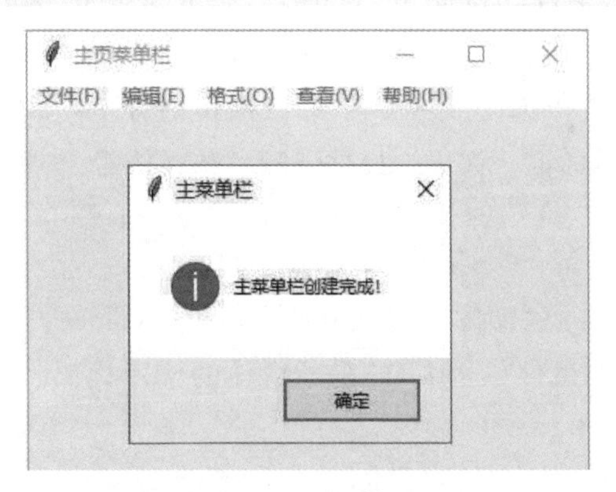

图14-24 主菜单栏的效果

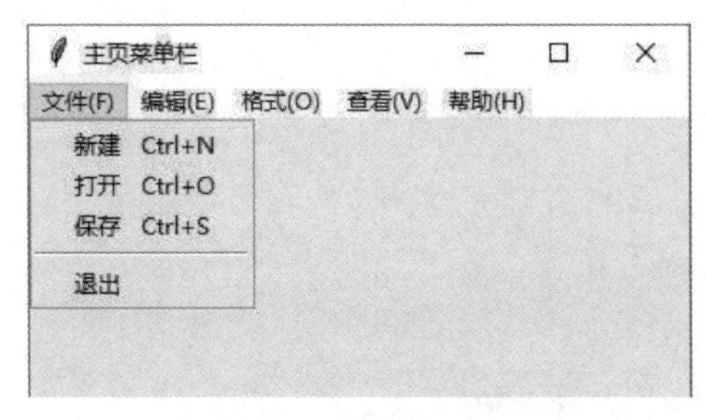

图14-25 下拉菜单的效果

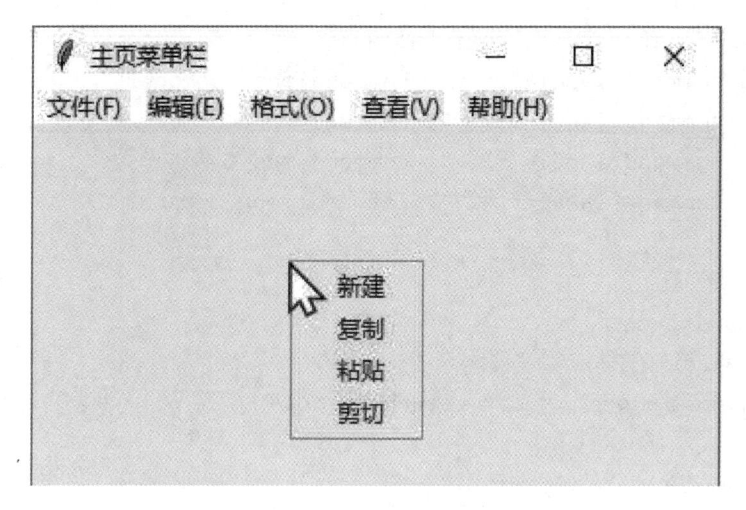

图14-26　鼠标右键快捷菜单的效果

14.8　Tkinter的窗体组件

窗体组件可分为Modeless窗体和Model窗体。Modeless窗体可由Toplevel组件创建，这种窗体也叫作Tkinter的子窗体。一般情况下子窗体创建时会显示在主窗体的前方，但是主窗体上的组件也可以被操作。而Model窗体所弹出的窗体必须被应答，同时在Model窗体关闭前无法操作主窗体。常见的Model窗体包括消息对话框、输入对话框、文件选择框、颜色选择框等。

14.8.1　子窗体

子窗体和Tkinter的主窗体类似，也具有title、geometry等属性，同时也可以在子窗体上布局其他组件。例14-17是子窗体的使用代码，执行结果如图14-27所示。

例14-17：子窗体的使用。

```
import tkinter as tk

# 回调函数,利用Toplevel创建子窗体
def newwind():
    winNew = tk.Toplevel(root)
    winNew.geometry('250x100')
```

```
    winNew.title('子窗体组件')
    label2 = tk.Label(winNew, text='新建的子窗体,可以布局组件')
    label2.place(relx=0.2, rely=0.2)
    btClose = tk.Button(winNew, text='关闭', command=winNew.de-
stroy)
    btClose.place(relx=0.7, rely=0.5)

# 主窗体
root = tk.Tk()
root.title('主窗体组件')
root.geometry('320x240')
label1 = tk.Label(root, text='主窗体', font=('黑体', 32, 'bold'))
label1.place(relx=0.2, rely=0.2)
mainmenu = tk.Menu(root)
menuFile = tk.Menu(mainmenu)
mainmenu.add_cascade(label='菜单', menu=menuFile)
menuFile.add_command(label='新窗体', command=newwind)
menuFile.add_separator()
menuFile.add_command(label='退出', command=root.destroy)
root.config(menu=mainmenu)
root.mainloop()
```

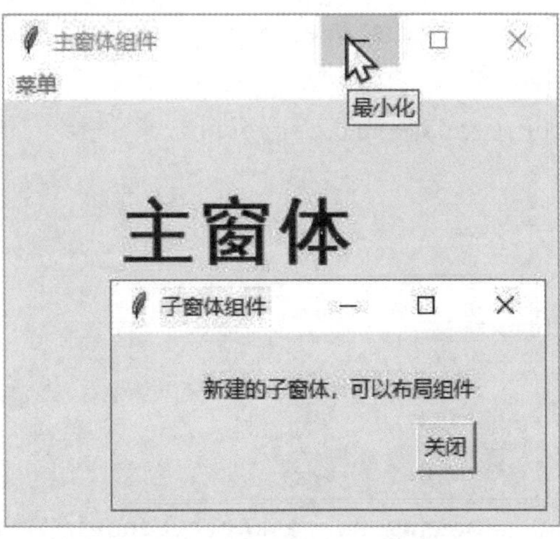

图14-27　子窗体的使用效果

14.8.2 交互对话框

交互对话框主要通过调用tkinter.messagebox组件来创建。messagebox提供了众多的消息对话框函数，应用不同的函数就可以生成不同类型的对话框，这些对话框会根据用户的响应返回一个布尔型的值。

例14-18是交互对话框的使用代码，执行结果如图14-28和图14-29所示。

例14-18：交互对话框的使用。

```
import tkinter as tk
import tkinter.messagebox

# 创建确认/取消的对话框
def Message_fun1():
    answer = tkinter.messagebox.askokcancel('请选择', '请选择确认或
取消')
    if answer:
        lb.config(text='已确认')
    else:
        lb.config(text='已取消')

# 创建是否对话框
def Message_fun2():
answer=tkinter.messagebox.askquestion('请选择', '请选择是或否')
#也可以使用下面这条语句
    #answer=tkinter.messagebox.askyesno('请选择', '请选择是或否')
    if answer:
        lb.config(text='是')
    else:
        lb.config(text='否')

# 创建重试取消对话框
def Message_fun3():
    answer = tkinter.messagebox.askretrycancel('请选择', '请选择重
试或取消')
```

```
    if answer:
        lb.config(text='重试')
    else:
        lb.config(text='已取消')

# 创建是否和取消对话框
def Message_fun4():
    answer = tkinter.messagebox.askyesnocancel('请选择', '请选择是否或取消')
    if answer == True:
        lb.config(text='是')
    elif answer == None:
        lb.config(text='已取消')
    else:
        lb.config(text='否')

# 创建错误消息框
def Message_fun5():
    answer = tkinter.messagebox.askokcancel('请选择', '错误消息')
    if answer:
        lb.config(text='已确认')
    else:
        lb.config(text='已取消')

# 创建信息提示框
def Message_fun6():
    answer = tkinter.messagebox.askokcancel('请选择', '信息提示')
    if answer:
        lb.config(text='已确认')
    else:
        lb.config(text='已取消')

# 创建警告信息框
def Message_fun7():
```

```
    answer = tkinter.messagebox.askokcancel('请选择', '警告')
    if answer:
        lb.config(text='已确认')
    else:
        lb.config(text='已取消')

# 主界面
root = tk.Tk()
root.geometry('200x300')

# 创建标签显示按键反馈
lb = tk.Label(root, text='')
lb.pack()

# 创建弹窗触发按钮
btn1 = tk. Button (root, text= ' 确 认 取 消 对 话 框 ', command=Mes-
sage_fun1)
btn1.pack()
btn2 = tk.Button(root, text='是否对话框', command=Message_fun2)
btn2.pack()
btn3 = tk. Button (root, text= ' 重 试 取 消 对 话 框 ', command=Mes-
sage_fun3)
btn3.pack()
btn4 = tk. Button (root, text= ' 是 否 和 取 消 对 话 框 ', command=Mes-
sage_fun4)
btn4.pack()
btn5 = tk.Button(root, text='错误消息框', command=Message_fun5)
btn5.pack()
btn6 = tk.Button(root, text='信息提示框', command=Message_fun6)
btn6.pack()
btn7 = tk.Button(root, text='警告框', command=Message_fun7)
btn7.pack()
root.mainloop()
```

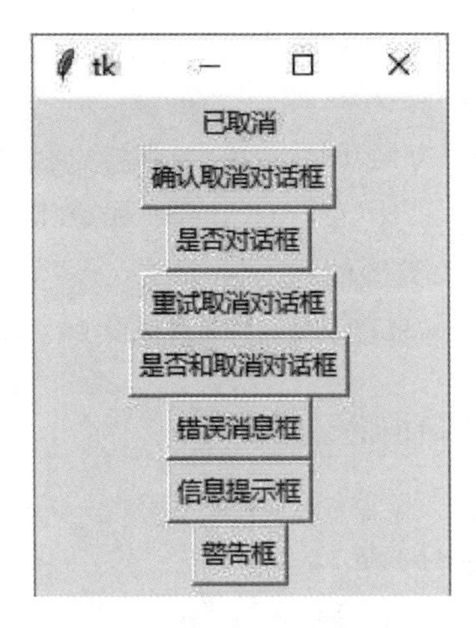

图14-28　消息对话框的主界面

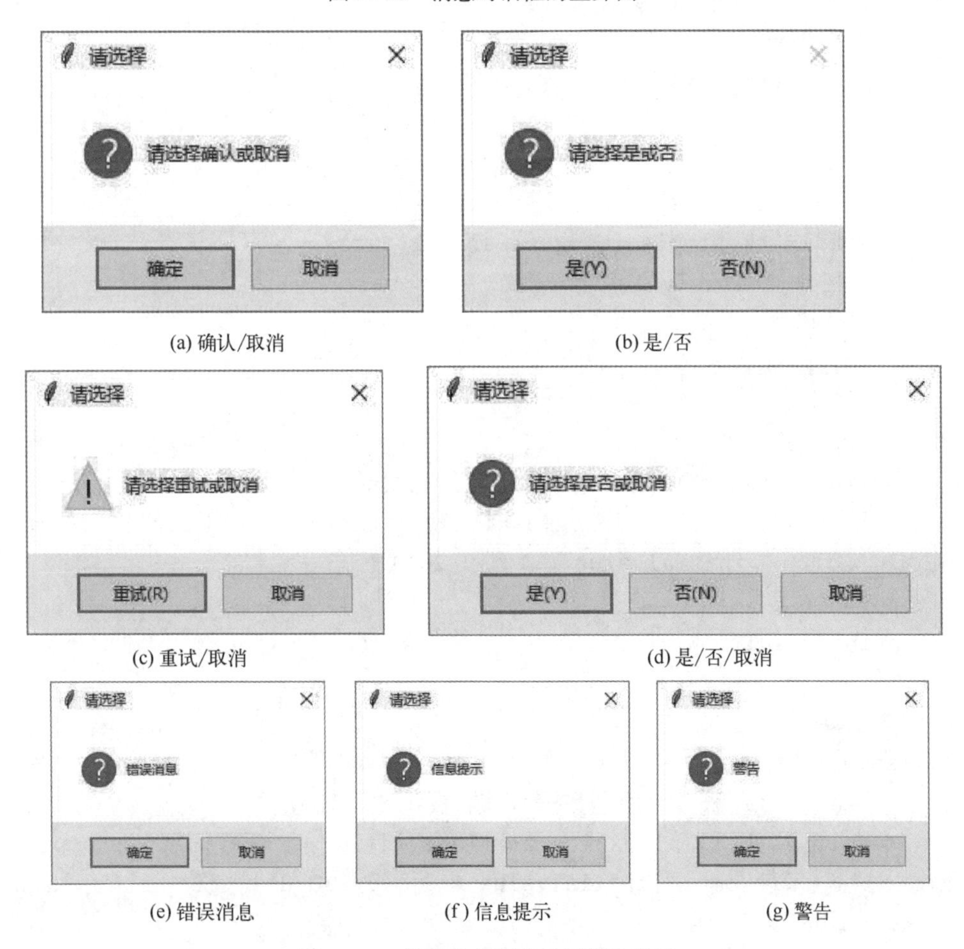

(a) 确认/取消　(b) 是/否　(c) 重试/取消　(d) 是/否/取消　(e) 错误消息　(f) 信息提示　(g) 警告

图14-29　使用各个消息对话框的效果

14.8.3 输入对话框

通过tkinter.simpledialog方法可创建弹出式输入对话框，可以接收用户的简单输入。输入对话框通常有askstring、askinteger和askfloat这三种函数，分别用于接收字符串、整数和浮点数类型的输入。

例14-19为使用输入对话框的代码，执行结果如图14-30所示。

例14-19：输入对话框的使用。

```
import tkinter as tk
import tkinter.simpledialog
root = tk.Tk()
root.title(string = "输入对话框")
# 设置窗口大小
root.geometry('300x150')

def askname():
    #用askstring获取字符串(标题,提示,初始值)
    result = tk.simpledialog.askstring(title = '获取信息',prompt='
请输入姓名:',initialvalue = '例如:张三')
    # 打印内容
    print(result)

def askage():
    # 用askinteger获取整型(标题,提示,初始值)
    result = tk.simpledialog.askinteger(title = '获取信息', prompt
='请输入年龄:',initialvalue = '例如:20')
    # 打印内容
    print(result)

# 创建函数
def askheight():
    # 用askfloat获取浮点型数据(标题,提示,初始值)
    result = tk.simpledialog.askfloat(title = '获取信息',prompt='
请输入身高(单位:mm):',initialvalue = '例如:180.0')
    # 打印内容
    print(result)
```

```
# 添加按钮
btn = tk.Button(root,text = '获取用户名',command = askname)
btn.pack()
btn = tk.Button(root,text = '获取年龄',command = askage)
btn.pack()
btn = tk.Button(root,text = '获取身高',command = askheight)
btn.pack()
root.mainloop()
```

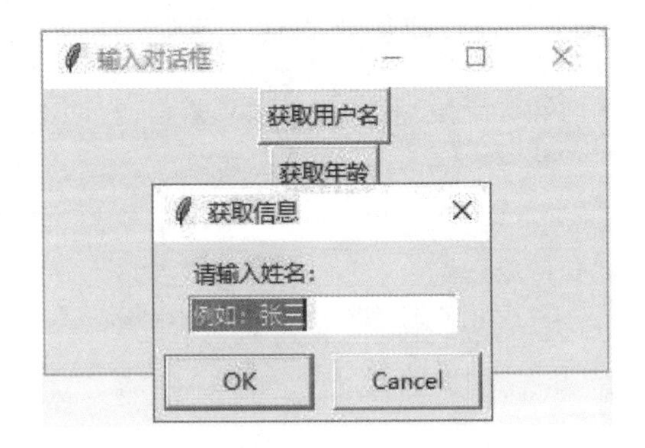

图14-30　使用输入对话框的效果

14.8.4　文件选择对话框

通过tkinter.filedialog方法可创建文件选择对话框，能够让用户直观地选择一个或一组文件。常用的文件选择对话框函数有askopenfilename（打开一个文件）、askopenfilenames（打开一组文件）和asksaveasfilename（保存文件）。其中，askopenfilename和asksaveasfilename函数的返回值类型为包含文件路径的文件名字符串，而askopenfilenames函数的返回值类型为元组。

例14-20为文件选择对话框的使用代码，执行结果如图14-31所示。

例14-20：文件选择对话框的使用。

```
import tkinter as tk
import tkinter.filedialog

# 创建文件对话框
def FileSelect():
    filename = tk.filedialog.askopenfilename()
    if filename ! = '':
```

```
        label.config(text='您选择的文件是' + filename)
    else:
        label.config(text='您没有选择任何文件')

root = tk.Tk()
root.title('文件选择对话框')
root.geometry('350x100')

label = tk.Label(root, text='请选择需要的文件')
label.pack()
btn = tk.Button(root, text='弹出文件选择对话框', command=FileSe-
lect)
btn.pack()

root.mainloop()
```

图 14-31 文件选择对话框的使用效果

14.9 Tkinter组件的补充

14.9.1 滑块

滑块（Scale）是一种以图形形式直观地输入数值的交互控件。滑块控件包括get和set，分别为取值和将滑块设在某特定值上。滑块实例也可以绑定鼠标左键释放事件<ButtonRelease-1>，并在执行函数中添加参数event来实现事件响应。

例14-21是使用滑块的代码，执行结果如图14-32所示。

例14-21：滑块的使用。

```
import tkinter as tk

# 定义滑块取值的显示函数
def show(event):
    s = '滑块的取值为' + str(var.get())
```

```
    lb.config(text=s)

root = tk.Tk()
root.title('滑块组件')
root.geometry('320x150')
var = tk.DoubleVar()

# 创建一个200像素宽的水平滑块
# 取值范围为1.0~5.0,分辨精度为0.05,刻度间隔为1
scl = tk.Scale(root, orient=tk.HORIZONTAL, length=200, from_=1.0,
to=10.0, label='请拖动滑块', tickinterval=1, resolution=0.05,
variable=var)

# 释放鼠标可读取滑块值并显示在标签上
scl.bind('<ButtonRelease-1>', show)
scl.pack()
lb = tk.Label(root, text='')
lb.pack()

root.mainloop()
```

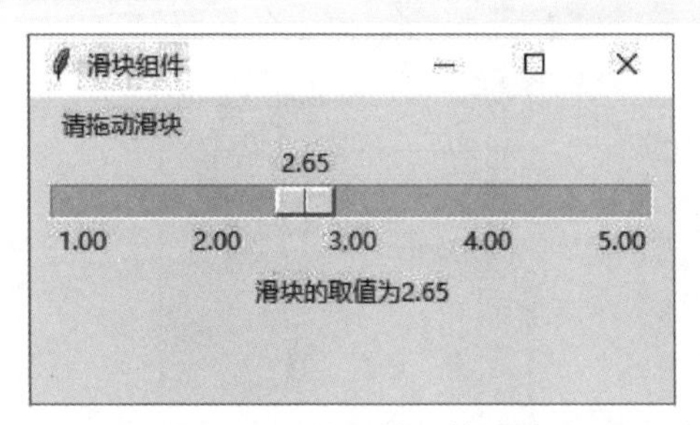

图14-32　滑块组件的使用效果

14.9.2　滚动条

滚动条（Scrollbar）用于滚动一些组件的可见范围，根据方向可分为垂直滚动条和水平滚动条。Scrollbar组件常常被用于实现文本、画布和列表框的滚动显示。通常情况下，Scrollbar控件可以与Listbox、Text、Canvas和Entry 等组件一起使用。

例14-22是滚动条的使用代码，执行结果如图14-33所示。

例14-22：滚动条的使用。

```
import tkinter as tk
```

```
root = tk.Tk()
tk.Label(root, text='滚动条演示:').pack(anchor='w')

# 创建Scrollbar组件
scrollbar = tk.Scrollbar(root)

# 右对齐,填满整个y轴
scrollbar.pack(side='right', fill='y')

# 滚动listbox里面内容,滚动条跟着移动
lb = tk.Listbox(root, yscrollcommand=scrollbar.set)

# 插入1~100的数字
for i in range(1,101):
    lb.insert('end', i)
lb.pack(side='left')

# 移动滚动条,与内容相关联
scrollbar.config(command=lb.yview)

root.mainloop()
```

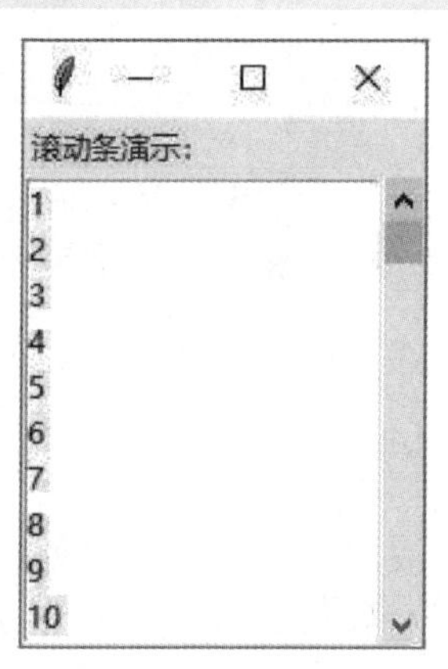

图14-33　滚动条的使用效果

14.10 Tkinter的事件响应

Tkinter可将用户事件与自定义函数绑定在一起，用键盘或鼠标的动作事件来触发自定义函数的执行。使用语法为：

组件实例.bind(<事件代码>,<函数名>)

其中，事件代码通常以半角小于号“<”和大于号“>”界定，包括事件和按键等2~3个部分，它们之间用减号分隔。常用的事件代码如表14-6所示。

表14-6 常用的事件代码及说明

事件代码	说明
<ButtonPress-1>	单击鼠标左键，简写为<Button-1>。后面的数字可以是1/2/3，分别代表左键、中间滑轮、右键
<ButtonRelease-1>	释放鼠标左键。后面数字可以是1/2/3，分别代表左键、中间滑轮、右键
<B1-Motion>	按住鼠标左键移动。<B2-Motion>和<B3-Motion>分别表示按住鼠标的滑轮移动和按住鼠标右键移动
<MouseWheel>	转动鼠标滑轮
<Double-Button-1>	双击鼠标左键
<Enter>	鼠标光标进入控件实例
<Leave>	鼠标光标离开控件实例
<Key>	按下键盘上的任意键
<KeyPress-字母>、<KeyPress-数字>	按下键盘上的某一个字母或者数字键
<KeyRelease>	释放键盘上的按键
<Return>、<Shift>、<Tab>、<Control>、<Alt>	键盘上的回车键等特定功能键
<Space>	空格键
<UP>、<Down>、<Left>、<Right>	上、下、左、右的方向键
<F1>...<F12>	常用的功能键
<Control-Alt>	组合键，表示Control键和Alt键同时被按下
<Control-Shift-KeyPress-T>	组合键，表示用户同时按下Ctrl + Shift + T
<FocusIn>	当控件获取焦点时触发。例如鼠标点击输入控件希望输入内容时，可以调用focus_set方法使控件获得焦点
<FocusOut>	当控件失去焦点时激活，比如当鼠标离开输入框的时候
<Configure>	控件发生改变的时候触发事件，比如调整了控件的大小等
<Deactivate>	当控件的状态从“激活”变为“未激活”时触发事件
<Destroy>	当控件被销毁的时候触发执行事件的函数
<Expose>	当窗口或组件的某部分不再被覆盖的时候触发事件
<Visibility>	当应用程序至少有一部分在屏幕中是可见状态时触发事件

例如将框架控件实例frame绑定鼠标右键单击事件，就可以调用自定义函数myfunc，表示为frame.bind('<Button-3>,myfunc')。注意在myfunc后面没有括号。

将控件实例绑定到键盘事件，或者有一部分的光标位置没有落在具体控件上的鼠标事件时，还需要设置该实例的focus_set方法获得焦点，这样才能对事件持续响应，例如使用frame.focus_set。所调用的自定义函数若需要利用鼠标或键盘的响应值，可将event作为参数并通过event的属性获取。event的常用属性如表14-7所示。

表14-7 event的常用属性

属性	说明
widget	发生事件的是哪一个控件
x,y	相对于窗口的左上角而言，当前鼠标的坐标位置
x_root,y_root	相对于屏幕的左上角而言，当前鼠标的坐标位置
char	用来显示所按键相对应的字符
keysym	按键名，例如Control_L表示键盘左边的Ctrl键
keycode	按键码，一个按键的数字编号，例如Delete按键码107
num	表示点击了鼠标的哪个按键。数值可以是1/2/3中的一个，分别表示鼠标的左键、中间滑轮、右键
width,height	控件修改后的尺寸，对应<Configure>事件
type	事件类型

例14-23是针对键盘和鼠标不同事件响应的代码，执行结果如图14-34所示。

例14-23：针对键盘和鼠标不同事件的响应。

```
from tkinter import *

# 键盘事件,返回按键值
def show1(event):
    s1 = event.keysym
    lb1.config(text=s1)

# 鼠标事件,返回鼠标光标位置
def show2(event):
    s2 = '光标位于x=%s,y=%s' % (str(event.x), str(event.y))
    lb2.config(text=s2)

root = Tk()
root.title('按键与鼠标事件')
root.geometry('400x200')

lb1 = Label(root, text='按键测试', font=('黑体', 20))
# 事件绑定
```

```
lb1.bind('<Key>', show1)
lb1.focus_set()
lb1.pack()
lb2 = Label(root, text='请单击窗体', font=('黑体', 20))
lb2.pack()
root.bind('<Button-1>', show2)
root.focus_set()
root.mainloop()
```

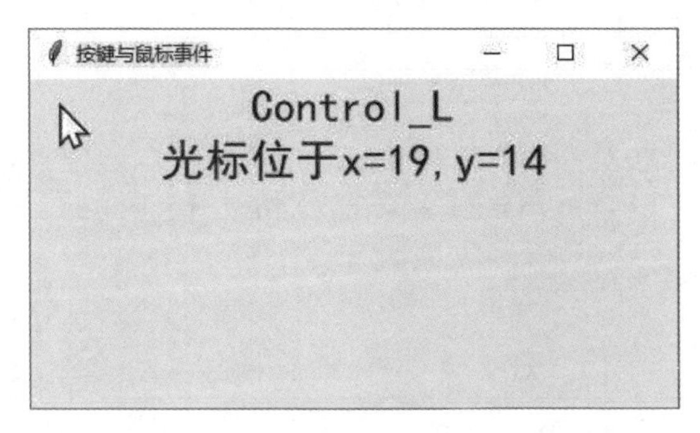

图14-34　键盘与鼠标按键事件的响应

下面再通过例14-24给出一个设计翻译软件的小代码，它结合了本章的GUI的内容和第13章网络爬虫的内容。执行结果如图14-35所示，在“输入单词”的地方输入英文后，通过网络爬虫完成翻译工作并且在“翻译结果”的地方显示出中文含义。

例14-24：利用GUI设计窗口，通过网络爬虫完成翻译工作并显示结果。

```
import tkinter as tk
import requests
import json

#构造界面化GUI,设置title和界面大小
window = tk.Tk()
window.title('翻译小软件')
window.geometry('300x200')

# 构造Label并设置位置
label1 = tk.Label(window,text='输入单词:',font='微软雅黑')
```

```
label1.place(x=10,y=30)

label2 = tk.Label(window,text='翻译结果:',font='微软雅黑')
label2.place(x=10,y=90)

# 为输入的和翻译的内容创建变量
var_input_words = tk.StringVar()
var_translate_words = tk.StringVar()

# 输入框
tk.Entry(window,textvariable= var_input_words).place(x=100,y=35)
tk.Entry(window,textvariable= var_translate_words).place(x=100,y=
95)

# 使用网络爬虫进行翻译。发送的post/ajax请求
# 在preview中需要的信息是json形式。
def get_translate():
    content = var_input_words.get()
    # 构造headers
    headers={
    'Host':'fanyi.youdao.com',
    'Origin':'http://fanyi.youdao.com',
    'Referer':'http://fanyi.youdao.com/',
    'User-Agent':'Mozilla/5.0 (Windows NT 10.0; WOW64) AppleWeb-
Kit/537.36 (KHTML, like Gecko) Chrome/61.0.3163.31 Safari/537.36'
    }
    url
='http://fanyi.youdao.com/translate? smartresult=dict&smartresult=
rule'

    data={
    'i':content,
    'from':'AUTO',
    'to':'AUTO',
```

```
    'smartresult':'dict',
    'client':'fanyideskweb',
    'salt':'1539331760049',
    'sign':'b6fda24bcbc111b2dae5ba3889148316',
    'doctype':'json',
    'version':'2.1',
    'keyfrom':'fanyi.web',
    'action':'FY_BY_REALTIME',
    'typoResult':'false'
    }
    response = requests.post(url, headers=headers,data = data)
    if response.status_code ==200:
        items = response.json()
        item = items['translateResult'][0][0]
        # print(item.get('tgt'))
         var_translate_words. set (items ['translateResult'] [0] [0]
['tgt'])

btn1 = tk.Button(window,text='翻译',command = get_translate).place
(x=75,y=145)
btn2 = tk.Button(window,text='退出',command=window.quit).place(x=
175,y=145)

window.mainloop()
```

图14-35　设计一个小翻译软件

参 考 文 献

［1］ 董付国．Python可以这样学［M］．北京：清华大学出版社，2017．

［2］ 斯维加特．Python编程快速上手：让繁琐的工作自动化［M］．王海鹏，译．北京：人民邮电出版社，2016．

［3］ 马瑟斯．Python编程从入门到实践［M］．袁国忠，译．北京：人民邮电出版社，2021．

［4］ 关东升．趣玩Python：自动化办公真简单（双色+视频版）［M］．北京：电子工业出版社，2021．